U0213832

高等职业教育“十一五”规划教材

建设工程监理概论

主　编　高兴元　胡　岩
参　编　芦　军　毛风华　鲁　辉　陈作伟
主　审　张本业

机 械 工 业 出 版 社

本书主要讲述建设工程监理的基本概念和工程监理的实用方法，主要内容包括建设工程监理与相关法律制度、监理工程师与监理企业、建设工程目标控制、建设工程合同管理、建设工程风险管理、建设工程监理组织、建设工程监理规划、国外工程项目管理以及建设工程信息文档管理九大方面的内容。本书在介绍监理概论的基础上，附有示例分析与案例分析，内容全面，结合实际，并突出监理操作性与实用性。

本书可作为高职高专及应用型土木工程类专科教材，也可作为建设工程监理技术人员的参考用书。

为方便教师授课，本书配有电子课件，供选用本书作为教材的老师参考，需要者可登录 www. cmpedu. com 注册下载。

图书在版编目（CIP）数据

建设工程监理概论/高兴元，胡岩主编. 北京：机械工业出版社，2008.9（2016.1 重印）

高等职业教育“十一五”规划教材

ISBN 978-7-111-25202-3

Ⅰ. 建… Ⅱ. ①高…②胡… Ⅲ. 建筑工程-监督管理-高等学校：技术学校-教材 Ⅳ. TU712

中国版本图书馆 CIP 数据核字（2008）第 152225 号

机械工业出版社（北京市百万庄大街 22 号 邮政编码 100037）
策划编辑：覃密道 责任编辑：覃密道 姚 兰
版式设计：张世琴 责任校对：王 欣
封面设计：张 静 责任印制：李 洋
三河市宏达印刷有限公司印刷
2016 年 1 月第 1 版第 8 次印刷
184mm × 260mm · 14 印张 · 348 千字
20001—21900 册
标准书号：ISBN 978 - 7 - 111 - 25202 - 3
定价：29. 80 元

凡购本书，如有缺页、倒页、脱页，由本社发行部调换

电话服务 网络服务
服务咨询热线：010-88379833 机 工 官 网：www. cmpbook. com
读者购书热线：010-88379649 机 工 官 博：weibo. com/cmp1952
教育服务网：www. cmpedu. com
金 书 网：www. golden-book. com

前　言

建设工程监理制度在我国推行以来，在建设工程中发挥了重要作用。随着监理工作的规范化及其在建设领域中产生的积极效应，工程监理制度引起了全社会的广泛关注和重视，已得到了广大建设单位的认可。目前，我国已形成了建设工程监理的行业规模。随着我国社会主义市场经济体制逐步完善和建设工程管理体制改革的进一步深化，工程项目的建设和开发速度在不断加快，社会对监理人才的需求日趋增长。然而，当前我国工程监理人才的培养仍不能满足社会需要。因此，在土建类专业开设“建设工程监理概论”课程就显得十分必要，而本书正是为适应此社会需求而编写的。

本书主要讲述了建设工程监理与相关法律制度、监理工程师与监理企业、建设工程目标控制、建设工程合同管理、建设工程风险管理、建设工程监理组织、建设工程监理规划、国外工程项目管理以及建设工程信息文档管理九大方面的内容，旨在使土建类专业学生在掌握一门专业技术的基础上，了解我国的监理制度，掌握建设工程监理的基本理论与方法，进一步加强法律、合同、质量、安全意识，强化建设工程管理的技能，提高对建设工程项目质量、投资、进度、安全的控制能力，学会建设工程过程的动态管理方法，从而能运用所学知识解决工程实际问题。

本书介绍建设工程监理的基本概念，以《建设工程监理规范》（GB 50319—2000）为主线，以施工阶段监理的“四控、两管、一协调”的手段为重点，增强可操作性的内容，从而体现应用型的特色。在编写中突出了可操作性，强化理论与实际的结合，主要内容中增加案例分析；突出规范性，涉及的具体的建设工程监理方法措施则依据现行的建设工程监理规范、标准编写；内容具有一定的前瞻性，在紧紧围绕监理规范的基础上，充分考虑我国工程项目管理的发展，并结合国际惯例，提出了项目管理的发展方向。

本书一般为选修课之用，教学时数为 32 学时。在教学安排上，除课堂教学外，建议安排 4 个学时的参观实习。习题中增加了一定数量的案例分析，这些案例分析也可作为课堂讨论的题目。全书各章节编写分工如下：徐州工程学院高兴元编写第 1、2、3 章；徐州建筑职业技术学院芦军编写第 4 章；徐州工程学院胡岩编写第 5、6、8 章；徐州建筑职业技术学院鲁辉编写第 7 章；日照职业技术学院毛凤华编写第 9 章；四川电力职业技术学院陈作伟整理编写了附录。高兴元、胡岩对全书进行了统筹修改。

本书由张本业担任主审，他悉心审阅了书稿，并提出了许多宝贵的建议和意见；徐州工程学院殷惠光教授给予了诸多指导，在此谨致谢意。

由于编者水平有限，时间仓促，不妥之处在所难免，衷心希望广大读者批评指正。

编　者

目　录

第1章　建设工程监理与相关法律制度

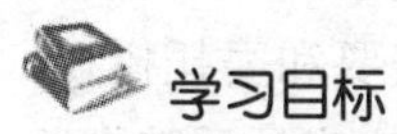

学习目标

了解建设工程监理的含义、性质；了解工程项目建设的管理体制及工程项目的建设程序；了解建设工程监理的理论基础、特点及其发展趋势；了解工程建设的相关法律法规。

1.1　建设工程监理概述

1.1.1　建设工程监理的含义

1995年，我国制定的《工程建设监理规定》第三条指明："本规定所称工程建设监理是指具有相应资质的监理单位受工程项目建设单位的委托，依据国家有关工程建设的法律、法规，经建设主管部门批准的工程项目建设文件、建设工程委托监理合同及其他建设工程合同，对工程建设实施的专业化的监督管理。"

建设工程监理概念要点可以分述如下：

1. 建设监理是针对工程项目建设的活动

工程建设监理的工作对象（行为载体为物）是工程项目（或建设项目，包括新建、改建、扩建项目），并以此界定监理范围。

工程项目是指一定量的投资，在一定的约束条件下（时间、功能、质量、资源），按一定的科学程序，经决策和实施，最终形成固定资产特定目标的一次性任务。

工程项目在技术管理上满足一个总体设计或初步设计（独立设计）的要求，由一个或多个相关联的单项工程组成，实现统一核算（独立经营）、统一管理（独立组织形式）；在产品经营上具有商品交易上的阶段性（一般要经可行性研究、设计、施工三阶段）、价格确定和期货交易（先定价后生产），合同标的物多和产品供求不平衡（经营稳定性差）等特点；在实施上具有产品的固定性而带来生产上的流动性，产品的个体性而带来生产上的单件性（二次性）以及体积庞大带来生产周期长、费用大、环境多变的特点。

2. 监理的行为主体是监理单位

工程建设监理单位是监理的"执行者"，只有它对工程项目的监督管理活动，才是工程建设监理行为。

监理单位是社会化的，是进入市场的主体单位，是经政府有关单位审核批准的企业法人，这就是区别于政府的行政监督管理性质。它是专门从事工程建设技术管理服务的专业化组织，它以独立自主的原则开展工程建设监理活动；它的监理活动与业主对项目建设的监督管理不同，它是以"公正的第三方"的服务主体的身份进行活动，而业主的项目管理活动不能称为监理行为；设计或施工单位是设计项目或施工项目的管理主体，他们对设计项目或施工项目的管理活动，不是监理活动，因为他们既非"公正的第三方"，又非工程项目管理服务主体。

3. 建设监理的实施需要业主的委托和授权

工程项目实行项目法人责任制是项目法人对项目的策划、资金筹措、建设实施、生产经营、债务偿还和资产增值保值实行全过程负责，并承担风险。

工程建设监理是源于市场经济条件下的客观实际需要，是需求与供给的关系。项目法人一般通过招标、投标方式择优选定监理单位。工程建设监理是始于业主的需要和委托授权，与业主是一种委托与服务的关系，也是委托与被委托、授权与被授权的关系。它还反映在监理活动的范围与内容上，是根据业主要求，并经双方自愿共同商定的。

监理单位与业主之间的委托关系是需通过签订“监理合同”确定下来的。在实施过程中，业主始终以建设项目管理主体的身份具有项目的决策权，监理单位要经常听取业主的要求，及时报告工程的实施情况，重大变动要争得业主的同意；监理单位以独立的意志为业主服务，项目法人不得擅自更改总监理工程师的指令。

4. 建设监理行为有明确的依据

监理活动应有明确的“行为准则”和“工作依据”，这也是实现活动的基本条件之一。监理活动的依据包括：

1）有关的法律、行政法规，以及技术标准和规范、规程。

2）国家批准的工程项目建设文件，如可行性研究报告，勘察、规划、设计、计划文件。

3）对工程签订的合同（包括工程建设监理合同、工程勘察合同、工程设计合同、工程施工合同、材料设备供应合同等）是开展监理工作的直接依据，它也包括了业主要求及工程条件等其他内容。

5. 建设监理现阶段主要在工程建设实施阶段

我国工程建设的实施阶段主要包括设计及施工两个阶段，也可具体分为设计阶段（含设计准备）、施工招标阶段、施工阶段及竣工验收和包修阶段；而国际上的工程建设监理活动，还包括可行性研究阶段等阶段。我国目前这种现状是与市场经济发育不完善、体制转轨状态有关，也是与我国当前监理队伍的数量与质量有关。监理单位服务活动内容视业主授权委托的范围，也可以是实施阶段的全过程或其中某一个或多个阶段。工程建设监理的目的是实现项目建设目标，其主要内容是控制工程建设的投资、建设工期和工程质量，进行工程建设合同管理、协调有关单位间的工作关系，这些活动也主要发生在实施阶段。

6. 建设工程监理的活动是一种微观的项目管理活动

建设工程监理是针对具体的工程项目建设展开的，并围绕项目建设的各具体控制目标进行。建设工程监理的活动是业主委托的需要，期望能协助实现项目投资目的。工程建设活动的连续性、质量的隐蔽性，要求监理工作不间断、全过程、全方位地进行控制。建设工程监理不同于我国的工程咨询活动，它既有咨询的作用，又有监督执行的权限，是一种实质性的服务。

监理活动的微观性与维护公众利益及国家利益是一致的，与政府的全面、宏观的监督管理是一致的；它与政府开展工程建设监督管理有明确的区别，是政府进行宏观调控、微观搞活的需要与补充。

1.1.2　监理的性质

工程建设监理活动是工程建设领域中的一种活动，但它与其他工程建设活动有明显的区别和差异，其监理组织的作用、地位也不同于其他组织。这种组织及其活动的不同，形成了一种独立的行为，也构成了它的特殊性质，只有具备这种特性的单位及活动，才是监理单位及监理活动，其性质归纳为下列四点：

1. 服务性

监理单位受业主委托，用自己的知识技能与管理经验，对工程建设提供监督管理服务，是一种技术服务活动。它不需要投入大量的资源（人、财、物等）进行工程承包，也不直接参加生产劳动，是一种智力服务；它不同于承包商是以盈利为目的，监理单位是按提供服务的内容，获取相应的酬金，不搞盈利分成；它不同于业主直接参加投资活动，不必有雄厚的资金。

监理单位的服务客户是业主（委托方），而不是承包商，后者是被监理的单位；服务内容是工程项目建设的监督管理，是控制项目目标，并协调各方关系，使项目与目标更好地实现；服务是按照与业主签订的“监理合同”进行的，是受到法律保护，并具有法律效力的。

与政府对建设项目进行强制性监督管理不同，监理单位是以高智能、公正、信誉取胜的；只要监理单位不发生工作失误，对工程项目的建设效果不负直接责任；它不是保证而是努力实现项目目标。

2. 独立性

独立性也是国内外建设监理制度的要求，是客观工作的需要，是保持监理单位公正性的先决条件。它以“公正的第三方”的地位，遵循“公正、独立、自主”的原则进行工作；在业主的授权范围内，按合同规定，监理方以独立的意志与判断开展活动，业主不得擅自改变总监理师的指令。

监理单位是社会化的，在市场经济中与业主及承包商都是独立的、平等的主体。它是独立的法人单位，有其自己的组织，它不仅在行政上是独立的；在经济上有独立的银行开户账号，工作中只收取相应的酬金；不得进行任何妨碍其独立性的有关活动，如不在政府、业主、承包商任何一方中任职、进行商业性活动及盈利或分红活动。

3. 公正性

公正是以有关法律、法规及合同为准绳，在具体处理时既要竭诚地为业主服务，也要维护各方的合法权益，要兼顾国家、集体及个人三者间的利益。监理单位应以“公正的第三方”为项目建设提供服务，处理好各方矛盾和纠纷，公正地行使权限。

公正性是建立市场经济新秩序的需要，为投资者和承包商提供一个公平竞争的条件，监理单位在执法上、技术管理上起到一个制衡的作用；公正性又是监理单位正常顺利工作的基本条件，成败的关键在很大程度上取决于业主与承建商的合作支持，而这是以公正性为基础的；监理的公正性也是承建商的要求，在发生纠纷、处理索赔时，迫切要求监理单位办事公道、维护自身的合法权益；公证性也是推行建设监理制的规定，是国际惯例长期形成的必然，也是行业的职业道德；实践证明公正是监理单位生存和发展的必要条件。

4. 科学性

科学性是由建设工程监理要达到的基本目的决定的。建设工程监理以协助建设单位实现其投资目的为己任，力求在计划的目标内建成工程。面对工程规模日趋庞大，环境日益复杂，功能、标准要求越来越高，新技术、新工艺、新材料、新设备不断涌现，参加建设的单位越来越多，市场竞争日益激烈，风险日渐增加的情况，只有采用科学的思想、理论、方法和手段才能驾驭工程建设。

科学性主要表现在：工程监理企业应当由组织管理能力强、工程建设经验丰富的人员担任领导；应当有足够数量的、有丰富的管理经验和应变能力的监理工程师组成的骨干队伍；要有一套健全的管理制度；要有现代化的管理手段；要掌握先进的管理理论、方法和手段；要积累足够的技术、经济资料和数据；要有科学的工作态度和严谨的工作作风，要实事求是、创造性地开展工作。

1.1.3 工程建设监理与政府质量监督的区别

政府质量监督相应的机构为质量监督站等。在实施建设监理制的情况下，工程建设监理与政府质量监督均不可缺少，在项目建设中，两者应相互配合、相辅相成，见表1-1。

表1-1 工程建设监理与政府质量监督的区别

名　称	建 设 监 理	政府质量监督
地位与关系 性　质	社会（民间）、平等主体、横向的 委托性服务	政府（行政）、主体间纵向的 强制性行政监督管理
执行者	社会化、专业化的监理单位	政府建设主管部门执行机构
任　务	受业主委托提供技术服务	代表政府行使质监职能
工作范围	业主授权范围，面宽、变化大（监理合同决定）	施工阶段质检，面窄，变化小
工作依据	法律、法规及各工程建设合同（多合同）	法律、法规、条例、规定、规范、标准
工作深度和广宽	连续的、微观的、全过程、全方位	非连续的、阶段性的
权　限	质量的监督检查，无最终项目等级确认权	质量的监督、项目等级的最终确认权
手段与方法	组织管理、经济手段为主	行政管理

1.1.4 工程项目建设的管理体制

新型的工程建设管理体制就是在政府有关部门的监督管理之下，由项目业主、承建商、监理单位直接参加的三方管理体制（如图1-1所示）。

这种“三方”构成的工程建设管理体制，是国际上大多数国家公认的工程项目建设的重要原则，是国际惯例。它与我国传统的管理体制相比，有了重大变化及明显的优越性。

为适应市场经济的需要，建筑市场形成了业主（买方）与承建商（卖方）双方买卖交易的关系，承建商以物的形式付出劳动建造建筑产品，业主以支付货币的形式购买承建商的产品，且双方都可自由交易，进行竞争。由于市场交易的科学性及技术强，加之建设产品交易的特殊性（如交易时间长、阶段交易的次数多，发生矛盾几率大，需协调的问题多），中介服务组织应运而生，建设监理就是这种为交易活动提供服务的主要代表。这样，业主、承建商和监理单位成为了建筑市场上平等的三大主体。

新体制将建设三方紧密地联系起来，形成了完整的项目组织体系。由于项目管理组织中

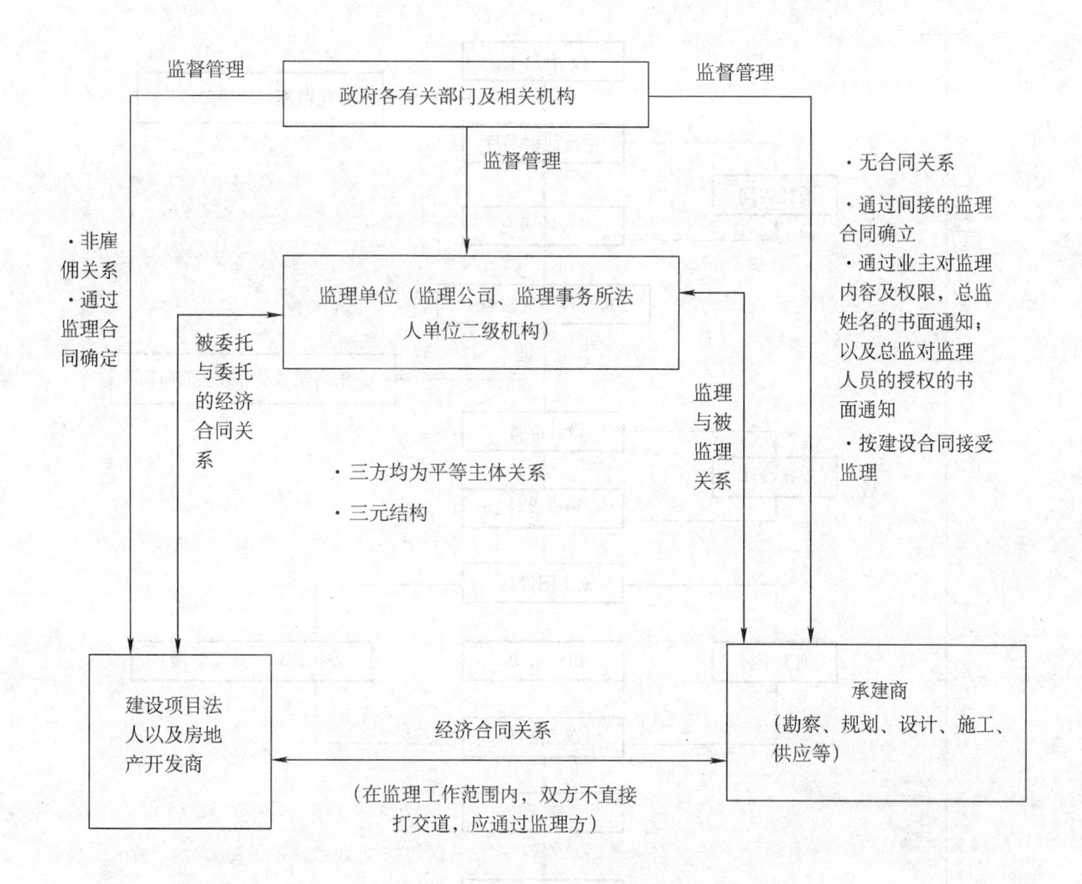

图1-1　工程项目建设的管理体制

增加了“第三方”监理单位，使系统中既有相互协调，又有相互约束的竞争机制。业主按照法规，通过承发包自主地选择承包商和监理单位；建设监理制作为项目法人责任制、工程招标投标制和政府宏观管理的中间环节，为实现了工程项目总目标奠定的组织基础。

新体制既有利于工程项目建设调控，又有利于微观的监督管理。它使政府改变了过去既抓宏观又抓微观的工程建设管理做法，而集中精力地进行宏观调控、做好立法和执法工作，定位于“规划、监督、协调、服务”，使工程建设实现政企分开。

1.1.5　工程项目的建设程序

工程项目的建设程序是指一项工程从设想、提出到决策，经过设计、施工直至投产使用的整个过程中应当遵循的内在规律和组织制度（如图1-2所示）。

实施建设监理制后，项目建设程序已进一步融合了项目法人责任制、建设监理制、工程招标投标制、项目咨询评估制的内容，调整了建设过程中各环节内容（从深度和广度上）及审批权限。项目建设程序重要的有以下几个阶段：

1）项目决策阶段：对项目建议书、可行性报告和评估等工作，实行委托咨询的同时（监理单位也可承担），还可以委托监理（在确定咨询机构前），帮助业主寻求咨询单位、签订咨询合同并监督实施，以及评估咨询结果。

2）在项目实施阶段：同样是对工程勘察设计及工程施工以“第三方”来监督管理，协

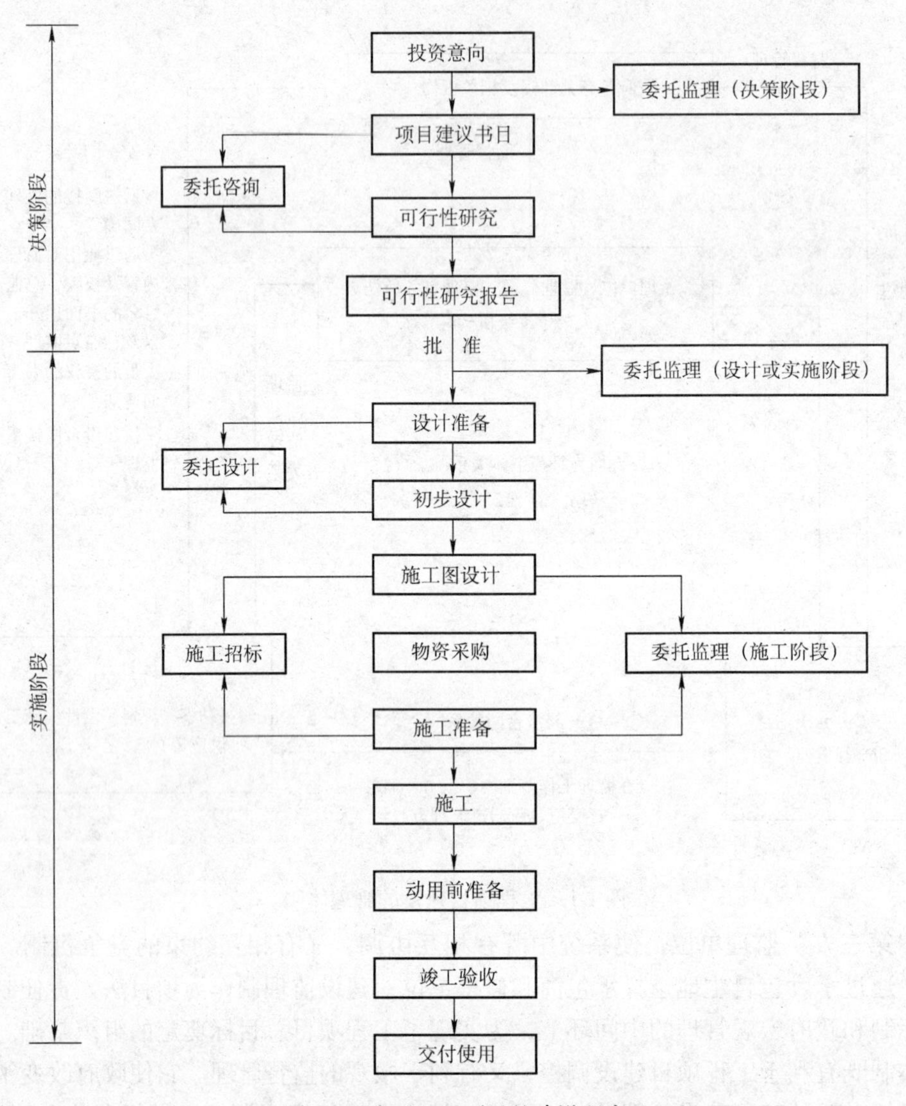

图 1-2　我国工程项目的建设程序

助业主，做好投资、质量、进度的目标控制及总目标的实现。

3）在项目实施阶段：对设计与施工以及材料设备供应进行监督管理，协助业主选好承建商，签好合同，引进竞争机制，增添活力。

1.2　建设工程监理理论和发展趋势

1.2.1　建设工程监理的理论基础

1988 年我国建立建设工程监理制之初就明确界定：我国的建设工程监理是专业化、社会化的建设单位项目管理，所依据的基本理论和方法来自建设项目管理学。建设项目管理学又称工程项目管理学，它是以组织论、控制论和管理学作为理论基础，结合建设工程项目和建筑市场的特点而形成的一门新兴学科。研究的对象是建设工程项目管理总目标的有效控制，包括费用（投资）目标、时间（工期）目标和质量目标的控制。从管理理论和方法的角度看，建设工程监理与国外通称的建设项目管理是一致的。

需要说明的是，我国提出建设工程监理制构想时，还充分考虑了FIDIC合同条件。20世纪80年代中期，在我国接受世界银行贷款的建设工程上普遍采用了FIDIC合同条件（土木工程施工合同条件），这些建设工程的实施效果都很好，受到了有关各方的重视。而FIDIC合同条件中对工程师作为独立、公正的第三方的要求及其对承建单位严格、细致的监督和检查被认为起到了重要的作用。因此，在我国的建设工程监理制中也吸收了对工程监理企业和监理工程师独立、公正的要求，以保证在维护建设单位利益的同时，不损害承建单位的合法权益。同时，强调了对承建单位施工过程和施工工序的监督、检查和验收。

1.2.2　现阶段建设工程监理的特点

我国的建设工程监理无论在管理理论和方法上，还是在业务内容和工作程序上，与国外的建设项目管理都是相同的。但在现阶段，由于发展条件不尽相同，主要是需求方对监理的认知度较低，市场体系发育不够成熟，市场运行规则不够健全，因此还有一些差异，呈现出以下特点：

（1）建设工程监理的服务对象具有单一性　在国际上工程监理的服务对象是建设单位和承建单位；我国工程监理的服务对象是建设单位。因此，我国的建设工程监理就是为建设单位服务的项目管理。

（2）建设工程监理属于强制推行的制度　在国际上建设项目管理是适应建筑市场中建设单位新的需求的产物，其发展过程也是整个建筑市场发展的一个方面，没有来自政府部门的行政指导或干预。而我国的建设工程监理从一开始就是作为对计划经济条件下所形成的建设工程管理体制改革的一项新制度提出来的，也是依靠行政手段和法律手段在全国范围推行的。因此，不仅在各级政府部门中设立了主管建设工程监理有关工作的专门机构，而且制定了有关的法律、法规、规章，明确提出国家推行建设工程监理制度，并明确规定了必须实行建设工程监理的工程范围。其结果是在较短时间内促进了建设工程监理在我国的发展，形成了一批专业化、社会化的工程监理企业和监理工程师队伍，缩小了与发达国家建设项目管理的差距。

（3）建设工程监理具有监督功能　我国的工程监理企业与建设单位构成了被委托与委托关系，虽与承建单位无任何经济关系，但根据建设单位授权，有权对承建单位不当的建设行为进行监督，或者预先防范，或者指令及时改正，或者向有关部门反映，请求纠正。不仅如此，在我国的建设工程监理中还强调对承建单位施工过程和施工工序的监督、检查和验收，而且在实践中又进一步提出了旁站监理的规定。我国监理工程师在质量控制方面的工作所达到的深度和细度，应当说远远超过国际上建设项目管理人员的工作深度和细度，这对保证工程质量起了很好的作用。

（4）市场准入的双重控制　在建设项目管理方面，一些发达国家只对专业人士的执业资格提出要求，而没有对企业的资质管理做出规定。而我国对建设工程监理的市场准入采取了企业资质和人员资格的双重控制。要求专业监理工程师以上的监理人员要取得监理工程师资格证书，不同资质等级的工程监理企业至少要有一定数量的取得监理工程师资格证书并经注册的人员。因此，这种市场准入的双重控制对于保证我国建设工程监理队伍的基本素质，规范我国建设工程监理市场起到了积极的作用。

1.2.3 建设工程监理的发展趋势

（1）加强法制建设，走法制化的道路 目前，我国颁布的法律法规中有关建设工程监理的条款不少，部门规章和地方性法规的数量则更多，这充分反映了建设工程监理的法律地位。但从加入WTO的角度看，法制建设还比较薄弱，突出表现在市场规则和市场机制方面。市场规则特别是市场竞争规则和市场交易规则还不健全。市场机制，包括信用机制、价格形成机制、风险防范机制、仲裁机制等尚未形成，应当在总结经验的基础上，借鉴国际上通行的做法，逐步建立和健全起来。只有这样，才能使我国的建设工程监理走上有法可依、有法必依的轨道，才能适应加入WTO后的新形势。

（2）以市场需求为导向，向全方位、全过程监理发展 我国目前仍然以施工阶段监理为主（既有体制上、认识上的原因，也有建设单位需求和监理企业素质及能力等原因），应尽快从当前单纯搞质量监理为主，向工期、质量和投资三控制监理拓展。但是应当看到，随着项目法人责任制的不断完善，以及民营企业和私人投资项目的大量增加，建设单位将对工程投资效益愈加重视，工程前期决策阶段的监理将日益增多。从发展趋势看，代表建设单位进行全方位、全过程的工程项目管理，将是我国工程监理行业发展的趋向。当前，应当按照市场需求多样化的规律，积极扩展监理服务内容。现阶段，要以施工阶段为主，向全过程、全方位监理发展，即不仅要进行施工阶段质量、投资、进度和安全控制，做好合同管理、信息管理和组织协调工作，而且要进行决策阶段和设计阶段的监理。只有实施全方位、全过程监理，才能更好地发挥建设工程监理的作用。

（3）适应市场需求，优化工程监理企业结构 据统计，截至2006年底，全国工程监理企业总数为6226家，其中甲级资质企业1021家，占16.40%；乙级资质企业2457家，占39.46%；丙级资质企业2748家，占企业总数的44.14%。数据显示，甲、乙级监理企业数量占企业总数55.86%，表明行业组织结构不尽合理。根据我国工程项目实际规模和数量，以及建设部86号令《建设工程监理范围和规模标准规定》，适合监理的工程项目中，一、二等工程数量占绝大多数，即甲、乙级资质企业应当在行业中占绝大多数。但实际状况是二、三等工程占投资规模较大，这意味着甲级企业数量不宜过多。甲、乙、丙三级企业在行业组织结构上呈橄榄型比较适合我国建设市场的实际情况，可考虑采取适当的措施进行行业组织结构的调整。

在市场经济条件下，任何企业的发展都必须与市场需求相适应，工程监理企业的发展也不例外。建设单位对建设工程监理的需求是多种多样的，工程监理企业所能提供的“供给”（即监理服务）也应当是多种多样的。前文所述建设工程监理应当向全方位、全过程监理发展，是对建设工程监理整个行业而言，但并不意味着所有的工程监理企业都要朝这个方向发展。因此，应当通过市场机制和必要的行业政策引导，在工程监理行业逐步建立起综合性监理企业与专业性监理企业相结合、大中小型监理企业相结合的合理的企业结构。按工作内容分，建立起能承担全过程、全方位监理任务的综合性监理企业与能承担某一专业监理任务（如招标代理、工程造价咨询）的监理企业相结合的企业结构；按工作阶段分，建立起能承担工程建设全过程监理的大型监理企业与能承担某一阶段工程监理任务的中型监理企业和只提供旁站监理劳务的小型监理企业相结合的企业结构。这样，既能满足建设单位的各种需求，又能使各类监理企业各得其所，都能有合理的生存和发展空间。一般来说，大型、综合素质较高的监理企业应当向综合监理方向发展，而中小型监理企业则应当逐渐形成自己的专业特色。

（4）加强培训工作，不断提高从业人员素质　截至2006年，全国监理从业人员约有27万人，取得监理工程师执业资格的9.95万人，注册监理工程师8.4万人，约占从业人员三分之一。据对北京、河北、重庆、江苏、河南、湖北、广西等14省区市和中建总公司、中国铁路建设总公司等5家中央管理的2607家企业的153852名监理从业人员统计，其中注册监理工程师33569人，占总数21.82%，一般监理人员120283人，占78.18%；高级职称33005人，占总数21.45%，中级职称68397人，占44.46%，初级职称34864人，占22.66%，无职称14772人，占9.60%；取得博士学位177人，占0.12%，取得硕士学位2005人，占1.30%，本科54687人，占33.55%，大专58382人，占37.95%，中专22610人，占14.70%，中专以下10383人，占6.75%。统计表明，注册监理工程师约占监理队伍总量的1/5，由此可知有相当一部分注册监理工程师并未在岗从业。因此，在监理行业既有的执业资格制度基础上，需通过行政许可设立从业资格，对相当一部分非注册监理工程师从业人员以考核方式确认其从业资格，以进一步明确监理人员的岗位职责，确保监理实际工作的需要。统计结果还表明，我国监理队伍总体素质比较高，从业人员主体具有中高级职称的占被调查人数的65.91%，但从业人员中无职称的近10%，这也不可忽视，应加强对这部分人员的培训教育，提高其素质和水平。从学历结构分析，监理从业人员中具有高学历的为数不多，取得博士和硕士学位的仅占1.42%，主体力量为取得大专和本科学历人员，占73.5%。

因此，应积极开展多形式、多层次、多专业的监理培训；继续搞好开办建设监理大学本科专业及其课程设置的论证、评估和试点，尽快建立稳固的监理人才培养渠道；进一步改进和完善监理工程师的执业资格考核、考试确认制度和注册制度，力争全国有更多的监理从业人员取得监理工程师资格证书，不断提高我国监理单位整体素质与监理业务水平，为其正常有效地开建监理工作创造良好的必要条件。

（5）加快改革，实现“两个根本转变”，努力与国际惯例接轨，走向世界　认真搞好建设行政主管部门的改革，建立办事高效、运转协调、行为规范的行政管理体系。加快政府职能的转变，促进工程建设领域中的“两个根本性转变”：一是经济体制从传统的计划经济体制向社会主义市场经济体制转变；二是经济增长方式从粗放型向集约型转变。

虽然我国的建设工程监理已取得一定的发展成绩，但在一些方面与国际惯例还有差异，如果不尽快改变这种状况，将不利于我国建设工程监理事业的发展。因此，应当认真学习和研究国际上被普遍接受的规则，积极开展建设监理的理论研究，广泛开展国内和国际交流、考察活动，力争使我国的监理工程师资格能和国际咨询工程师资格相互等同互认，以利于开拓国际建设监理市场。

与国际惯例接轨可使我国的工程监理企业与国外同行按照同一规则同台竞争，这既可能表现在国外项目管理公司进入我国后与我国工程监理企业之间的竞争，也可能表现在我国工程监理企业走向世界，与国外同类企业之间的竞争。要在竞争中取胜，除有实力、业绩、信誉之外，不掌握国际上通行的规则也是不行的。我国的监理工程师和工程监理企业应当做好充分准备，不仅要迎接国外同行进入我国后的竞争挑战，而且也要把握进入国际市场的机遇，敢于到国际市场与国外同行竞争。在这方面，大型、综合素质较高的工程监理企业应当率先采取行动。

1.3 建设工程法律法规

1.3.1 建设工程法律法规体系

建设工程法律法规体系是指根据《中华人民共和国建筑法》的规定，制定和颁布施行的有关建设工程的各项法律、行政法规、地方性法规、自治条例、单行条例、部门规章和地方政府规章的总称。

建设工程法律是指由全国人民代表大会及其常务委员会通过的规范工程建设活动的法律规范，由国家主席签署主席令予以颁布，如《中华人民共和国建筑法》、《中华人民共和国招标投标法》、《中华人民共和国合同法》、《中华人民共和国政府采购法》、《中华人民共和国城市规划法》等。

建设工程行政法规是指由国务院根据宪法和法律制定的规范工程建设活动的各项法规，由总理签署国务院令予以颁布，如《建设工程质量管理条例》、《建设工程勘察设计管理条例》等。

建设工程部门规章是指建设部按照国务院规定的职权范围，独立或同国务院有关部门联合根据法律和国务院的行政法规、决定、命令，制定的规范工程建设活动的各项规章，属于建设部制定的，由部长签署建设部令予以颁布，如《工程监理企业资质管理规定》等。

上述法律法规规章的效力是：法律的效力高于行政法规；行政法规的效力高于部门规章。

我国与建设工程监理有关的已颁发法律、法规、规章如下：

(1) 法律

1)《中华人民共和国建筑法》。

2)《中华人民共和国合同法》。

3)《中华人民共和国招标投标法》。

4)《中华人民共和国土地管理法》。

5)《中华人民共和国城市规划法》。

6)《中华人民共和国城市房地产管理法》。

7)《中华人民共和国环境保护法》。

8)《中华人民共和国环境影响评价法》。

9)《中华人民共和国安全生产法》。

(2) 行政法规

1)《建设工程质量管理条例》。

2)《建设工程安全生产管理条例》。

3)《建设工程勘察设计管理条例》。

4)《中华人民共和国土地管理法实施条例》。

（3）部门规章

1）《工程监理企业资质管理规定》。

2）《监理工程师资格考试和注册试行办法》。

3）《建设工程监理范围和规模标准规定》。

4）《建筑工程设计招标投标管理办法》。

5）《房屋建筑和市政基础设施工程施工招标投标管理办法》。

6）《评标委员会和评标方法暂行规定》。

7）《建筑工程施工发包与承包计价管理办法》。

8）《建筑工程施工许可管理办法》。

9）《实施工程建设强制性标准监督规定》。

10）《房屋建筑工程质量保修办法》。

11）《房屋建筑工程和市政基础设施工程竣工验收备案管理暂行办法》。

12）《建设工程施工现场管理规定》。

13）《建筑安全生产监督管理规定》。

14）《工程建设重大事故报告和调查程序规定》。

15）《城市建设档案管理规定》。

16）《建设工程监理规范》。

17）《施工房站监理管理办法》。

监理工程师应当了解我国建设工程法律法规体系，并熟悉和掌握其中与监理工作关系比较密切的法律、法规、规章，以便依法进行监理和规范自己的工程监理行为。以下简单介绍部分法律法规，详尽内容查阅相关法规。

1）《中华人民共和国建筑法》。该法以建筑市场管理为中心，以建筑工程质量和安全为重点，以建筑活动监督管理为主线形成的。全文分8章共计85条。包括总则、建筑工程施工许可制度、建筑工程发包与承包、国家推行建筑工程监理制度、建筑安全生产管理、建筑工程质量管理、法律责任的8部分内容。

2）《建设工程质量管理条例》。该条例以建设工程质量责任主体为基线，规定了建设单位、勘察单位、设计单位、施工单位和工程监理单位的质量责任和义务，明确了工程质量保修制度、工程质量监督制度等内容，并对各种违法、违规行为的处罚作了原则规定。《建设工程质量管理条例》包括总则、建设单位的质量责任和义务、勘察设计单位的质量责任和义务、施工单位的质量责任和义务、工程监理单位的质量责任和义务、建设工程质量保修、监督管理、罚则的8部分内容。

3）《建设工程监理规范》。《建设工程监理规范》（以下简称《监理规范》）分总则、术语、项目监理机构及其设施、监理规划及监理实施细则、施工阶段的监理工作、施工合同管理的其他工作、施工阶段监理资料的管理、设备采购监理与设备监造共计8部分，另附有施工阶段监理工作的基本表式。

4）《施工旁站监理管理办法》。为了提高建设工程质量，建设部于2002年7月17日颁布了《房屋建筑工程施工旁站监理管理办法（试行）》。该规范性文件要求在工程施工阶段的监理工作中实行旁站监理，并明确了旁站监理的工作程序、内容及旁站监理人员的职责。

1.3.2 建设工程管理制度

1. 建筑工程施工许可制度

建设工程开工前，建设单位应当按照国家有关规定向工程所在地县级以上人民政府建设行政主管部门申请领取施工许可证；但是，国务院建设行政主管部门规定的限额以下的小型工程除外。建设行政主管部门应当自收到申请之日起15d内，对符合条件的申请颁发施工许可证。建设单位应当自领取施工许可证之日起3个月内开工。因故不能按期开工的，应当向发证机关申请延期；延期以2次为限，每次不超过3个月。既不开工又不申请延期或者超过延期时限的，施工许可证自行废止。在建的建设工程因故中止施工的，建设单位应当自中止施工之日起5个月内，向发证机关报告，并按照规定做好建设工程的维护管理工作。按照国务院有关规定批准开工的建设工程，因故不能按期开工或者中止施工的，应当及时向批准机关报告情况，因故不能按期开工超过6个月的，应当重新办理开工报告的批准手续。

2. 从业资格制度

从事建设活动的建筑施工企业、勘察单位、设计单位和工程监理单位，按照其拥有的注册资本、专业技术人员、技术装备和已完成的建设工程业绩等资质条件，划分为不同的资质等级，经资质审查合格，取得相应等级的资质证书后，方可在其资质等级许可的范围内从事建设活动。从事建设活动的专业技术人员，应当依法取得相应的执业资格证书，并在执业资格证书许可的范围内从事建设活动。

3. 建设工程招标投标制

①大型基础设施、公用事业等关系社会公共利益、公众安全的项目；②全部或者部分使用国有资金投资或者国家融资的项目；③使用国际组织或者外国政府贷款、援助资金的项目。以上项目的勘察、设计、施工、监理以及与工程建设有关的重要设备、材料等的采购，必须进行招标。

招标、投标活动要严格按照国家有关规定进行，体现公开、公平、公正和择优、诚信的原则。实行公开招标为主，确实需要采取邀请招标和议标形式的，要经过项目主管部门或主管地区政府批准。对未按规定进行公开招标、未经批准擅自采取邀请招标和议标形式的，有关地方和部门不得批准开工。工程监理单位也应通过竞争择优确定。

招标单位要合理划分标段、合理确定工期、合理标价定标。中标单位签订承包合同后，严禁进行转包；总承包单位如进行分包，除总承包合同中有约定的外，必须经发包单位认可，但主体结构不得分包；禁止分包单位将其承包的工程再分包；严禁任何单位和个人以任何名义、任何形式干预正当的招标投标活动，严禁搞地方和部门保护主义，对违反规定干预招标投标活动的单位和个人，不论有无牟取私利，都要根据情节轻重做出处理。招标单位有权自行选择招标代理机构，委托其办理招标事宜。招标单位若具有编制招标文件和组织评标能力的，可以自行办理招标事宜。

4. 工程建设监理制

国家推行工程建设监理制度，国务院规定实行强制监理的建设工程应按规定实施监理工作。对其他实行监理的建设工程，由建设单位委托具有相应资质条件的工程监理单位监理。建设单位与其委托的工程监理单位应当订立书面委托监理合同。

建设工程监理应当依照法律、行政法规及有关的技术标准、设计文件和工程承包合同，对承包单位在施工质量、建设工期和建设资金使用等方面，代表建设单位实施监督。工程监理人员认为工程施工不符合工程设计要求、施工技术标准和合同约定的，有权要求建筑施工企业改正；工程监理人员认为工程设计不符合建筑工程质量标准或者合同约定的质量要求的，应当报告建设单位要求设计单位改正。

5. 合同管理制

建设工程的勘察设计、施工、设备材料采购和工程监理都要依法订立合同。各类合同都要明确质量要求、履约担保和违约处罚条款，违约方要承担相应的法律责任。

6. 安全生产责任制

工程安全生产管理必须坚持安全第一、预防为主的方针，建立健全安全生产的责任制度和群防群治制度。工程设计应当符合按照国家规定制定的建筑安全规程和技术规范，保证工程的安全性能。施工企业在编制施工组织设计时，应当根据工程的特点制定相应的安全技术措施；对专业性较强的工程项目，应当编制专项安全施工组织设计，并采取安全技术措施。施工企业应当在施工现场采取维护安全、防范危险、预防火灾等措施；有条件的，应当对施工现场实行封闭管理。施工企业必须依法加强对建筑安全生产的管理，执行安全生产责任制度，采取有效措施，防上伤亡和其他安全生产事故的发生。

7. 工程质量责任制

国家对从事建筑活动的单位推行质量体系认证制度。从事建筑活动的单位根据自愿原则可以向国务院产品质量监督管理部门或者国务院产品质量监督管理部门授权的部门认可的认证机构，申请质量体系认证。经认证合格的，由认证机构颁发质量体系认证证书。

建设单位不得以任何理由要求设计单位或者施工企业在工程设计或者施工作业中，违反法律、行政法规和建筑工程质量、安全标准，降低工程质量。设计单位和施工企业对建设单位违反上述规定提出的降低工程质量的要求，应当予以拒绝。工程勘察设计单位须对其勘察、设计的质量负责。勘察、设计文件应当符合有关法律、行政法规的规定和工程质量、安全标准、工程勘察、设计技术规范以及合同的约定。设计文件选用的建筑材料、建筑构配件和设备，应当注明其规格、型号、性能等技术指标，其质量要求必须符合国家规定的标准。设计单位对设计文件选用的建筑材料、建筑构配件和设备，不得指定生产厂、供应商。

施工企业对工程的施工质量负责。施工企业必须按照工程设计图样和施工技术标准施工，不得偷工减料。工程设计的修改由原设计单位负责，施工企业不得擅自修改工程设计。施工企业必须按照工程设计要求、施工技术标准和合同的约定，对建筑材料、建筑构配件和设备进行检验，不合格的不得使用。建筑物在合理使用寿命内，必须确保地基基础工程和主体结构的质量。

工程实行总承包的，工程质量由工程总承包单位负责。总承包单位将工程分包给其他单位的，应当对分包工程的质量与分包单位承担连带责任。分包单位应当接受总承包单位的质量管理。

建筑工程竣工时，屋顶、墙面不得留有渗漏、开裂等质量缺陷；对已发现的质量缺陷，施工企业应当修复。交付竣工验收的建筑工程，必须符合规定的建筑工程质量标准，有完整的工程技术经济资料和经签署的工程保修书，并具备国家规定的其他竣工条件。建筑工程竣工经验收合格后，方可交付使用；未经验收或者验收不合格的，不得交付使用。

8. 工程质量保修制

建设工程实行质量保修制度。建设工程承包单位在向建设单位提交工程竣工验收报告时，应当向建设单位出具质量保修书。质量保修书中应当明确建设工程的保修范围、保修期限和保修责任等。建设工程的保修期自竣工验收合格之日起计算。

9. 工程竣工验收制

项目建成后必须按国家有关规定进行严格的竣工验收，由验收人员签字负责。项目竣工验收合格后，方可交付使用。对未经验收或验收不合格就交付使用的，要追究项目法定代表人的责任，造成重大损失的，要追究其法律责任。

10. 建设工程质量备案制

建设单位应当自工程竣工验收合格起15d内，向工程所在地的县级以上地方人民政府建设行政主管部门备案。备案机关收到建设单位报送的竣工验收备案文件，验证文件齐全后，应当在工程竣工验收备案表上签署文件收讫。工程竣工验收备案表一式两份，一份由建设单位保存，一份留备案机关存档。

11. 建设工程质量终身责任制

国家机关工作人员在建设工程质量监督管理工作中玩忽职守、滥用职权、徇私舞弊，构成犯罪的，依法追究刑事责任；尚不构成犯罪的，依法给予行政处分。

建设、勘察、设计、施工、工程监理单位的工作人员因调动工作、退休等原因离开该单位后，被发现在该单位工作期间违反国家有关建设工程质量管理规定，造成重大工程质量事故的，仍应当依法追究法律责任。

项目工程质量的行政领导责任人、项目法定代表人，勘察、设计、施工、监理等单位的法定代表人，要按各自的职责对其经手的工程质量负终身责任。如发生重大工程质量事故，不管调到哪里工作，都要追究其相应的行政和法律责任。

12. 建设项目法人责任制

建设项目法人对项目的筹建、建设、运行与使用负全面的责任。建设项目除军事工程等特殊情况外，都要按政企分开的原则组成项目法人，实行建设项目法人责任制，由项目法定代表人对工程质量负总责任。项目法定代表人必须具备相应的政治、业务素质和组织能力，具备项目管理工作的实际经验。项目法人单位的人员素质、内部组织机构必须满足工程管理和技术上的要求。

13. 项目决策咨询评估制

国家大中型项目和基础设施项目，必须严格实行项目决策咨询评估制度。建设项目可行性研究报告未经有资质的咨询机构和专家的评估论证，有关审批部门不予审批；重大项目的项目建议书也要经过评估论证。咨询机构要对其出具的评估论证意见承担责任。

14. 工程设计审查制

工程项目设计在完成初步设计文件后，经政府建设主管部门组织工程项目内容所涉及的行业及主管部门依据有关法律法规进行初步设计的会审，会审后由建设主管部门下达设计批准文件，之后方可进行施工图设计。施工图设计文件完成后送具备资质的施工图设计审查机构，依据国家设计标准、规范的强制性条款进行审查签证后才能用于工程上。

小　　结

（1）工程建设监理是指具有相应资质的监理单位受工程项目建设单位的委托，依据国家有关工程建设的法律、法规，经建设主管部门批准的工程项目建设文件、建设工程委托监理合同及其他建设工程合同，对工程建设实施的专业化的监督管理。

（2）监理的性质：服务性、科学性、公正性、独立性。

（3）监理的原则：

1）监理工作以委托监理合同为依据。

2）工程建设监理实行总监负责制。

3）监理工作应“公正、独立、自主”的开展。

4）建设单位与承包单位之间与建设工程合同有关的联系活动应通过监理单位进行。

（4）建设工程监理的理论基础：我国的建设工程监理是专业化、社会化的建设单位项目管理，所依据的基本理论和方法来自建设项目管理学和FIDIC合同条件。

（5）现阶段建设工程监理的特点：

1）建设工程监理的服务对象具有单一性。

2）建设工程监理属于强制推行的制度。

3）建设工程监理具有监督功能

4）市场准入的双重控制

思 考 题

1-1　何谓建设工程监理？它的概念要点是什么？

1-2　工程建设监理工作的性质和原则是什么？

1-3　建设工程监理的公正性是如何体现的？

1-4　分析讨论监理的三大性质。

1-5　现阶段我国建设工程监理有哪些特点？

1-6　工程监理与政府质量监督的区别是什么？

1-7　工程项目的建设程序是什么？

1-8　谈谈现阶段建设工程监理的特点。

1-9　谈谈我国建设工程监理的发展趋势。

1-10　我国工程建设有哪些主要的管理制度？

1-11　结合本章的内容阐述建设工程监理的作用。

第 2 章　监理工程师和工程监理企业

学习目标

了解监理工程师的法律地位、法律责任，了解监理工程师执业资格考试、注册和继续教育。在监理企业方面，要熟悉工程监理企业的组织形式、种类，理解我国现行的工程监理企业管理体制和经营机制的改革，正确认识工程监理企业的资质等级标准、业务范围、经营活动基本准则和资质管理，以及如何加强企业管理、市场开发等工作。

2.1　监理工程师概述

监理工程师是指经全国监理工程师执业资格统一考试合格，取得监理工程师执业资格证书，并经注册从事建设工程监理活动的专业人员。

2.1.1　监理工程师的执业特点

由于建设监理业务是为工程的管理、服务，是涉及多学科、多专业的技术、经济、管理等知识的系统工程，执业资格条件要求较高，因此，监理工作需要一专多能的复合型人才来承担。监理工程师不仅要熟悉设计、施工、管理的理论知识，还要有组织、协调能力，更重要的是应掌握并应用合同、经济、法律知识，具有复合型的知识结构。

建设工程监理的实践证明，没有专业技能的人不能从事监理工作；有一定专业技能，从事多年工程建设，具有丰富施工管理经验或工程设计经验的专业人员，如果没有学习过工程监理知识，也难以开展监理工作。

随着人类社会的不断进步，社会分工更趋于专业化。由于工程类别十分复杂，不仅土建工程需要监理，工业交通、设备安装工程也需要监理。更重要的是，监理工程师在工程建设中担负着十分重要的经济和法律责任，所以，无论已经具备何种高级专业技术职称的人，或已具备何种执业资格的人员，如果不再学习建设监理知识，都无法从事工程监理工作。参加监理知识培训学习后，能否胜任监理工作，还要经过执业资格考试，取得监理工程师执业资格并经注册后，方可从事监理工作。

国际咨询工程师联合会（FIDIC）对从事工程咨询业务人员的职业地位和业务特点所作的说明是：“咨询工程师从事的是一份令人尊敬的职业，他仅按照委托人的最佳利益尽责，他在技术领域的地位等同于法律领域的律师和医疗领域的医生。他保持其行为相对于承包商和供应商的绝对独立性，不得从他们那里接受任何形式的好处，而使他的决定的公正性受到影响或不利于他行使委托人赋予的职责。”

在国际上流行的各种工程合同条件中，几乎无例外地都含有关于监理工程师的条款。在国际上多数国家的工程项目建设程序中，每一个阶段都有监理工程师的工作出现。如在国际工程招标和投标过程中，凡是有关审查投标人工程经验和业绩的内容，都要提供这些工程的监理工程师的名称。

从事建设工程监理工作，但尚未取得“监理工程师注册证书”的人员统称为监理员。在监理工作中，监理员与监理工程师的区别主要在于监理工程师具有相应岗位责任的签字权，而监理员没有相应岗位责任的签字权。

2.1.2 监理工程师的素质

从事监理工作的监理人员，不仅要有一定的工程技术或工程经济方面的专业知识、较强的专业技术能力，能够对工程建设进行监督管理，提出指导性的意见，而且要有一定的组织协调能力，能够组织、协调工程建设有关各方共同完成工程建设任务。因此，监理工程师应具备以下素质：

（1）较高的专业学历和复合型的知识结构　工程建设涉及的学科很多，其中主要学科就有几十种。作为一名监理工程师，当然不可能掌握这么多的专业理论知识，但至少应掌握一种专业理论知识。没有专业理论知识的人员无法承担监理工程师岗位工作。所以，要成为一名监理工程师，至少应具有工程类大专以上学历，并应了解或掌握一定的工程建设经济、法律和组织管理等方面的理论知识，要不断地了解新技术、新设备、新材料、新工艺，熟悉与工程建设相关的现行法律法规、政策规定，成为一专多能的复合型人才，持续保持较高的知识水准。

（2）丰富的工程建设实践经验　监理工程师的业务内容体现的是工程技术理论与工程管理理论的应用，具有很强的实践性特点。因此，实践经验是监理工程师的重要素质之一。据有关资料统计分析，工程建设中出现的失误，少数原因是责任心不强，多数原因则是因为缺乏实践经验。实践经验丰富可以避免或减少工作失误。工程建设中的实践经验主要包括立项评估、地质勘测、规划设计、工程招标投标、工程设计及设计管理、工程施工及施工管理、工程监理、设备制造等方面的工作实践经验。

（3）良好的品德　监理工程师的良好品德主要体现在以下几个方面：

1）热爱本职工作。

2）具有科学的工作态度。

3）具有廉洁奉公、为人正直、办事公道的高尚情操。

4）能够听取不同方面的意见，冷静地分析问题。

（4）健康的体魄和充沛的精力　尽管建设工程监理是一种高智能的管理服务，以脑力劳动为主，但是，也必须具有健康的身体和充沛的精力，才能胜任繁忙、严谨的监理工作。尤其在建设工程施工阶段，由于露天作业，工作条件艰苦，工期往往紧迫，业务繁忙，更需要有健康的身体，否则难以胜任工作。我国对年满65周岁的监理工程师不再进行注册，主要就是考虑监理从业人员身体健康状况的适应能力而设定的条件。

2.1.3 监理工程师的职业道德

工程监理工作的特点之一是要体现公正原则。监理工程师在执业过程中不能损害工程建设任何一方的利益，因此，为了确保建设监理事业的健康发展，对监理工程师的职业道德和工作纪律都有严格的要求，在有关法规里也作了具体的规定。在监理行业中，监理工程师应严格遵守如下通用职业道德守则：

1）维护国家的荣誉和利益，按照“守法、诚信、公正、科学”的准则执业。

2）执行有关工程建设的法律、法规、标准、规范、规程和制度，履行监理合同规定的义务和职责。

3）努力学习专业技术和建设监理知识，不断提高业务能力和监理水平。

4）不以个人的名义承揽监理业务。

5）不同时在两个或两个以上监理单位注册和从事监理活动，不在政府部门和施工、材料设备的生产供应等单位兼职。

6）不为所监理项目指定承包商、建筑构配件、设备、材料生产厂家和施工方法。

7）不收受被监理单位的任何礼金。

8）不泄露所监理工程各方认为需要保密的事项，坚持独立自主地开展工作。

2.1.4 FIDIC 道德准则

在国外，监理工程师的职业道德准则，由其协会组织制定并监督实施。国际咨询工程师联合会（FIDIC）于1991年在慕尼黑召开的全体成员大会上，讨论批准了FIDIC通用道德准则。该准则分别从对社会和职业的责任、能力、正直性、公正性、对他人的公正5个问题共计14个方面规定了监理工程师的道德行为准则。目前，国际咨询工程师协会的会员国家都在认真地执行这一准则。

为使监理工程师的工作充分有效，不仅要求监理工程师必须不断增长他们的知识和技能，而且要求社会尊重他们的道德公正性，信赖他们作出的评审，同时给予公正的报酬。

监理工程师应该做到以下几个方面：

（1）对社会和职业的责任

1）接受对社会的职业责任。

2）寻求与确认的发展原则相适应的解决办法。

3）在任何时候，维护职业的尊严、名誉和荣誉。

（2）能力

1）保持其知识和技能与技术、法规、管理的发展相一致的水平，对于委托人要求的服务采用相应的技能，并尽心、尽力。

2）仅在有能力从事服务时方才进行。

（3）正直性　在任何时候均为委托人的合法权益行使其职责，并且正直和忠诚地进行职业服务。

（4）公正性

1）在提供职业咨询、评审或决策时不偏不倚。

2）通知委托人在行使其委托权时可能引起的任何潜在的利益冲突。

3）不接受可能导致判断不公的报酬。

（5）对他人的公正

1）加强“按照能力进行选择”的观念。

2）不得故意或无意地做出损害他人名誉或事务的事情。

3）不得直接或间接取代某一特定工作中已经任命的其他咨询工程师的位置。

4）通知该咨询工程师并且接到委托人终止其先前任命的建议前不得取代该咨询工程师

的工作。

5）在被要求对其他咨询工程师的工作进行审查的情况下，要以适当的职业行为和礼节进行。

2.1.5 监理工程师的法律地位

监理工程师的法律地位是由国家法律法规确定的，并建立在委托监理合同的基础上。这是因为：第一，《中华人民共和国建筑法》明确提出了国家推行工程监理制度，《建设工程质量管理条例》赋予了监理工程师多项签字权，并明确规定了监理工作师的多项职责，从而使监理工程师执业有了明确的法律依据，确立了监理工程师作为专业人士的法律地位；第二，监理工程师的主要业务是受建设单位委托从事监理工作，其权利和义务在合同中有具体约定。

监理工程师所具有的法律地位，决定了监理工程师在执业中一般应享有的权利和应履行的义务。这些权利主要包括：

1）使用监理工程师名称。

2）依法自主执行业务。

3）依法签署工程监理及相关文件并加盖执业印章。

4）法律、法规赋予的其他权利。

而监理工程师的义务则主要有：

1）遵守法律、法规，严格依照相关的技术标准和委托监理合同开展工作。

2）信守职业道德，维护社会公共利益。

3）在执业中保守委托单位申明的商业秘密。

4）不得同时受聘于两个及以上单位执行业务。

5）不得出借“监理工程师执业资格证书”、“监理工程师注册证书”和执业印章。

6）接受职业继续教育，不断提高业务水平。

2.1.6 监理工程师的法律责任

监理工程师的法律责任与其法律地位密切相关，同样是建立在法律法规和委托监理合同的基础上。因而，监理工程师法律责任的表现行为主要有三方面：一是违反法律法规的行为，二是违反合同约定的行为，三是承担安全事故的连带责任。

1. 违法行为

现行法律法规对监理工程师的法律责任专门做出了具体规定。例如，《建筑法》第三十五条规定：“工程监理单位不按照委托监理合同的约定履行监理义务，对应当监督检查的项目不检查或者不按照规定检查，给建设单位造成损失的，应当承担相应的赔偿责任。”《中华人民共和国刑法》第一百三十七条规定：“建设单位、设计单位、施工单位、工程监理单位违反国家规定，降低工程质量标准，造成重大安全事故的，对直接责任人员，处五年以下有期徒刑或者拘役，并处罚金；后果特别严重的，处五年以上十年以下有期徒刑，并处罚金。”《建设工程质量管理条例》第三十六条规定：“工程监理单位应当依照法律、法规以及有关技术标准、设计文件和建设工程承包合同，代表建设单位对施工质量实施监理并对施工质量承担监理责任。”

这些规定能够有效地规范、指导监理工程师的执业行为，提高监理工程师的法律责任意识，引导监理工程师公正守法地开展监理业务。

2. 违约行为

监理工程师一般主要受聘于工程监理企业，从事工程监理业务。工程监理企业是订立委托监理合同的当事人，是法定意义的合同主体，但委托监理合同在具体履行时，是由监理工程师代表监理企业来实现的。因此，如果监理工程师出现工作过失，违反了合同约定，其行为将被视为监理企业违约，由监理企业承担相应的违约责任。当然，监理企业在承担违约赔偿责任后，有权在企业内部向有相应过失行为的监理工程师追偿部分损失。所以，由监理工程师个人过失引发的合同违约行为，监理工程师应当与监理企业承担一定的连带责任。其连带责任的基础是监理企业与监理工程师签订的聘用协议或责任保证书，或监理企业法定代表人对监理工程师签发的授权委托书。一般来说，授权委托书应包含职权范围和相应的责任条款。

3. 承担安全事故的连带责任

安全生产责任是法律责任的一部分，其来源于法律法规和委托监理合同。国家现行法律法规未对监理工程师和建设单位是否承担安全生产责任做出明确规定，所以，目前监理工程师和建设单位承担安全生产责任尚无法律依据。由于建设单位没有管理安全生产的权力，因而不可能将不属于其所有的权力委托或转交给监理工程师，在委托监理合同中不会约定监理工程师负责管理建筑工程安全生产。

导致工作安全事故或问题的原因很多，有自然灾害、不可抗力等客观原因，也有建设单位、设计单位、施工企业、材料供应单位等主观原因。监理工程师虽然不管理安全生产，不直接承担安全责任，但不能排除其间接或连带承担安全责任的可能性。如果监理工程师有下列行为之一，则应当与质量、安全事故责任主体承担连带责任。

1）违章指挥或者发出错误指令，引发安全事故的。

2）将不合格的建设工程、建筑材料、建筑构配件和设备按照合格签字，造成工程质量事故，由此引发安全事故的。

3）与建设单位或施工企业串通，弄虚作假，降低工程质量，从而引发安全事故的。

2.1.7 监理工程师违规行为的处罚

监理工程师在执业过程中必须严格遵纪守法。政府建设行政主管部门对于监理工程师的违法、违规行为，将追究其责任，并根据不同情节给予必要的行政处罚。监理工程师的违规行为及相应的处罚办法，一般包括以下几个方面：

1）对于未取得“监理工程师执业资格证书”、“监理工程师注册证书”和执业印章，以监理工程师名义执行业务的人员，政府建设行政主管部门将予以取缔，并处以罚款；有违法所得的，予以没收。

2）对于以欺骗手段取得“监理工程师执业资格证书”、“监理工程师注册证书”和执业印章的人员，政府建设行政主管部门将吊销其证书，收回执业印章，并处以罚款；情节严重的，3 年之内不允许考试及注册。

3）如果监理工程师出借“监理工程师执业资格证书”、“监理工程师注册证书”和执业印章，情节严重的，将被吊销证书，收回执业印章，3 年之内不允许考试和注册。

4）监理工程师注册内容发生变更，未按照规定办理变更手续的，将被责令改正，并可能受到罚款的处罚。

5）同时受聘于两个及以上单位执业的，将被注销其“监理工程师注册证书”，收回执业印章，并将受到罚款处理；有违法所得的，将被没收。

6）对于监理工程师在执业中出现的行为过失，产生不良后果的，《建设工程质量管理条理》有明确规定：监理工程师因过错造成质量事故的，责令停止执业1年；造成重大质量事故的，吊销执业资格证书，5年以内不予注册；情节特别恶劣的，终身不予注册。

2.2 监理工程师执业资格考试、注册和继续教育

2.2.1 监理工程师执业资格考试制度

执业资格是政府对某些责任较大、社会通用性强、关系公共利益的专业技术工作实行的市场准入控制，是专业技术人员依法独立执业或独立从事某种专业技术工作所必备的学识、技术和能力标准。我国按照有利于国家经济发展、得到社会公认、具有国际可比性、事关社会公共利益等四项原则，在涉及国家、人民生命财产安全的专业技术工作领域，实行专业技术人员执业资格制度。执业资格一般要通过考试方式取得，这体现了执业资格制度公开、公平、公正的原则。只有当某一专业技术执业资格刚刚设立，为了确保该项专业技术工作启动实施，才有可能对首批专业技术人员的执业资格采用考核方式确认。监理工程师是我国建国以来在工程建设领域第一个设立的执业资格。

2.2.2 实行监理工程师执业资格考试制度的意义

实行监理工程师执业资格考试制度的意义在于：

1）促进监理人员努力钻研监理业务，提高业务水平。

2）统一监理工程师的业务能力标准。

3）有利于公正地确定监理人员是否具备监理工程师的资格。

4）合理建立工程监理人才库。

5）便于同国际接轨，开拓国际工程监理市场。

2.2.3 监理工程师执业资格考试

1. 报考监理工程师的条件

国际上多数国家在设立执业资格时，通常比较注重执业人员的专业学历和工作经验。他们认为这是执业人员的基本素质，是保证执业工作有效实施的主要条件。我国根据对监理工程师业务素质和能力的要求，对参加监理工程师执业资格考试的报名条件也从两方面作出了限制：一是要具有一定的专业学历；二是要具有一定年限的工程建设实践经验。

2. 考试内容

由于监理工程师的业务主要是控制建设工程的质量、投资、进度、监督管理建设工程合同，协调工程建设各方的关系，所以，监理工程师执业资格考试的内容主要是工程建设监理的基本理论、工程质量控制、工程进度控制、工程投资控制、建设工程合同管理和涉及工程

监理的相关法律法规等方面的理论知识和实务技能。

3. 考试方式和管理

监理工程师执业资格考试是一种水平考试，是对考生掌握监理理论和监理实务技能的抽检。为了体现公开、公平、公正原则，考试实行全国统一考试大纲、统一命题、统一组织、统一时间、闭卷考试、分科记分、统一录取标准的办法，一般每年举行一次。考试所用语言为汉语。

对考试合格人员，由省、自治区、直辖市人民政府人事行政主管部门颁发由国务院人事行政主管部门统一印制，国务院人事行政主管部门和建设行政主管部门共同印制的“监理工程师执业资格证书”。取得执业资格证书并经注册后，即成为监理工程师。我国对监理工程师执业资格考试工作实行政府统一管理。国务院建设行政主管部门负责编制监理工程师执业资格考试大纲、编写考试教材和组织命题工作，统一规划、组织或授权组织监理工程师执业资格考试的考前培训等有关工作。

国务院人事行政主管部门负责审定监理工程师执业资格考试科目、考试大纲和考试试题，组织实施考务工作，会同国务院建设行政主管部门对监理工程师执业资格考试进行检查、监督、指导和确定合格标准。

中国建设监理协会负责组织有关专业的专家拟定考试大纲、组织命题和编写培训教材工作。

2.2.4 监理工程师注册

监理工程师注册制度是政府对监理从业人员实行市场准入控制的有效手段。监理人员经注册，即表明获得了政府对其以监理工程师名义从业的行政许可，因而具有相应工作岗位的责任和权力。仅取得“监理工程师执业资格证书”，没有取得“监理工程师注册证书”的人员，则不具备这些权力，也不承担相应的责任。

监理工程师的注册，根据注册内容的不同分为三种形式，即初始注册、续期注册和变更注册。按照我国有关法规规定，监理工程师只能在一家企业按照专业类别注册。

1. 初始注册

经考试合格，取得“监理工程师执业资格证书”的，可以申请监理工程师初始注册。

1）申请监理工程师初始注册，一般要提供下列材料：

① 监理工程师注册申请表。

②“监理工程师执业资格证书”。

③ 其他有关材料。

2）申请初始注册的程序如下：

① 申请人向聘用单位提出申请。

② 聘用单位同意后，连同上述材料由聘用企业向所在省、自治区、直辖市人民政府建设行政主管部门提出申请。

③ 省、自治区、直辖市人民政府建设行政主管部门初审合格后，报国务院建设行政主管部门。

④ 国务院建设行政主管部门对初审意见进行审核，对符合条件者准予注册，并颁发由国务院建设行政主管部门统一印制的“监理工程师注册证书”和执业印章。执业印章由监

理工程师本人保管。

国务院建设行政主管部门对监理工程师初始注册每年定期集中审批一次，并实行公示、公告制度，对符合注册条件的进行网上公示，经公示未提出异议的予以批准确认。

3）申请注册人员出现下列情形之一的，不能获得注册：

① 不具备完全民事行为能力。

② 受到刑事处罚，自刑事处罚执行完毕之日起至申请注册之日不满5年。

③ 在工程监理或者相关业务中有违法、违规行为或者犯有严重错误的，受到责令停止执业的行政处罚，自行政处罚或者行政处分决定之日起至申请注册之日不满2年的。

④ 在申报注册过程中有弄虚作假行为。

⑤ 同时注册于两个及以上单位。

⑥ 年龄65周岁及以上。

⑦ 法律、法规和国务院建设、人事行政主管部门规定不予注册的其他情形。

4）监理工程师在注册后，有下列情形之一的，原注册机关将撤销其注册，收回“监理工程师注册证书”和执业印章：

① 完全丧失民事行为能力的。

② 死亡或者依据《中华人民共和国民法通则》的规定宣告死亡的。

③ 受到刑事处罚的。

④ 在工程监理或者相关业务中违法违规或者造成工程事故，受到责令停止执业的行政处罚的。

⑤ 自行停止监理工程师业务满2年的。

⑥ 违反执业道德规范、执业纪律等行规行约的。

被撤销注册的当事人对撤销注册有异议的，可以自接到撤销注册通知之日起15日内向国务院建设行政主管部门或者省、自治区、直辖市人民政府建设行政主管部门申请复核。被撤消注册人员在处罚期满5年后可以重新申请注册。

2. 续期注册

监理工程师初始注册有效期为2年，注册有效期满要求继续执业的，需要办理续期注册。

1）续期注册应提交下列材料：

① 从事工程监理的业绩证明和工作总结。

② 国务院建设行政主管部门认可的工程监理继续教育证明。

2）监理工程师如果有下列情形之一，将不予续期注册：

① 没有从事工程监理的业绩证明和工作总结的。

② 同时在两个及以上单位执业的。

③ 未按照规定参加监理工程师继续教育或继续教育未达到标准的。

④ 允许他人以本人名义执业的。

⑤ 在工程监理活动中有过失，造成重大损失的。

3）申请续期注册的程序是：

① 申请人向聘用单位提出申请。

② 聘用单位同意后，连同上述材料由聘用企业向所在省、自治区、直辖市人民政府建

设行政主管部门提出申请。

③ 省、自治区、直辖市人民政府建设行政主管部门进行审核，对无前述不予续期注册情形的准予续期注册。

④ 省、自治区、直辖市人民政府建设行政主管部门在准予续期注册后，将准予续期注册的人员名单，报国务院建设行政主管部门备案。

续期注册的有效期同样为2年，从准予续期注册之日起计算。国务院建设行政主管部门定期向社会公告准予续期注册的人员名单。

3. 变更注册

监理工程师注册后，如果注册内容发生变更，应当向原注册机构办理变更注册。申请变更注册的程序如下：

1）申请人向聘用单位提出申请。

2）聘用单位同意后，连同申请人与原聘用单位的解聘证明，一并上报省、自治区、直辖市人民政府建设行政主管部门。

3）省、自治区、直辖市人民政府建设行政主管部门对有关情况进行审核，情况属实的准予变更注册。

4）省、自治区、直辖市人民政府建设行政主管部门在准予变更注册后，将变更人员情况报国务院建设行政主管部门备案。

需要注意的是，监理工程师办理变更注册后，1年内不能再次进行变更注册。

2.2.5 注册监理工程师的继续教育

随着现代科学技术日新月异的发展，注册后的监理工程师不能一劳永逸地停留在原有知识水平上，而要随着时代的进步不断地更新知识、扩大其知识面，学习新的理论知识、政策法规，了解新技术、新工艺、新材料、新设备，这样才能不断提高执业能力和工作水平，以适应建设事业发展及监理实务的需要。因此，注册监理工程师每年都要接受一定学时的继续教育。

继续教育可采取多种不同的方式，如脱产学习、集中授课、参加研讨会（班）、撰写专业论文等。继续教育的内容应紧密结合业务内容，逐年更新。

2.3 工程监理企业的组织形式

工程监理企业是指从事工程监理业务并取得工程监理企业资质证书的经济组织。它是监理工程师的执业机构。

按照我国现行法律法规的规定，我国的工程监理企业有可能存在的企业组织形式包括：公司制监理企业、合伙监理企业、个人独资监理企业、中外合资经营监理企业和中外合作经营监理企业。以下简要介绍公司制监理企业、中外合资经营监理企业和中外合作经营监理企业的特点。

2.3.1 公司制监理企业

监理公司是以盈利为目的，依照法定程序设立的企业法人。我国公司制监理企业有以下特征：

1）必须是依照《中华人民共和国公司法》的规定设立的社会经济组织。

2）必须是以营利为目的的独立企业法人。

3）自负盈亏，独立承担民事责任。

4）是完整纳税的经济实体。

5）采用规范的成本会计和财务会计制度。

我国监理公司的种类有两种，即监理有限责任公司和监理股份有限公司。

1. 监理有限责任公司

监理有限责任公司，是指由2个以上、50个以下的股东共同出资，股东以其所认缴的出资额对公司行为承担有限责任，公司以其全部资产对其债务承担责任的企业法人。

监理有限责任公司有如下特征：

1）公司不对外发行股票，股东的出资额由股东协商确定。

2）股东交付股金后，公司出具股权证书，作为股东在公司中拥有的权益凭证。这种凭证不同于股票，不能自由流通，必须在其他股东同意的条件下才能转让，且要优先转让给公司原有的股东。

3）公司股东所负责任仅以其出资额为限，即把股东投入公司的财产与其个人的其他财产脱钩，公司破产或解散时，只以公司所有的资产偿还债务。

4）公司具有法人地位。

5）在公司名称中必须注明有限责任公司字样。

6）公司股东可以作为雇员参与公司经营管理。通常公司管理者也是公司的所有者。

7）公司账目可以不公开，尤其是公司的资产负债表一般不公开。

2. 监理股份有限公司

监理股份有限公司是指全部资本由等额股份构成，并通过发行股票筹集资本，股东以其所认购股份对公司承担责任，公司以其全部资产对公司债务承担责任的企业法人。

设立监理股份有限公司可以采取发起设立或者募集设立方式。发起设立是指由发起人认购公司应发行的全部股份而设立公司。募集设立是指由发起人认购公司应发行股份的一部分，其余部分向社会公开募集而设立公司。

监理股份有限公司的主要特征是：

1）公司资本总额分为金额相等的股份。股东以其所认购的股份对公司承担有限责任。

2）公司以其全部资产对公司债务承担责任。公司作为独立的法人，有自己独立的财产，公司在对外经营业务时，以其独立的财产承担公司债务。

3）公司可以公开向社会发行股票。

4）公司股东的数量有最低限制，应当有5个以上发起人，其中必须有过半数的发起人在中国境内有住所。

5）股东以其所持有的股份享受权利和承担义务。

6）在公司名称中必须标明股份有限公司字样。

7）公司账目必须公开，便于股东全面掌握公司情况。

8）公司管理实行两权分离。董事会接受股东大会委托，监督公司财产的保值增值，行使公司财产所有者职权；经理由董事会聘任，掌握公司经营权。

2.3.2 中外合资经营监理企业与中外合作经营监理企业

1. 基本概念

中外合资经营监理企业是指以中国的企业或其他经济组织为一方，以外国的公司、企业、其他经济组织或个人为另一方，在平等互利的基础上，根据《中华人民共和国中外合资经营企业法》，签订合同、制订章程，经中国政府批准，在中国境内共同投资、共同经营、共同管理、共同分享利润、共同承担风险，主要从事工程监理业务的监理企业。其组织形式为有限责任公司。在合营企业的注册资本中，外国合营者的投资比例一般不得低于25%。

中外合作经营监理企业是指中国的企业或其他经济组织同外国的企业、其他经济组织或者个人，按照平等互利的原则和我国的法律规定，用合同约定双方的权利义务，在中国境内共同举办的、主要从事工程监理业务的经济实体。

2. 中外合资经营监理企业与中外合作经营监理企业的区别

1）组织形式不同。合营企业的组织形式为有限责任公司，具有法人资格。合作企业可以是法人型企业，也可以是不具有法人资格的合伙企业，法人型企业独立对外承担责任，合作企业由合作各方对外承担连带责任。

2）组织机构不同。合营企业是合营双方共同经营管理，实行单一的董事会领导下的总经理负责制。合作企业可以采取董事会负责制，也可以采取联合管理制，既可由双方组织联合管理机构管理，也可以由一方管理，还可以委托第三方管理。

3）出资方式不同。合营企业一般以货币形式计算各方的投资比例。合作企业是以合同规定投资或者提供合作条件，以非现金投资作为合作条件，可不以货币形式作价，不计算投资比例。

4）分配利润和分担风险的依据不同。合营企业按各方注册资本比例分配利润和分担风险。合作企业按合同约定分配收益或产品和分担风险。

5）回收投资的期限不同。合营企业各方在合营期内不得减少其注册资本。合作企业则允许外国合作者在合作期限内先行收回投资，合作期满时，企业的全部固定资产归中国合作者所有。

2.3.3 我国工程监理企业管理体制和经营机制的改革

1. 工程监理企业的管理体制和经营机制改革

按照我国法律的规定，设立股份有限公司的注册资本要求比较高（最低限额为人民币1000万元），而设立有限责任公司的注册资本要求比较低（甲级资质最低限额为人民币100万元、乙级50万元、丙级10万元）。因此，我国绝大多数工程监理企业不宜按股份有限公司的组织形式设立。

一些由国有企业集团或教学、科研、勘察设计单位按照传统的国有企业模式设立的工程监理企业，由于具有国有企业特点，普遍存在着产权关系不清晰，管理体制不健全，经营机制不灵活，分配制度不合理，职工积极性不高，市场竞争力不强的现象，企业缺乏自主经营、自负盈亏、自我约束、自我发展的能力，这必将阻碍监理企业和监理行业的发展。

因此，国有工程监理企业管理体制和经营机制改革是必然的发展趋势。监理企业改制的目的：一是有利于转换企业经营机制，不少国有监理企业经营困难，主要原因是体制、机制问题，改革的关键在于转换监理企业经营机制，使监理企业真正成为“四自”主体；二是有利于强化企业经营管理，国有监理企业经营困难除了体制和机制外，管理不善也是重要原因之一；三是有利于提高监理人员的积极性，国有企业固有的产权不清晰、责任不明确、分配不合理所形成的“大锅饭”模式，难以调动员工的积极性。

2. 国有工程监理企业改制为有限责任公司的基本步骤

我国《公司法》第七条规定：国有企业改建为公司，必须依照法律、行政法规规定的条件和要求，转换经营机制，有步骤地进行清产核资、评估资产、界定产权、清理债权债务、建立规范的企业内部管理机构。根据这一规定，企业改制的一般程序如下：

1）确定发起人并成立筹委会。发起人确定后，成立企业改制筹备委员会，负责改制过程中的各项工作。

2）形成公司文件。公司文件主要包括改制申请书、改制的可行性研究报告、公司章程等。

3）提出改制申请。筹备委员会向政府主管部门提出改制申请时，应提交以下基本文件：改制协议书；改制申请书；改制的可行性研究报告；公司章程；行业主管部门的审查意见。

4）资产评估。资产评估是指对资产价值的重估，它是在财产清查的基础上，对账面价值与实际价值背离较大的资产的价值进行重新评估，以保证资产价值与实际相符，促进实现资产价值的足额补偿。资产评估是按照申请立项、资产清查、评定估算、验证确认等程序进行。

5）产权界定。产权界定是指对财产权进行鉴别和确认，即在财产清查和资产评估的基础上，鉴别企业各所有者和债权人对企业全部资产拥有的权益。对国有产权，一般应指国有企业的净资产，即用评估后的总资产价值减去国有企业的负债。

6）股权设置。股权是指股份制企业投资者的法定所有权，以及由此而产生的投资者对企业拥有的各项权利。股权设置是指在产权界定的基础上，根据股份制改造的要求，按投资主体所设置的国家股、法人股、自然人股和外资股。从经济学角度看，股权是产权的一部分，即财产的所有权，而不包括法人财产权。从会计学角度看，两者本质是相同的，都体现财产的所有权；但从量的角度看则不同，产权指所有者的权益，股权则指资本金或实收资本。因此，股权设置过程中的一个重要环节是净资产折股。

7）认缴出资额。各股东按照共同订立的公司章程中规定的各自所认缴的出资额出资。

8）申请设立登记。申请设立登记时，一般应提交公司登记申请书、公司章程、验资报告、法律、行政法规规定的其他文件等。

9）签发出资证明书。公司登记注册后，应签发证明股东已经缴纳出资额的出资证明书。有限责任公司成立后，原有企业即自行终止，其债权、债务由改组后的公司承担。

3. 产权制度改革的方式

国有工程监理企业的改制可采用以下几种方式：

1）股份制改革方式：减持国有股，扩大民营股。

2）股份合作制方式：将原国有监理企业改为由本单位的全体职工和经营者按股份共同拥有。具体的操作方式是，对企业经过资产评估后，折成股份，转让给本企业职工和经营者。

3）经营者持大股方式。

4. 完善分配制度

改制的监理企业应建立与现代企业制度相适应的劳动、人事管理制度和收入分配制度，在坚持按劳分配原则的基础上，应适当实行按生产要素分配。生产要素包括：资本、技术、管理等。技术参与要素分配可采取技术入股法，先作技术评估、定价折股，进入企业股本，最多可占企业总股本的35%。管理参与要素分配可采用期权制入股，根据经营管理的业绩按一定比例提取股权。

2.4 工程监理企业的资质管理

2.4.1 工程监理企业的资质等级标准和业务范围

1. 工程监理企业资质

工程监理企业资质是企业技术能力、管理水平、业务经验、经营规模、社会信誉等综合性实力指标。对工程监理企业进行资质管理的制度是我国政府实行市场准入控制的有效手段。

工程监理企业应当按照所拥有的注册资本、专业技术人员数量和工程监理业绩等资质条件申请资质，经审查合格，取得相应等级的资质证书后，才能在其资质等级许可的范围内从事工程监理活动。

工程监理企业的注册资本不仅是企业从事经营活动的基本条件，也是企业清偿债务的保证。工程监理企业所拥有的专业技术人员数量主要体现在注册监理工程师的数量，这反映企业从事监理工作的工程范围和业务能力。工程监理业绩则反映工程监理企业开展监理业务的经历和成效。

工程监理企业的资质按照等级分为甲级、乙级和丙级，按照工程性质和技术特点分为14个专业工程类别，每个专业工程类别按照工程规模或技术复杂程度又分为3个等级。

工程监理企业的资质包括主项资质和增项资质。工程监理企业如果申请多项专业工程资质，则其主要选择的一项为主项资质，其余的为增项资质。同时，其注册资金应当达到主项资质标准要求，从事增项专业工程监理业务的注册监理工程师人数应当符合专业要求，增项资质级别不得高于主项资质级别。

2. 工程监理企业各主项资质等级标准

（1）甲级

1）企业负责人和技术负责人应当具有15年以上从事工程建设工作的经历，企业技术负责人应当取得监理工程师注册证书。

2）取得监理工程师注册证书的人员不少于25人。

3）注册资本不少于100万元。

4）近3年内监理过5个以上二等房屋建筑工程项目或者3个以上二等专业工程项目。

（2）乙级

1）企业负责人和技术负责人应当具有10年以上从事工程建设工作的经历，企业技术负责人应当取得监理工程师注册证书。

2）取得监理工程师注册证书的人员不少于15人。

3）注册资本不少于50万元。

4）近3年内监理过5个以上三等房屋建筑工程项目或者3个以上三等专业工程项目。

（3）丙级

1）企业负责人和技术负责人应当具有8年以上从事工程建设工作的经历，企业技术负责人应当取得监理工程师注册证书。

2）取得监理工程师注册证书的人员不少于5人。

3）注册资本不少于10万元。

4）承担过2个以上房屋建筑工程项目或者1个以上专业工程项目。

3. 业务范围

各主项资质等级的工程监理企业的业务范围是：甲级工程监理企业可以监理经核定的工程类别中的一、二、三等工程；乙级工程监理企业可以监理经核定的工程类别中的二、三等工程；丙级工程监理企业只可监理经核定的工程类别中的三等工程。甲、乙、丙级资质监理企业的经营范围均不受国内地域限制。

2.4.2 工程监理企业的资质申请

工程监理企业申请资质，一般要到企业注册所在地的县级以上地方人民政府建设行政主管部门办理有关手续。

新设立的工程监理企业申请资质，应当先到工商行政管理部门登记注册并取得企业法人营业执照后，才能到建设行政主管部门办理资质申请手续。办理资质申请手续时，应当向建设行政主管部门提供下列资料：

1）工程监理企业资质申请表。

2）企业法人营业执照。

3）企业章程。

4）企业负责人和技术负责人的工作简历、监理工程师注册证书等有关证明材料。

5）工程监理人员的监理工程师注册证书。

6）需要出具的其他有关证件、资料。

已取得法人资格的工程监理企业申请资质升级，除提供上述资料外，还应当提供以下资料：

1）企业原资质证书正、副本。

2）企业的财务决算年报表。

3）《监理业务手册》及已完成代表工程的监理合同、监理规划及监理工作总结。

工程监理企业的增项资质可以与其主项资质同时申请，也可以在每年资质审批期间独立申请。

新设立的工程监理企业，其资质等级按照最低等级核定，并设1年的暂定期。

2.4.3 工程监理企业的资质管理

为了加强对工程监理企业的资质管理，保障其依法经营业务，促进建设工程监理事业的健康发展，国家建设行政主管部门对工程监理企业资质管理工作制定了相应的管理规定。

1. 工程监理企业资质管理机构及其职责

根据我国现阶段管理体制，我国工程监理企业的资质管理确定的原则是“分级管理，统分结合”，按中央和地方两个层次进行管理。

国务院建设行政主管部门负责全国工程监理企业资质的归口管理工作。涉及铁道、交通、水利、信息产业、民航等专业工程监理资质的，由国务院铁道、交通、水利、信息产业、民航等有关部门配合国务院建设行政主管部门实施资质管理工作。

省、自治区、直辖市人民政府建设行政主管部门负责本行政区域内工程监理企业资质的归口管理工作，省、自治区、直辖市人民政府交通、水利、通信等有关部门配合同级建设行政主管部门实施相关资质类别工程监理企业资质的管理工作。

（1）国务院建设行政主管部门管理工程监理企业资质的主要职责

1）每年定期集中审批一次全国甲级工程监理企业的资质。其中涉及铁道、交通、水利、信息产业、民航工程等方面的工程监理企业资质，由国务院有关部门初审，国务院建设行政主管部门根据初审意见审批。

2）审查、批准全国甲级工程监理企业资质的变更与终止。

3）制定有关全国工程监理企业资质的管理办法。

（2）省、自治区、直辖市人民政府建设行政主管部门管理工程监理企业资质的主要职责

1）审批本行政区域内乙级、丙级工程监理企业的资质。其中交通、水利、通信等方面的工程监理企业资质，应征得同级有关部门初审同意后审批。

2）审查、批准本行政区域内乙级、丙级工程监理企业资质的变更与终止。

3）本行政区域内乙级和丙级工程监理企业资质的年检。

4）制定在本行政区域内资质管理办法。

5）受国务院建设行政主管部门委托负责本行政区域内甲级工程监理企业资质的年检。

（3）资质审批实行公示公告制度　资质初审工作完成后，初审结果先在中国工程建设信息网上公示。经公示后，对于工程监理企业符合资质标准的，予以审批，并将审批结果在中国工程建设信息网上公告。实行这一制度的目的是提高资质审批工作的透明度，便于社会监督，从而增强其公正性。

2. 工程监理企业资质管理内容

工程监理企业资质管理，主要是指对工程监理企业的设立、定级、升级、降级、变更、终止等的资质审查或批准以及资质年检工作等。

（1）资质审批制度　对于工程监理企业资质条件符合资质等级标准，并且未发生下列行为的，建设行政主管部门将向其颁发相应资质等级的“工程监理企业资质证书”：

1）与建设单位或者工程监理企业之间相互串通投标，或者以行贿等不正当手段谋取中标的。

2）与建设单位或者施工单位串通，弄虚作假，降低工程质量的。

3）将不合格的建设工程、建筑材料、建筑构配件和设备按照合格签字的。

4）超越本单位资质等级承揽监理业务的。

5）允许其他单位或个人以本单位的名义承揽工程的。

6）转让工程监理业务的。

7）因监理责任而发生过三级以上工程建设重大质量事故或者发生过2起以上四级工程建设质量事故的。

8）其他违反法律法规的行为。

“工程监理企业资质证书”分为正本和副本，具有同等的法律效力。工程监理企业在领取新的“工程监理企业资质证书”的同时，应当将原资质证书交回原发证机关予以注销。任何单位和个人均不得涂改、伪造、出借、转让“工程监理企业资质证书”，不得非法扣压、没收“工程监理企业资质证书”。

工程监理企业申请晋升资质等级，在申请之日前1年内有上述1）～8）行为之一的，建设行政主管部门将不予批准。工程监理企业因破产、倒闭、撤销、歇业的，应当将资质证书交回原发证机关予以注销。

（2）资质年检制度　对工程监理企业实行资质年检，是政府对监理企业实行动态管理的重要手段，目的在于督促企业不断加强自身建设，提高企业管理水平和监理工作业务水平。

工程监理企业的资质年检一般由资质审批部门负责，并应在下年一季度进行。年检内容包括：检查工程监理企业资质条件是否符合资质等级标准，是否存在质量、市场行为等方面的违法、违规行为。

甲级工程监理企业的资质年检由建设部委托各省、自治区、直辖市人民政府建设行政主管部门办理；其中，涉及铁道、交通、水利、信息产业、民航等方面的企业资质年检，由建设部会同有关部门办理；中央管理企业所属的工程监理企业资质年检，由建设部委托中国建设监理协会具体承办。

对工程监理企业进行资质年检的程序是：

1）工程监理企业在规定时间内向建设行政主管部门提交“工程监理企业资质年检表”、“工程监理企业资质证书”、“监理业务手册”以及工程监理人员变化情况及其他有关资料，并交验“企业法人营业执照”。

2）建设行政主管部门会同有关部门在收到工程监理企业年检资料后40日内，对工程监理企业资质年检作出结论，并记录在“工程监理企业资质证书”副本的年检记录栏内。

工程监理企业年检结论分为合格、基本合格、不合格三种。工程监理企业资质条件符合资质等级标准，并且在过去一年内未发生上述1）～8）行为之一的，年检结论为合格。工程监理企业只有连续两年年检合格，才能申请晋升上一个资质等级。

年检结论为基本合格的条件是：工程监理企业资质条件中监理工程师注册人员数量，经营规模未达到资质标准，但不低于资质等级标准的80%，其他各项均达到标准要求，并且在过去一年内未发生上述1）～8）行为。

工程监理企业有下列情形之一的，资质年检结论为不合格：

1）资质条件中监理工程师注册人员数量、经营规模的任何一项未达到资质等级标准的80%，或者其他任何一项未达到资质等级标准。

2）有上述1）～8）行为之一的。

对于已经按照法律、法规的规定给予降低资质等级处罚的行为，年检中不再重复追究。

对于资质年检不合格或者连续两年基本合格的工程监理企业，建设行政主管部门应当重新核定其资质等级。新核定的资质等级应当低于原资质等级，达不到最低资质等级标准的，则要取消资质。降级的工程监理企业，经过一年以上时间的整改，经建设行政主管部门核查确认，达到规定的资质标准，并且在此期间内未发生上述1）~8）行为的，可以重新申请原资质等级。

工程监理企业在规定时间内没有参加资质年检，其资质证书将自行失效，而且一年内不得重新申请资质。在工程监理企业资质年检后，资质审批部门应当在该企业资质证书副本的相应栏目内注明年检结论和有效期限。

资质审批部门应当在工程监理企业资质年检结束后30d内，在公众媒体上公布年检结果，包括年检合格、不合格企业和未按规定参加年检的企业名单。甲级工程监理企业的年检结果还将在中国工程建设信息网上公布。

工程监理企业分立或合并时，要按照实际达到的资质条件重新审查其资质等级并核定其业务范围，颁发新核定的资质证书。

（3）违规处理　工程监理企业必须依法开展监理业务，全面履行委托监理合同约定的责任和义务。但在出现违规现象时，建设行政主管部门将根据情节给予必要的处罚。违规现象主要有以下几方面：

1）以欺骗手段取得“工程监理企业资质证书”。

2）超越本企业资质等级承揽监理业务。

3）未取得“工程监理企业资质证书”而承揽监理业务。

4）转让监理业务。转让监理业务是指监理企业不履行委托监理合同约定的责任和义务，将所承担的监理业务全部转给其他监理企业，或者将其肢解以后分别转给其他监理企业的行为。国家有关法律法规明令禁止转让监理业务的行为。

5）挂靠监理业务。挂靠监理业务是指监理企业允许其他单位或者个人以本企业名义承揽监理业务。这种行为也是国家有关法律法规明令禁止的。

6）与建设单位或者施工单位串通，弄虚作假，降低工程质量。

7）将不合格的建设工程、建筑材料、建筑构配件和设备按照合格签字。

8）工程监理企业与被监理工程的施工承包单位以及建筑材料、建筑构配件和设备供应单位有隶属关系或者其他利害关系，并承担该项建设工程的监理业务。

2.5 工程监理企业的经营管理

2.5.1 工程监理企业经营活动基本准则

工程监理企业从事建设工程监理活动，应当遵循“守法、诚信、公正、科学”的准则。

1. 守法

守法，即遵守国家的法律法规。对于工程监理企业来说，守法即是要依法经营，主要体现在：

1）工程监理企业只能在核定的业务范围内开展经营活动。工程监理企业的业务范围是指填写在资质证书中、经工程监理资质管理部门审查确认的主项资质和增项资质。核定的业务范围包括两方面：一是监理业务的工程类别；二是承接监理工程的等级。

2）工程监理企业不得伪造、涂改、出租、出借、转让、出卖“资质等级证书”。

3）建设工程监理合同一经双方签订，即具有法律约束力，工程监理企业应按照合同的约定认真履行，不得无故或故意违背自己的承诺。

4）工程监理企业离开原住所地承接监理业务，要自觉遵守当地人民政府颁发的监理法规和有关规定，主动向监理工程所在地的省、自治区、直辖市建设行政主管部门备案登记，接受其指导和监督管理。

5）遵守国家关于企业法人的其他法律、法规的规定。

2. 诚信

诚信，即诚实守信用。这是道德规范在市场经济中的体现。它要求一切市场参加者在不损害他人利益和社会公共利益的前提下，追求自己的利益，目的是在当事人之间的利益关系和当事人与社会之间的利益关系中实现平衡，并维护市场道德秩序。诚信原则的主要作用在于指导当事人以善意的心态、诚信的态度行使民事权利，承担民事义务，正确地从事民事活动。

加强企业信用管理，提高企业信用水平，是完善我国工程监理制度的重要保证。企业信用的实质是解决经济活动中经济主体之间的利益关系。它是企业经营理念、经营责任和经营文化的集中体现。信用是企业的一种无形资产，良好的信用能为企业带来巨大效益。我国是世贸组织的成员，信用将成为我国企业走出去，进入国际市场的身份证。它是能给企业带来长期经济效益的特殊资本。监理企业应当树立良好的信用意识，使企业成为讲道德、讲信用的市场主体。

工程监理企业应当建立健全企业的信用管理制度。信用管理制度主要有：

1）建立健全合同管理制度。

2）建立健全与业主的合作制度，及时进行信息沟通，增强相互间的信任感。

3）建立健全监理服务需求调查制度，这也是企业进行有效竞争和防范经营风险的重要手段之一。

4）建立企业内部信用管理责任制度，及时检查和评估企业信用的实施情况，不断提高企业信用管理水平。

3. 公正

公正是指工程监理企业在监理活动中既要维护业主的利益，又不能损害承包商的合法利益，并依据合同公平合理地处理业主与承包商之间的争议。

工程监理企业要做到公正，必须做到以下几点：

1）要具有良好的职业道德。

2）要坚持实事求是。

3）要熟悉有关建设工程合同条款。

4）要提高专业技术能力。

5）要提高综合分析判断问题的能力。

4. 科学

科学是指工程监理企业要依据科学的方案，运用科学的手段，采取科学的方法开展监理工作。工程监理工作结束后，还要进行科学的总结。实施科学化管理主要体现在：

（1）科学的方案　工程监理的方案主要是指监理规划。其内容包括：工程监理的组织计划；监理工作的程序；各专业、各阶段监理工作内容；工程的关键部位或可能出现的重大问题的监理措施等。在实施监理前，要尽可能准确地预测出各种可能的问题，有针对性地拟定解决办法，制定出切实可行、行之有效的监理实施细则，使各项监理活动都纳入计划管理的轨道。

（2）科学的手段　实施工程监理必须借助于先进的科学仪器才能做好监理工作，如各种检测、试验、化验仪器、摄录像设备及计算机等。

（3）科学的方法　监理工作的科学方法主要体现在监理人员在掌握大量的、确凿的有关监理对象及其外部环境实际情况的基础上，适时、妥当、高效地处理有关问题。解决问题要用事实说话，用书面文字说话，用数据说话；要开发、利用计算机软件辅助工程监理。

2.5.2　加强企业管理

强化企业管理，提高科学管理水平，是建立现代企业制度的要求，也是监理企业提高市场竞争能力的重要途径。监理企业管理应抓好成本管理、资金管理、质量管理，增强法制意识，依法经营管理。

1. 基本管理措施

重点做好以下几方面工作：

1）市场定位。要加强自身发展战略研究，适应市场，根据本企业实际情况，合理确定企业的市场地位，制定和实施明确的发展战略、技术创新战略，并根据市场变化适时调整。

2）管理方法现代化。要广泛采用现代管理技术、方法和手段，推广先进企业的管理经验，借鉴国外企业现代管理方法。

3）建立市场信息系统。要加强现代信息技术的运用，建立灵敏、准确的市场信息系统，掌握市场动态。

4）开展贯标活动。要积极实行ISO9000质量管理体系贯标认证工作，严格按照质量手册和程序文件的要求开展各项工作，防止贯标认证工作流于形式。贯标的作用：一是能够提高企业市场竞争能力；二是能够提高企业人员素质；三是能够规范企业各项工作；四是能够避免或减少工作失误。

5）要严格贯彻实施《建设工程监理规范》，结合企业实际情况，制定相应的“规范”实施细则，组织全员学习。在签订委托监理合同、实施监理工作、检查考核监理业绩、制定企业规章制度等各个环节，都应当以《建设工程监理规范》为主要依据。

2. 建立健全各项内部管理规章制度

监理企业规章制度一般包括以下几方面：

1）组织管理制度。合理设置企业内部机构和各机构职能，建立严格的岗位责任制度，加强考核和督促检查，有效配置企业资源，提高企业工作效率，健全企业内部监督体系，完善制约机制。

2）人事管理制度。健全工资分配、奖励制度，完善激励机制，加强对员工的业务素质培养和职业道德教育。

3）劳动合同管理制度。推行职工全员竞争上岗，严格劳动纪律，严明奖惩，充分调动和发挥职工的积极性、创造性。

4）财务管理制度。加强资产管理、财务计划管理、投资管理、资金管理、财务审计管理等；要及时编制资产负债表、损益表和现金流量表，真实反映企业经营状况，改进和加强经济核算。

5）经营管理制度。制定企业的经营规划、市场开发计划。

6）项目监理机构管理制度。制定项目监理机构的运行办法、各项监理工作的标准及检查评定办法等。

7）设备管理制度。制定设备的购置办法、设备的使用、保养规定等。

8）科技管理制度。制定科技开发规划、科技成果评审办法、科技成果应用推广办法等。

9）档案文书管理制度。制定档案的整理和保管制度，文件和资料的使用、归档管理办法等。

有条件的监理企业，还要注重风险管理，实行监理责任保险制度，适当转移责任风险。

2.5.3　市场开发

1. 取得监理业务的基本方式

工程监理企业承揽监理业务的表现形式有两种：一是通过投标竞争取得监理业务；二是由业主直接委托取得监理业务。通过投标取得监理业务，是市场经济体制下比较普遍的形式。我国《招标投标法》明确规定，关系公共利益安全、政府投资、外资工程等实行监理必须招标。在不宜公开招标的机密工程或没有投标竞争对手的情况下，或者是工程规模比较小、比较单一的监理业务，或者是对原工程监理企业的续用等情况下，业主也可以直接委托工程监理企业。

2. 工程监理企业投标书的核心

工程监理企业向业主提供的是管理服务，因此，工程监理企业投标书的核心是反映所提供的管理服务水平高低的监理大纲，尤其是主要的监理对策。业主在监理招标时应以监理大纲的水平作为评定投标书优劣的重要内容，而不应把监理费的高低当作选择工程监理企业的主要评定标准。作为工程监理企业，不应该以降低监理费作为竞争的主要手段去承揽监理业务。

一般情况下，监理大纲中主要的监理对策是指：根据监理招标文件的要求，针对业主委托监理工程的特点，初步拟订该工程的监理工作指导思想，主要的管理措施、技术措施，拟投入的监理力量以及为搞好该项工程建设而向业主提出的原则性的建议等。

3. 工程监理费的计算方法

（1）工程监理费的构成　建设工程监理费是指业主依据委托监理合同支付给监理企业的监理酬金。它是构成工程概（预）算的一部分，在工程概（预）算中单独列支。建设工程监理费由监理直接成本、监理间接成本、税金和利润4部分构成。

1）直接成本是指监理企业履行委托监理合同时所发生的成本。主要包括以下几方面：

① 监理人员和监理辅助人员的工资、奖金、津贴、补助、附加工资等。

② 用于监理工作的常规检测工器具、计算机等办公设施的购置费和其他仪器、机械的租赁费。

③ 用于监理人员和辅助人员的其他专项开支，包括办公费、通信费、差旅费、书报费、文印费、会议费、医疗费、劳保费、保险费、休假探亲费等。

④ 其他费用。

2）间接成本是指全部业务经营开支及非工程监理的特定开支，具体内容包括以下几方面：

① 管理人员、行政人员以及后勤人员的工资、奖金、补助和津贴。

② 经营性业务开支，包括为招揽监理业务而发生的广告费、宣传费、有关合同的公证费等。

③ 办公费，包括办公用品、报刊、会议、文印、上下班交通费等。

④ 公用设施使用费，包括办公使用的水、电、气、环卫、保安等费用。

⑤ 业务培训费、图书、资料购置费。

⑥ 附加费，包括劳动统筹、医疗统筹、福利基金、工会经费、人身保险、住房公积金、特殊补助等。

⑦ 其他费用。

3）税金是指按照国家规定，工程监理企业应交纳的各种税金总额，如营业税、所得税、印花税等。

4）利润是指工程监理企业的监理活动收入扣除直接成本、间接成本和各种税金之后的余额。

（2）监理费的计算方法　监理费的计算方法，一般由业主与工程监理企业协商确定。监理费的计算方法主要有：

1）按建设工程投资的百分率计算法。这种方法是按照工程规模的大小和所委托的监理工作的繁简，以建设工程投资的一定百分率来计算。这种方法比较简便，业主和工程监理企业均容易接受，也是国家制定监理取费标准的主要形式。采用这种方法的关键是确定计算监理费的基数。新建、改建、扩建工程以及较大型的技术改造工程所编制的工程的概（预）算就是初始计算监理费的基数。工程结算时，再按实际工程投资进行调整。当然，作为计算监理费基数的工程概（预）算仅限于委托监理的工程部分。

2）工资加一定比例的其他费用计算法。这种方法是以项目监理机构监理人员的实际工资为基数乘上一个系数而计算出来的。这个系数包括了应有的间接成本和税金、利润等。除了监理人员的工资之外，其他各项直接费用等均由业主另行支付。一般情况下，较少采用这种方法，因为在核定监理人员数量和监理人员的实际工资方面，业主与工程监理企业之间难以取得完全一致的意见。

3）按时计算法。这种方法是根据委托监理合同约定的服务时间（计算时间的单位可以是小时，也可以是工作日或月），按照单位时间监理服务费来计算监理费的总额。单位时间的监理服务费一般是以工程监理企业员工的基本工资为基础，加上一定的管理费和利润（税前利润）。采用这种方法时，监理人员的差旅费、工作函电费、资料费以及试验和检验费、交通费等均由业主另行支付。

这种计算方法主要适用于临时性的、短期的监理业务，或者不宜按工程概（预）算的百分率等其他方法计算监理费的监理业务。由于这种方法在一定程度上限制了工程监理企业潜在效益的增加，因而，单位时间内监理费的标准比工程监理企业内部实际的标准要高得多。

4）固定价格计算法。这种方法是指在明确监理工作内容的基础上，业主与监理企业协商一致确定的固定监理费，或监理企业在投标中以固定价格报价并中标而形成的监理合同价格。当工作量有所增减时，一般也不调整监理费。这种方法适用于监理内容比较明确的中小型工程监理费的计算，业主和工程监理企业都不会承担较大的风险。如住宅工程的监理费，可以按单位建筑面积的监理费乘以建筑面积确定监理总价。

4. 工程监理企业在竞争承揽监理业务中的注意事项

1）严格遵守国家的法律、法规及有关规定，遵守监理行业职业道德，不参与恶性压价竞争活动，严格履行委托监理合同。

2）严格按照批准的经营范围承接监理业务，特殊情况下，承接经营范围以外的监理业务时，需向资质管理部门申请批准。

3）承揽监理业务的总量要视本单位的力量而定，不得在与业主签订监理合同后，把监理业务转包给其他工程监理企业，或允许其他企业、个人以本监理企业的名义挂靠承揽监理业务。

4）对于监理风险较大的建设工程，可以联合几家工程监理企业组成联合体共同承担监理业务，以分担风险。

小　　结

本章分为监理工程师和监理企业两个方面的内容。

1. 监理工程师方面

（1）监理工程师应具备以下素质：

1）较高的专业学历和复合型的知识结构。

2）丰富的工程建设实践经验。

3）良好的品德。

4）健康的体魄和充沛的精力。

（2）监理工程师应遵守相应的职业道德及FIDIC道德准则。

（3）监理工程师的法律地位是由国家法律法规确定的，并建立在委托监理合同的基础上。监理工程师法律责任的表现行为主要有两方面：一是违反法律法规的行为；二是违反合同约定的行为。

（4）我国实行监理工程师执业资格考试及注册制度。

2. 监理企业方面

（1）工程监理企业从事建设工程监理活动，应当遵循“守法、诚信、公正、科学”的准则。强化科学管理，监理企业管理应抓好成本管理、资金管理、质量管理，增强法制意识，依法经营管理，建立健全各项内部管理规章制度。

（2）监理企业一是通过投标竞争取得监理业务；二是由业主直接委托取得监理业务。工程监理企业投标书的核心内容是反映管理服务水平高低的监理大纲。

（3）建设工程监理费由监理直接成本、监理间接成本、税金和利润四部分构成。

思　考　题

2-1　实行监理工程师执业资格考试和注册制度的目的是什么？

2-2 监理工程师应具备什么样的知识结构?

2-3 监理工程师应遵循的职业道德守则有哪些?

2-4 监理工程师的注册条件是什么?

2-5 试论监理工程师的法律责任。

2-6 试结合实际论述工程监理企业如何实行改制。

2-7 设立工程监理企业的基本条件是什么?

2-8 在监程监理企业的资质要素包括哪些内容?

2-9 工程监理企业经营活动的基本准则是什么?

2-10 监理费的构成有哪些?如何计算监理费?

2-11 结合监理企业实际情况,试述如何开展市场竞争。

第3章　建设工程目标控制

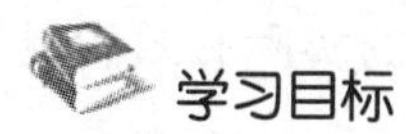

学习目标

熟悉工程建设监理目标控制基本原理；掌握建设工程投资控制、质量控制、进度控制和安全控制的原理和方法；了解建设主体单位的法律责任。

3.1　工程项目目标管理

目标管理是20世纪60年代兴起的一种现代管理方法，其基本点是以被管理的活动目标为中心，通过把社会经济活动的任务转换为具体的目标，以及目标的制定、实施和控制来实现社会经济活动的最终目的。根据目标管理的定义，项目目标管理的程序大体可划分为以下阶段：

1）确立项目具体的任务及项目内各层次、各部门的任务分工。

2）把项目的任务转换为具体的指标或目标。目标管理中，指标应符合以下条件：

① 指标必须能够比较全面真实地反映出项目任务的基本要求，并能够成为评价考核项目任务完成情况的最重要、最基本的依据，因为目标管理中的指标是用来具体落实和评价考核项目任务的手段。但指标又只能从某一侧面反映项目任务的主要内容，还不能代替项目任务本身，因此还不能用目标管理代替其对项目任务的全面管理，除了要完成目标外，还必须全面地完成项目任务。

② 指标是可以测定和计量的，这样才能为落实指标、考核指标提供可行的基础标准。

③ 指标必须在目标承担者的可控范围之内，这样才能保证目标能够真正执行并成为目标承担者的一种自我约束。

指标作为一种管理手段应该具有层次性、优先次序性以及系统性。层次性是指上一级指标一般都可分解为下一级的几个指标，下一级指标又可再分解为更多的更下一级指标，以便把指标落实到最基层的管理主体。优先次序性是指项目的若干指标及各层次、各部门的若干指标都不是并列的，而是有着不同的重要程度，因而在管理上应该首先确定各指标的重要程度并据之进行管理。系统性是指项目内各种指标的设置都不是孤立的，而是有机结合的一个体系以及从各个方面全面地反映项目任务的基本要求。

目标是指标的实现程度的标准，它反映在一定时期某一主体活动达到的指标水平。同样的指标体系，由于对其具体达到的水平要求不同就可构成不同的目标。对于企业来说，其目标水平应该是逐步提高的，但其基本指标可能长期保持不变。

3）落实和执行项目所制定的目标。制定了项目各层次、各部门的目标后就要把它具体地落实下去，其中应主要做好如下工作：①要确定目标的责任主体，即谁要对目标的实现负责，负主要责任还是一般责任；②要明确目标责任主体的权力、利益和责任；③要确定对目标责任主体进行检查、监督的上一级责任人和手段；④要落实实现目标的各种保证条件，如生产要素供应、专业职能的服务指导等。

4）对目标的执行过程进行调控。首先要监督目标的执行过程，从中找出需要加强控制的重要环节和偏差；其次分析目标出现偏差的原因并及时进行协调控制；同时对于按目标进行的主体活动要进行各种形式的激励。

5）对目标完成的结果进行评价。即要考查经济活动的实际效果与预定目标之间的差别，根据目标实现的程度进行相应的奖惩。一方面要总结有助于目标实现的实际有效的经验，另一方面要找出还可以改进的方面，并据此确立新的目标水平。

最后需要指出目标管理通过目标的层层分解，把项目的目标转化为其内部具体单位和个人的目标，从而使它们自主实现自己目标的行为成为实现项目目标的行为，这样就调动了项目内各方面的积极性来参与项目的目标管理，并最大限度地达到项目的目标水平。因此，目标管理本质上是一种现代参与管理、自主管理方法，而不是一种上下级的监督控制方法。

3.2 目标控制概述

自从1948年诺伯特·维纳发表了著名的《控制论——关于在动物和机器中控制和通信的科学》一书以来，控制论的思想和方法已经渗透到了几乎所有的自然科学和社会科学领域。

控制论分为以下三个基本部分：

1）信息论，主要是关于各种通路（包括机器、生物机体）对信息的加工、传递和贮存的统计理论。

2）自动控制系统的理论，主要是反馈论，包括从功能的观点对机器和人（神经系统、内分泌及其他系统）的控制的一般规律的研究。

3）自动快速电子计算机的理论，即与人类思维过程相似的自动组织逻辑过程的理论。

控制是建设工程监理的重要管理活动。在管理学中，控制通常是指管理人员按计划标准来衡量所取得的成果，纠正所发生的偏差，使目标和计划得以实现的管理活动。管理首先开始于确定目标和制定计划，继而进行组织和人员配备，并进行有效的领导。一旦计划付诸实施或运行，就必须进行控制和协调，检查计划实施情况，找出偏离目标和计划的误差，确定应采取的纠正措施，以实现预定的目标和计划。

3.3 控制流程及其基本环节

3.3.1 控制流程

不同的控制系统都有区别于其他系统的特点，但同时又都存在许多共性。建设工程目标控制的流程如图3-1所示。

由于建设工程的建设周期长，在工程实施过程中风险因素很多，因而实际状况偏离目标和计划的情况是经常发生的，往往会出现投资增加、工期拖延、工程质量和功能未达到预定要求等问题。这就需要在工程实施过程中，通过对目标、过程和活动的跟踪，全面、及时、准确地掌握有关信息，将工程实际状况与目标和计划进行比较。如果偏离了目标和计

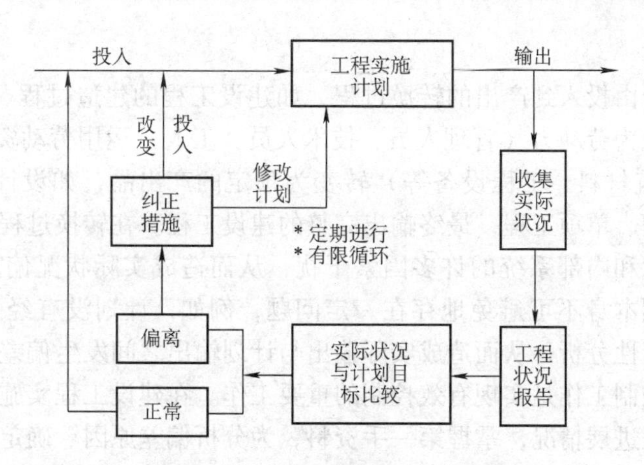

图 3-1 控制流程图

划，就需要采取纠正措施，或改变投入，或修改计划，使工程能在新的计划状态下进行。而任何控制措施都不可能一劳永逸，原有的矛盾和问题解决了，还会出现新的矛盾和问题，这时就需要不断地进行控制，这就是动态控制原理。上述控制流程是一个不断循环的过程，直至工程建成交付使用，因而建设工程的目标控制是一个有限循环过程。

对于建设工程目标控制系统来说，由于收集实际数据、偏差分析、制定纠偏措施都主要是由目标控制人员来完成，都需要时间，这些工作不可能同时进行并在瞬间内完成，因而其控制实际上表现为周期性的循环过程。通常，在建设工程监理的实践中，投资控制、进度控制和常规质量控制问题的控制周期按周或月计；而严重的工程质量问题和事故，则需要及时加以控制。

动态控制的概念还可以从另一个角度来理解。由于系统本身的状态和外部环境是不断变化的，相应地就要求控制工作也随之变化。目标控制人员对建设工程本身的技术经济规律、目标控制工作规律的认识也是在不断变化的，他们的目标控制能力和水平也是在不断提高的，因而，即使在系统状态和环境变化不大的情况下，目标控制工作也可能发生较大的变化。这表明，目标控制也可能包含着对已采取的目标控制措施的调整或控制。

3.3.2 控制流程的基本环节

图 3-1 所示的控制流程可以进一步分解为投入、转换、反馈、对比、纠正五个基本环节，如图 3-2 所示。对于每个控制循环来说，如果缺少某一环节或某一环节出现问题，就会导致循环障碍，就会降低控制的有效性，就不能发挥循环控制的整体作用。因此，必须明确控制流程各个基本环节的有关内容并做好相应的控制工作。

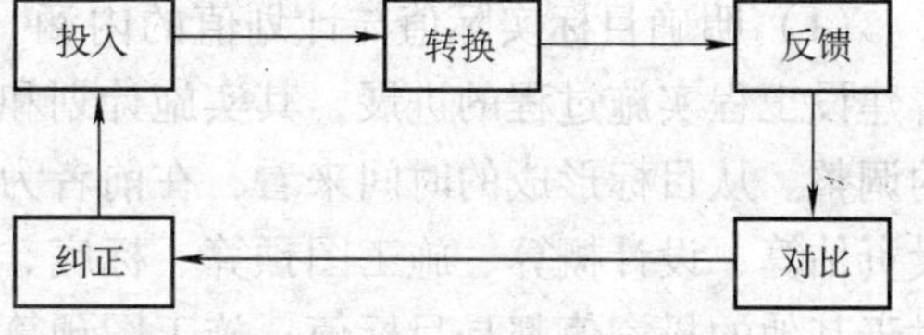

图 3-2 控制流程的基本环节

1. 投入

控制流程的每一循环始于投入。对于建设工程的目标控制流程来说，投入首先涉及的是传统的生产要素，包括人力（管理人员、技术人员、工人）、建筑材料、工程设备、施工机具、资金等；此外还包括施工方法、信息等。工程实施计划本身就包含着有关投入的计划。要使计划能够正常实施并达到预定的目标，就应当保证将质量、数量符合计划要求的资源按规定时间和地点投入到建设工程实施过程中去。

2. 转换

所谓转换，是指由投入到产出的转换过程，如建设工程的建造过程、设备购置等活动。转换过程，通常表现为劳动力（管理人员、技术人员、工人）运用劳动资料（如施工机具）将劳动对象（如建筑材料、工程设备等）转变为预定的产出品，如设计图样、分项工程、分部工程、单位工程、单项工程，最终输出完整的建设工程。在转换过程中，计划的运行往往受到来自外部环境和内部系统的许多因素干扰，从而造成实际状况偏离预定的目标和计划。同时，由于计划本身不可避免地存在一定问题，例如，计划没有经过科学的资源、技术、经济和财务可行性分析，从而造成实际输出与计划输出之间发生偏差。

转换过程中的控制工作是实现有效控制的重要工作。在建设工程实施过程中，监理工程师应当跟踪了解工程进展情况，掌握第一手资料，为分析偏差原因、确定纠偏措施提供可靠依据；同时，对于可以及时解决的问题，应及时采取纠偏措施，避免“积重难返”。

3. 反馈

即使是一项制定得相当完善的计划，其运行结果也未必与计划一致，因为在计划实施过程中，实际情况的变化是绝对的，不变是相对的，每个变化都会对目标和计划的实现带来一定的影响。所以，控制部门和控制人员需要全面、及时、准确地了解计划的执行情况及其结果，而这就需要通过反馈信息来实现。

反馈信息包括工程实际状况、环境变化等信息，如投资、进度、质量的实际状况，现场条件，合同履行条件，经济、法律环境变化等。控制部门和人员需要什么信息，取决于监理工作的需要以及工程的具体情况。为了使信息反馈能够有效地配合控制的各项工作，使整个控制过程流畅地进行，需要设计信息反馈系统，预先确定反馈信息的内容、形式、来源、传递等，使每个控制部门和人员都能及时获得他们所需要的信息。

信息反馈方式可以分为正式和非正式两种。正式信息反馈是指书面的工程状况报告之类的信息，它是控制过程中应当采用的主要反馈方式；非正式信息反馈主要指口头方式，如口头指令，口头反映的工程实施情况，对非正式信息反馈也应当予以足够的重视。当然，非正式信息反馈应当适时转化为正式信息反馈，才能更好地发挥其对控制的作用。

4. 对比

对比是将目标的实际值与计划值进行比较，以确定是否发生偏离。目标的实际值来源于反馈信息。在对比工作中，要注意以下几点：

（1）明确目标实际值与计划值的内涵　目标的实际值与计划值是两个相对的概念。随着建设工程实施过程的进展，其实施计划和目标一般都将逐渐深化、细化，往往还要作适当的调整。从目标形成的时间来看，在前者为计划值，在后者为实际值。以投资目标为例，有投资估算、设计概算、施工图预算、标底、合同价、结算价等表现形式，其中，投资估算相对于其他的投资值都是目标值；施工图预算相对于投资估算、设计概算为实际值，而相对于标底、合同价、结算价则为计划值；结算价则相对于其他的投资值均为实际值（注意：不要将投资的实际值与实际投资两个概念相混淆）。

（2）合理选择比较的对象　在实际工作中，最为常见的是相邻两种目标值之间的比较。在许多建设工程中，我国业主往往以批准的设计概算作为投资控制的总目标，这时，合同价与设计概算、结算价与设计概算的比较也是必要的。另外，结算价以外各种投资值之间的比较都是一次性的，而结算价与合同价（或设计概算）的比较则是经常性的，一般是定期

（如每月）比较。

（3）建立目标实际值与计划值之间的对应关系　建设工程的各项目标都要进行适当的分解。通常，目标的计划值分解较粗，目标的实际值分解较细。例如，建设工程初期制定的总进度计划中的工作可能只达到单位工程，而施工进度计划中的工作却达到分项工程；投资目标的分解也有类似问题。因此，为了保证能够切实地进行目标实际值与计划值的比较，并通过比较发现问题，必须建立目标实际值与计划值之间的对应关系。这就要求目标的分解深度、细度可以不同，但分解的原则、方法必须相同，从而可以在较粗的层次上进行目标实际值与计划值的比较。

（4）确定衡量目标偏离的标准　要正确判断某一目标是否发生偏差，就要预先确定衡量目标偏离的标准。例如，某建设工程的某项工作的实际进度比计划要求拖延了一段时间，如果这项工作是关键工作，或者虽然不是关键工作，但该项工作拖延的时间超过了它的总时差，则应当判断为发生偏差，即实际进度偏离计划进度；反之，如果该项工作不是关键工作，且其拖延的时间未超过总时差，则虽然该项工作本身偏离计划进度，但从整个工程的角度来看，则实际进度并未偏离计划进度。又如，某建设工程在实施过程中发生了较为严重的超投资现象，为了使总投资额控制在预定的计划值（如设计概算）之内，决定删除其中的某单项工程。在这种情况下，虽然整个建设工程投资的实际值未偏离计划值，但是，对于保留的各单项工程来说，投资的实际值可能均不同程度地偏离了计划值。

5. 纠正

对于目标实际值偏离计划值的情况要采取措施加以纠正（或称为纠偏）。根据偏差的具体情况，可以分为以下三种情况进行纠偏：

（1）直接纠偏　所谓直接纠偏，是指在轻度偏离的情况下，不改变原定目标的计划值，基本不改变原定的实施计划，在下一个控制周期内，使目标的实际值控制在计划值范围内。例如，某建设工程某月的实际进度比计划进度拖延了一两天，则在下个月中适当增加人力、施工机械的投入量即可使实际进度恢复到计划状态。

（2）不改变总目标的计划值，调整后期实施计划　这是在中度偏离情况下所采取的对策。由于目标实际值偏离计划值的情况已经比较严重，已经不可能通过直接纠偏在下一个控制周期内恢复到计划状态，因而必须调整后期实施计划。例如，某建设工程施工计划工期为24个月，在施工进行到12个月时，工期已经拖延1个月，这时，通过调整后期施工计划，若最终能按计划工期建成该工程，则仍然是令人满意的结果。

（3）重新确定目标的计划值，并据此重新制定实施计划　这是在重度偏离情况下所采取的对策。由于目标实际值偏离计划值的情况已经很严重，已经不可能通过调整后期实施计划来保证原定目标计划值的实现，因而必须重新确定目标的计划值。例如，某建设工程施工计划工期为24个月，在施工进行到12个月时，工期已经拖延4个月（仅完成原计划8个月的工程量），这时，不可能在以后12个月内完成16个月的工作量，工期拖延已成定局。但是，从进度控制的要求出发，至少不能在今后12个月内出现等比例拖延的情况；如果能在今后12个月内完成原定计划的工程量，已属不易；而如果最终用26个月建成该工程，则后期进度控制的效果应是相当不错的。

需要特别说明的是，只要目标的实际值与计划值有差异，就发生了偏差。但是，对于建设工程目标控制来说，纠偏一般是针对正偏差（实际值大于计划值）而言，如投资增加、工期拖延；而如果出现负偏差，如投资节约、工期提前，则不必采取“纠偏”措施，如故意增加投资、放慢进度，使投资和进度恢复到计划状态。不过，对于负偏差的情况，要仔细分析其原因，排除假象。例如，投资的实际值存在缺项、计算依据不当、投资计划值中的风险费估计过高。对于确实是通过积极而有效的目标控制方法和措施而产生负偏差效果的情况，应认真总结经验，扩大其应用范围，更好地发挥其在目标控制中的作用。

3.3.3 控制类型

根据划分依据的不同，可将控制分为不同的类型。例如，按照控制措施作用于控制对象的时间，可分为事前控制、事中控制和事后控制；按照控制信息的来源，可分为前馈控制和反馈控制；按照控制过程是否形成闭合回路，可分为开环控制和闭环控制；按照控制措施制定的出发点，可分为主动控制和被动控制。控制类型的划分是人为的（主观的），是根据不同的分析目的而选择的；而控制措施本身是客观的。因此，同一控制措施可以表述为不同的控制类型，或者说，不同划分依据的不同控制类型之间存在内在的同一性。

1. 主动控制

所谓主动控制，是在预先分析各种风险因素及其导致目标偏离的可能性和程度的基础上，拟订和采取有针对性的预防措施，从而减少乃至避免目标偏离。主动控制也可以表述为其他不同的控制类型。

1）主动控制是一种事前控制。它必须在计划实施之前就采取控制措施，以降低目标偏离的可能性或其后果的严重程度，起到防患于未然的作用。

2）主动控制是一种前馈控制。它主要是根据已建同类工程实施情况的综合分析结果，结合拟建工程的具体情况和特点，将教训上升为经验，用以指导拟建工程的实施，起到避免重蹈覆辙的作用。

3）主动控制通常是一种开环控制

综上所述，主动控制是一种面对未来的控制，它可以解决传统控制过程中存在的时滞影响，尽最大的可能避免偏差成为现实的被动局面，降低偏差发生的概率及其严重程度，从而使目标得到有效控制。

2. 被动控制

所谓被动控制，是从计划的实际输出中发现偏差，通过对产生偏差原因的分析，研究制定纠偏措施，以使偏差得以纠正，使工程实施恢复到原来的计划状态，或虽然不能恢复到计划状态但可以减少偏差的严重程度。被动控制也可以表述为其他的控制类型。

1）被动控制是一种事中控制和事后控制。它是在计划实施过程中对已经出现的偏差采取的控制措施，它虽然不能降低目标偏离的可能性，但可以降低目标偏离的严重程度，并将偏差控制在尽可能小的范围内。

2）被动控制是一种反馈控制。它是根据本工程实施情况（即反馈信息）的综合分析结果进行的控制，其控制效果在很大程度上取决于反馈信息的全面性、及时性和可靠性。

3）被动控制是一种闭环控制（图3-3）。闭环控制即循环控制，也就是说，被动控制表现为一个循环过程：发现偏差，分析产生偏差的原因，研究制定纠偏措施并预计纠偏措施的成效，落实并实施纠偏措施，产生实际成效，收集实际实施情况，对实施的实际效果进行评价，将实际效果与预期效果进行比较；发现偏差……直至整个工程建成。

综上所述，被动控制是一种面对现实的控制。虽然目标偏离已成为客观事实，但是，通过被动控制措施，仍然可能使工程实施恢复到计划状态，至少可以减少偏差的严重程度。因此，被动控制仍然是一种有效的控制，也是十分重要而且经常运用的控制方式。所以，对被动控制应当予以足够的重视，并要努力提高其控制效果。

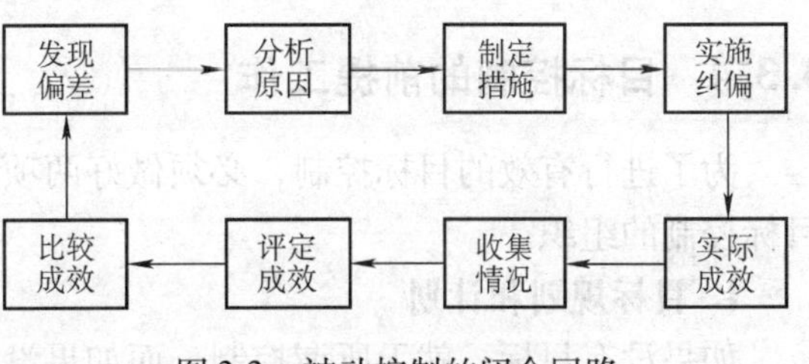

图 3-3 被动控制的闭合回路

3. 主动控制与被动控制的关系

由以上分析可知，在建设工程实施过程中，如果仅仅采取被动控制措施，出现偏差是不可避免的，而且偏差可能有累积效应，即虽然采取了纠偏措施，但偏差可能越来越大，从而难以实现预定的目标。另外，主动控制的效果虽然比被动控制好，但是，仅仅采取主动控制措施却是不现实的，或者说是不可能的。因为建设工程实施过程中有相当多的风险因素是不可预见甚至是无法防范的，如政治、社会、自然等因素。而且，采取主动控制措施往往要付出一定的代价，即耗费一定的资金和时间，对于那些发生概率小且发生后损失亦较小的风险因素，采取主动控制措施有时是不经济的。这表明，是否采取主动控制措施以及究竟采取什么主动控制措施，应在对风险因素进行定量分析的基础上，通过技术经济分析和比较来决定。在某些情况下，被动控制倒可能是较佳的选择。因此，对于建设工程目标控制来说，主动控制和被动控制两者缺一不可，都是实现建设工程目标所必须采取的控制方式，应将主动控制与被动控制紧密结合起来，如图 3-4 所示。

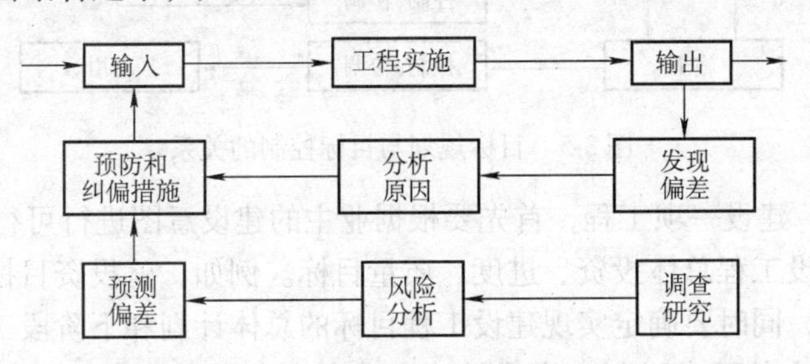

图 3-4 主动控制与被动控制相结合

要做到主动控制与被动控制相结合，关键在于处理好以下两方面问题：一是要扩大信息来源，即不仅要从本工程获得实施情况的信息，而且要从外部环境获得有关信息，包括已建同类工程的有关信息，这样才能对风险因素进行定量分析，使纠偏措施有针对性；二是要把握好输入这个环节，即要输入两类纠偏措施，不仅有纠正已经发生的偏差的措施，而且有预防和纠正可能发生的偏差的措施，这样才能取得较好的控制效果。

需要说明的是，虽然在建设工程实施过程中仅仅采取主动控制是不可能的，有时是不经济的；但不能因此而否定主动控制的重要性。实际上，牢固确立主动控制的思想，认真研究并制定多种主动控制措施，尤其要重视那些基本上不需要耗费资金和时间的主动控制措施，如组织、经济、合同方面的措施，并加大主动控制在控制过程中的比例，对于提高建设工程目标控制的效果，具有十分重要而现实的意义。

3.3.4 目标控制的前提工作

为了进行有效的目标控制，必须做好两项重要的前提工作：一是目标规划和计划，二是目标控制的组织。

1. 目标规划和计划

如果没有目标，就无所谓控制；而如果没有计划，就无法实施控制。因此，要进行目标控制，首先必须对目标进行合理的规划并制定相应的计划。目标规划和计划越明确、越具体、越全面，目标控制的效果就越好。

（1）目标规划和计划与目标控制的关系　图3-5所示的是建设工程各阶段的目标规划与目标控制之间的关系。

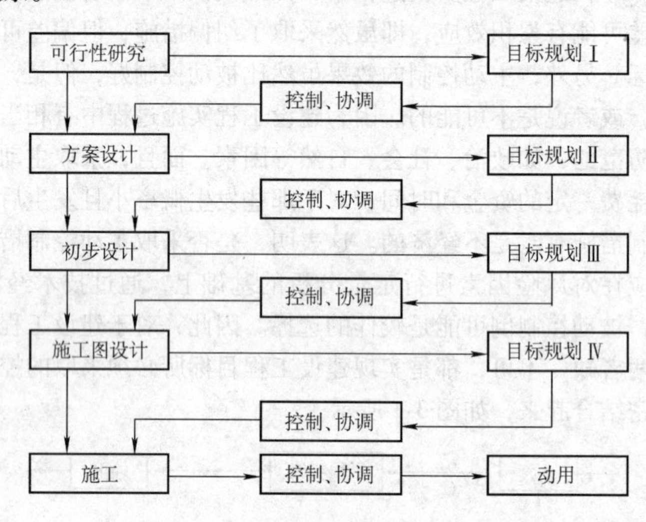

图3-5　目标规划与目标控制的关系

由图3-5可知，建设一项工程，首先要根据业主的建设意图进行可行性研究并制定目标规划Ⅰ，即确定建设工程总体投资、进度、质量目标。例如，就投资目标而言，目标规划Ⅰ就表现为投资估算，同时要确定实现建设工程目标的总体计划和下阶段工作的实施计划。然后，按照目标规划Ⅰ的要求进行方案设计。在方案设计的过程中要根据目标规划Ⅰ进行控制，力求使方案设计符合目标规划Ⅰ的要求。同时，根据输出的方案设计还要对目标规划Ⅰ进行必要的调整、细化，以解决目标规划Ⅰ中不适当的地方。

在此基础上，制定目标规划Ⅱ，即细度和精度均较目标规划有所提高的新的投资估算。然后根据目标规划Ⅱ进行初步设计，在初步设计过程中进行控制，例如，进行限额设计。根据初步设计的结果制定目标规划Ⅲ，即设计概算。至于目标规划Ⅳ，是在施工图设计基础上制定的。其最初表现为施工图预算，经过招标投标后则表现为标底和合同价。最后，在施工过程中，要根据目标规划Ⅳ进行控制，直至整个工程建成。

由此可知，目标规划需要反复进行多次。这表明，目标规划和计划与目标控制的动态性相一致。建设工程的实施要根据目标规划和计划进行控制，力求使之符合目标规划和计划的要求。另一方面，随着建设工程的进展，工程内容、功能要求、外界条件等都可能发生变化，工程实施过程中的反馈信息可能表明目标和计划出现偏差，这都要求目标规划与之相适应，需要在新的条件和情况下不断深入、细化，并可能需要对前一阶段的目标规划做出必要的修正或调整，真正成为目标控制的依据。由此可见，目标规划和计划与目标控制之间表现出一种交替出现的循环关系；但这种循环不是简单的重复，而是在新的基础上不断前进的循环，每一次循环都有新的内容、新的发展。

（2）目标控制的效果在很大程度上取决于目标规划和计划的质量　目标控制的效果直接取决于目标控制的措施是否得力，是否将主动控制与被动控制有机地结合起来，以及采取控制措施的时间是否及时等。目标控制的效果虽然是客观的，但人们对目标控制效果的评价却是主观的，通常是将实际结果与预定的目标和计划进行比较。如果出现较大的偏差，一般就认为控制效果较差；反之，则认为控制效果较好。从这个意义上讲，目标控制的效果在很大程度上取决于目标规划和计划的质量。如果目标规划和计划制定得不合理，甚至根本不可能实现，则不仅难以客观地评价目标控制的效果，而且可能使目标控制人员丧失信心，难以发挥他们在目标控制工作方面的主动性、积极性和创造性，从而严重降低目标控制的效果。因此，为了提高并客观评价目标控制的效果，需要提高目标规划和计划的质量。为此，必须做好以下两方面的工作：一是合理确定并分解目标；二是制定并优化可行的计划。

计划是对实现总目标的方法、措施和过程的组织和安排，是建设工程实施的依据和指南。通过计划，可以分析目标规划所确定的投资、进度、质量总目标是否平衡、能否实现。如果发现不平衡或不能实现，则必须修改目标。从这个意义上讲，计划不仅是对目标的实施，也是对目标的进一步论证。通过计划，可以按分解后的目标落实责任体系，调动和组织各方面人员为实现建设工程总目标共同工作，这表明，计划是许多更细、更具体的目标的组合。通过计划，通过科学的组织和安排，可以协调各单位、各专业之间的关系，充分利用时间和空间，最大限度地提高建设工程的整体效益。

制定计划首先要保证计划的可行性，即保证计划的技术、资源、经济和财务的可行性，保证建设工程的实施能够有足够的时间、空间、人力、物力和财力。因此，首先必须了解并认真分析拟建建设工程自身的特征，在充分考虑工程规模、技术复杂程度、质量水平、主要工作的逻辑关系等因素的前提下制定计划，切不可不合理地缩短工期和降低投资。其次，要充分考虑各种风险因素对计划实施的影响，留有一定的余地。例如，在投资总目标中预留风险费或不可预见费，在进度总目标中留有一定的机动时间等。此外，还要考虑业主的支付能力（资金筹措能力）、设备供应能力、管理和协调能力等。

在确保计划可行的基础上，还应根据一定的方法和原则力求使计划优化。对计划的优化实际上是作多方案的技术经济分析和比较。当然，限于时间和人们对客观规律认识的局限性，最终制定的计划只是相对意义上最优的计划，而不可能是绝对意义上最优的计划。计划制定得越明确、越完善，目标控制的效果就越好。

2. 目标控制的组织

由于建设工程目标控制的所有活动以及计划的实施都是由目标控制人员来实现的，因此，如果没有明确的控制机构和人员，目标控制就无法进行；或者虽然有了明确的控制机构和人员，但其任务和职能分工不明确，目标控制就不能有效地进行。这表明，合理而有效的组织是目标控制的重要保障。目标控制的组织机构和任务分工越明确、越完善，目标控制的效果就越好。

为了有效地进行目标控制，需要做好以下几方面的组织工作：

1）设置目标控制机构。

2）配备合适的目标控制人员。

3）落实目标控制机构和人员的任务和职能分工。

4）合理组织目标控制的工作流程和信息流程。

3.4 建设工程目标系统

任何建设工程都有投资、进度、质量三大目标，这三大目标构成了建设工程的目标系统。为了有效地进行目标控制，必须正确认识和处理投资、进度、质量三大目标之间的关系，并且合理确定和分解这三大目标。

3.4.1 建设工程三大目标之间的关系

建设工程投资、进度（或工期）、质量三大目标两两之间存在既对立又统一的关系。因此，首先要弄清在什么情况下表现为对立的关系，在什么情况下表现为统一的关系。从建设工程业主的角度出发，往往希望该工程的投资少、工期短（或进度快）、质量好。如果采取某种措施可以同时实现其中两个要求（如既投资少又工期短），则该两个目标之间就是统一的关系；反之，如果只能实现其中一个要求（如工期短），而另一个要求不能实现（如质量差），则该两个目标（即工期和质量）之间就是对立的关系。以下就具体分析建设工程三大目标之间的关系。

1. 建设工程三大目标之间的对立关系

建设工程三大目标之间的对立关系比较直观，易于理解。一般来说，如果对建设工程的功能和质量要求较高，就需要采用较好的工程设备和建筑材料，就需要投入较多的资金；同时，还需要精工细作、严格管理，这样，不仅会增加人力的投入（人工费相应增加），而且需要较长的建设时间。如果要加快进度、缩短工期，则需要加班、加点或适当增加施工机械和人力，这将直接导致施工效率下降，单位产品的费用上升，从而使整个工程的总投资增加。另外加快进度往往会打乱原有的计划，使建设工程实施的各个环节之间产生脱节现象，增加控制和协调的难度，不仅有时可能“欲速不达”，而且会对工程质量带来不利影响或留下工程质量隐患。如果要降低投资，就需要考虑降低功能和质量要求，采用较差或普通的工程设备和建筑材料；同时，只能按费用最低的原则安排进度计划，这时整个工程需要的建设时间就较长。应当说明的是，在这种情况下的工期其实是合理工期，只是相对于加快进度情况下的工期而言，显得工期较长。

以上分析表明，建设工程三大目标之间存在对立的关系。因此，投资、进度、质量三大目标不可能同时达到“最优”，即既要投资少，又要工期短，还要质量好。在确定建设工程目标时，不能将投资、进度、质量三大目标割裂开来，分别孤立地分析和论证，更不能片面强调某一目标而忽略其对其他两个目标的不利影响，而必须将投资、进度、质量三大目标作为一个系统统筹考虑，反复协调和平衡，力求实现整个目标系统最优。

2. 建设工程三大目标之间的统一关系

对于建设工程三大目标之间的统一关系，需要从不同的角度分析和理解。例如，加快进度、缩短工期虽然需要增加一定的投资，但是可以使整个建设工程提前投入使用，从而提早发挥投资效益，还能在一定程度上减少利息支出。如果提早发挥的投资效益超过因加快进度所增加的投资额度，则加快进度从经济角度来说就是可行的。如果提高功能和质量要求，虽然需要增加一次性投资，但是可能降低工程投入使用后的运行费用和维修费用，从全寿命费用分析的角度则是节约投资的。另外，功能好、质量优的工程（如宾馆、商用办公楼）投入使用后的收益往往较高。还有从质量控制的角度来讲，如果在实施过程中进行严格的质量控制，能保证实现工程预定的功能和质量要求（相对于由于质量控制不严而出现质量问题可认为是“质量好”），则不仅可减少实施过程中的返工费用，而且可以大大减少投入使用后的维修费用。另一方面，严格控制质量还能起到保证进度的作用。如果在工程实施过程中发现质量问题及时进行返工处理，虽然需要耗费时间，但可能只影响局部工作的进度，不影响整个工程的进度；或虽然影响整个工程的进度，但是比不及时返工而酿成重大工程质量事故对整个工程进度的影响要小，也比留下工程质量隐患到使用阶段才发现而不得不停止使用进行修理所造成的时间损失要小。

在确定建设工程目标时，应当对投资、进度、质量三大目标之间的统一关系进行客观的且尽可能定量的分析。在分析时要注意以下几方面问题：

1）掌握客观规律，充分考虑制约因素。一般来说，加快进度、缩短工期所提前发挥的投资效益都超过加快进度所需要增加的投资，但不能由此而得出工期越短越好的错误结论，因为加快进度、缩短工期会受到技术、环境、场地等因素的制约（当然还要考虑对投资和质量的影响），不可能无限制地缩短工期。

2）对未来的、可能的收益不宜过于乐观。通常，当前的投入是现实的，其数额也是较为确定的；而未来的收益却是预期的、不很确定的。例如，提高功能和质量要求所需要增加的投资可以很准确地计算出来；但今后的收益却受到市场供求关系的影响，如果届时同类工程（如五星级宾馆、智能化办公楼）供大于求，则预期收益就难以实现。

3）将目标规划和计划结合起来。如前所述，建设工程所确定的目标要通过计划的实施才能实现。如果建设工程进度计划制定得既可行又优化，使工程进度具有连续性、均衡性，则不但可以缩短工期，而且有可能获得较好的质量且投资耗费较低。从这个意义上讲，优化的计划是投资、进度、质量三大目标统一的计划。

在对建设工程三大目标对立统一关系进行分析时，同样需要将投资、进度、质量三大目标作为一个系统统筹考虑，同样需要反复协调和平衡，力求实现整个目标系统最优也就是实现投资、进度、质量三大目标的统一。

3.4.2　建设工程目标的确定

1. 建设工程目标确定的依据

目标规划是一项动态性工作，在建设工程的不同阶段都要进行，因而建设工程的目标并不是一经确定就不再改变的。由于建设工程不同阶段所具备的条件不同，目标确定的依据自然也就不同。一般来说，在施工图设计完成之后，目标规划的依据比较充分，目标规划的结果也比较准确和可靠。对于施工图设计完成以前的各个阶段来说，建设工程数据库具有十分重要的作用，应予以足够的重视。

建设工程的目标规划总是由某个单位编制的，如设计院、监理公司或其他咨询公司。这些单位都应当把自己承担过的建设工程的主要数据存入数据库。若某一地区或城市能建立本地区或本市的建设工程数据库，则可以在大范围内共享数据，增加同类建设工程的数量，从而大大提高目标确定的准确性和合理性。建立建设工程数据库，至少要做好以下几方面工作：

1）按照一定的标准对建设工程进行分类。通常按使用功能分类较为直观，也易于为人接受和理解。例如，将建设工程分为道路、桥梁、房屋建筑等，房屋建筑还可进一步分为住宅、学校、医院、宾馆、办公楼、商场等。为了便于计算机辅助管理，当然还需要建立适当的编码体系。

2）对各类建设工程所可能采用的结构体系进行统一分类。例如，根据结构理论和我国目前常用的结构形式，可将房屋建筑的结构体系分为砖混结构、框架结构、框剪结构、筒体结构等；可将桥梁建筑分为钢箱梁吊桥、钢箱梁斜拉桥、钢筋混凝土斜拉桥、拱桥、中承式桁架桥、下承式桁架桥等。

3）数据既要有一定的综合性又要能反映建设工程的基本情况和特征。例如，除了工程名称、投资总额、总工期、建成年份等共性数据外，房屋建筑的数据还应有建筑面积、层数、柱距、基础形式、主要装修标准和材料等；桥梁建筑的数据还应有长度、跨度、宽度、高度（净高）等。工程内容最好能分解到分部工程（有些内容可能分解到单位工程就已能满足需要）。投资总额和总工期也应分解到单位工程或分部工程。

建设工程数据库对建设工程目标确定的作用，在很大程度上取决于数据库中与拟建工程相似的同类工程的数量。因此，建立和完善建设工程数据库需要经历较长的时间，在确定数据库的结构之后，数据的积累、分析就成为主要任务；当然也需要在应用过程中对已确定的数据库结构和内容作适当的调整、修正和补充。

2. 建设工程数据库的应用

要确定某一拟建工程的目标，首先必须大致明确该工程的基本技术要求，如工程类型、结构体系、基础形式、建筑高度、主要设备、主要装饰要求等。然后，在建设工程数据库中检索并选择尽可能相近的建设工程（可能有多个），将其作为确定该拟建工程目标的参考对象。由于建设工程具有多样性和单件生产的特点，有时很难找到与拟建工程基本相同或相似的同类工程，因此，在应用建设工程数据库时，往往要对其中的数据进行适当的综合处理，必要时可将不同类型工程的不同分部工程加以组合。例如，若拟建造一座多功能综合办公楼，根据其基本的技术要求，可能在建设工程数据库中选择某银行的基础工程、某宾馆的主体结构工程、某办公楼的装饰工程和内部设施作为确定其目标的依据。

同时，要认真分析拟建工程的特点，找出拟建工程与已建类似工程之间的差异，并定量分析这些差异对拟建工程目标的影响，从而确定拟建工程的各项目标。例如，上海市地铁二号线与地铁一号线（将地铁一号线作为建设工程数据库中的已建类似工程，地铁二号线作为拟建工程）总体上非常相似，但通过深入分析发现，地铁二号线的人民广场站是与地铁一号线的交汇点，并建在地铁一号线人民广场站的下方，这时显然在技术上有其特殊要求；另外，地铁二号线需要穿越黄浦江，这一段的区间隧道就与地铁一号线所有的区间隧道都不同，有必要参考其他的越江隧道工程，如延安路隧道工程。而地铁二号线的其他车站和区间隧道工程则可参照地铁一号线的车站和区间隧道工程确定其目标，必要时可能还需要根据车站工程的规模大小和区间隧道工程的长度确定对应关系。在此基础上确定的地铁二号线的总目标就比较合理和可靠。

另外，建设工程数据库中的数据都是历史数据，由于拟建工程与已建工程之间存在“时间差”，因而建设工程数据库中的有些数据不能直接应用，而必须考虑时间因素和外部条件的变化，采取适当的方式加以调整。例如，对于投资目标，可以采用线性回归分析法或加权移动平均法进行预测分析，还可能需要考虑技术规范的发展对投资的影响；对于工期目标，需要考虑施工技术和方法以及施工机械的发展，还需要考虑法规变化对施工时间的限制，如不允许夜间施工等；对于质量目标，要考虑强制性标准的提高，如城市规划、环保、消防等方面的新规定。

由以上分析可知，建设工程数据库中的数据表面上是静止的，实际上是动态的（需要不断得到充实）；表面上是孤立的，实际上内部有着非常密切的联系。因此，建设工程数据库的应用并不是一项简单的复制工作。要用好、用活建设工程数据库，关键在于客观分析拟建工程的特点和具体条件，并采用适当的方式加以调整，这样才能充分发挥建设工程数据库对合理确定拟建工程目标的作用。

3.4.3 建设工程目标的分解

为了在建设工程实施过程中有效地进行目标控制，仅有总目标还不够，还需要将总目标进行适当的分解。

1. 目标分解的原则

建设工程目标分解应遵循以下几个原则：

（1）能分能合　这要求建设工程的总目标能够自上而下逐层分解，也能够根据需要自下而上逐层综合。这一原则实际上是要求目标分解要有明确的依据并采用适当的方式，避免目标分解的随意性。

（2）按工程部位分解，而不按工种分解　这是因为建设工程的建造过程也是工程实体的形成过程，这样分解比较直观，而且可以将投资、进度、质量三大目标联系起来，也便于对偏差原因进行分析。

（3）区别对待，有粗有细　根据建设工程目标的具体内容、作用和所具备的数据，目标分解的粗细程度应当有所区别。例如，在建设工程的总投资构成中，有些费用数额大，占总投资的比例大；而有些费用则相反。从投资控制工作的要求来看，重点在于前一类费用。因此，对前一类费用应当尽可能分解得细一些、深一些；而对后一类费用则可分解得粗一些、浅一些。另外，有些工程内容的组成非常明确、具体（如建筑工程、设备等），所需要的投资和时间也较为明确，可以分解得很细；而有些工程内容则比较笼统，难以详细分解。因此，对不同工程内容目标分解的层次或深度，不必强求一律，要根据目标控制的实际需要和可能来确定。

（4）有可靠的数据来源　目标分解本身不是目的而是手段，是为目标控制服务的。目标分解的结果是形成不同层次的分目标，这些分目标就成为各级目标控制组织机构和人员进行目标控制的依据。如果数据来源不可靠，分目标就不可靠，就不能作为目标控制的依据。因此，目标分解所达到的深度应当以能够取得可靠的数据为原则，并非越深越好。

（5）目标分解结构与组织分解结构相对应　如前所述，目标控制必须要有组织加以保障，要落实到具体的机构和人员，因而就存在一定的目标控制组织分解结构。只有使目标分解结构与组织分解结构相对应，才能进行有效的目标控制。一般而言，目标分解结构较细、层次较多，而组织分解结构较粗、层次较少，目标分解结构在较粗的层次上应当与组织分解结构一致。

2. 目标分解的方式

建设工程的总目标可以按照不同的方式进行分解。对于建设工程投资、进度、质量三个目标来说，目标分解的方式并不完全相同。其中，进度目标和质量目标的分解方式较为单一，而投资目标的分解方式较多。

按工程内容分解是建设工程目标分解最基本的方式，适用于投资、进度、质量三个目标的分解；但是，三个目标分解的深度不一定完全一致。一般来说，将投资、进度、质量三个目标分解到单项工程和单位工程是比较容易办到的，其结果也是比较合理和可靠的。在施工图设计完成之前，目标分解至少都应当达到这个层次。至于是否分解到分部工程和分项工程，一方面取决于工程进度所处的阶段、资料的详细程度、设计所达到的深度等，另一方面还取决于目标控制工作的需要。

3.5 建设工程目标控制的含义

建设工程投资、进度、质量控制的含义既有区别，又有内在联系。本节将从目标、系统控制、全过程控制和全方位控制四个方面来分别阐述建设工程目标控制含义的具体内容。

3.5.1 建设工程投资控制的含义

1. 建设工程投资控制的目标

建设工程投资控制的目标，就是通过有效的投资控制工作和具体的投资控制措施，在满足进度和质量要求的前提下，力求使工程实际投资不超过计划投资。这一目标可用图3-6表示。

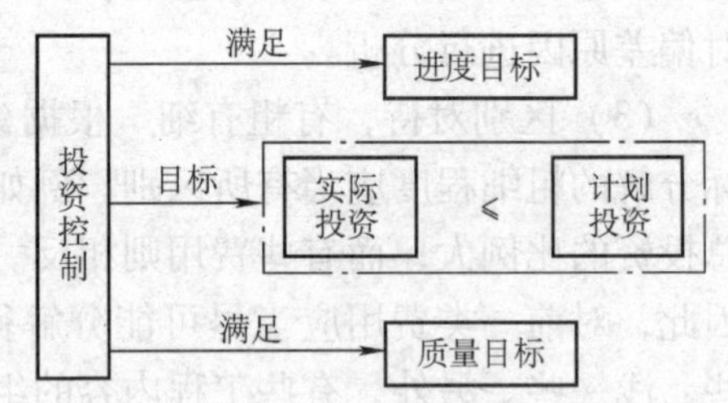

图3-6 投资控制的含义

实际投资不超过计划投资可能表现为以下几种情况：

1）在投资目标分解的各个层次上，实际投资均不超过计划投资。这是最理想的情况，是投资控制追求的最高目标。

2）在投资目标分解的较低层次上，实际投资在有些情况下超过计划投资，在大多数情况下不超过计划投资，因而在投资目标分解的较高层次上，实际投资不超过计划投资。

3）实际总投资未超过计划总投资，在投资目标分解的各个层次上，出现过实际投资超过计划投资的情况，但在大多数情况下实际投资未超过计划投资。

后两种情况虽然存在局部的超投资现象，但建设工程的实际总投资未超过计划总投资，因此仍然是令人满意的结果。而出现这种现象，除了投资控制工作和措施存在一定的问题，有待改进和完善之外，还可能是由于投资目标分解不合理所造成的，因为投资目标分解绝对合理是很难做到的。

2. 系统控制

从上述建设工程投资控制的目标可知，投资控制是与进度控制和质量控制同时进行的，它是针对整个建设工程目标系统所实施的控制活动的一个组成部分，在实施投资控制的同时需要满足预定的进度目标和质量目标。因此，在投资控制的过程中，要协调好与进度控制和质量控制的关系，做到三大目标控制的有机配合和相互平衡，而不能片面强调投资控制。如前所述，目标规划时要对投资、进度、质量三大目标进行反复协调和平衡，力求实现整个目标系统最优。如果在投资控制的过程中破坏了这种平衡，也就破坏了整个目标系统，即使投资控制的效果看起来较好或很好，但其结果肯定不是目标系统最优。

从这个基本思想出发，当采取某项投资控制措施时，如果某项措施会对进度目标和质量目标产生不利的影响，就要考虑是否还有别的更好的措施，要慎重决策。例如，采用限额设计进行投资控制时，既要力争使整个工程总的投资估算额控制在投资限额之内，同时又要保证工程预定的功能、使用要求和质量标准。又如，当发现实际投资已经超过计划投资之后，为了控制投资，不能简单地删减工程内容或降低设计标准，要慎重地选择被删减或降低设计标准的具体工程内容，力求使减少投资对工程质量的影响减少到最低程度。这种协调工作在投资控制过程中是不可缺少的。

简而言之，系统控制的思想就是要实现目标规划与目标控制之间的统一，实现三大目标控制的统一。

3. 全过程控制

所谓全过程，主要是指建设工程实施的全过程，也可以是工程建设的全过程。建设工程的实施阶段包括设计阶段（含设计准备）、招标阶段、施工阶段以及竣工验收和保修阶段。在这几个阶段中都要进行投资控制，但从投资控制的任务来看，主要集中在前三个阶段。

建设工程的实施过程，一方面表现为实物形成过程，即其生产能力和使用功能的形成过程，这是可见的；另一方面则表现为价值形成过程，即其投资的不断累加过程，这是可计算出的。这两种过程对建设工程的实施来说都是很重要的，而从投资控制的角度来看，较为关心的则是后一种过程。

需要特别指出的是，在建设工程实施过程中，累计投资在设计阶段和招标阶段增加得比较缓慢，进入施工阶段后则迅速增加，到施工后期，累计投资的增加又趋于平缓。另一方面，节约投资的可能性与影响投资的程度从设计阶段到施工开始前迅速降低，其后的变化就相当平缓了。累计投资和节约投资可能性的上述特征如图 3-7 所示。

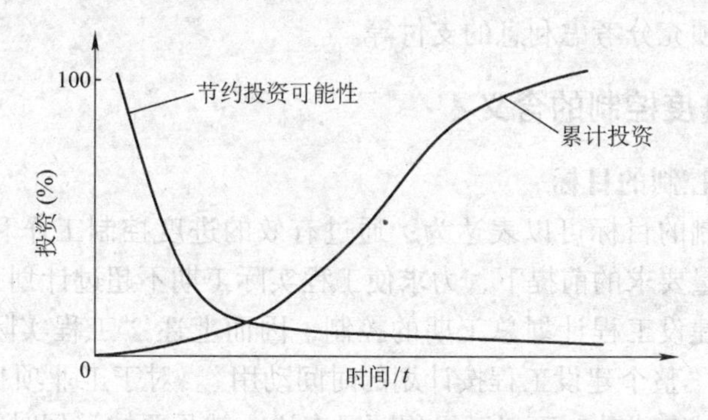

图 3-7 累计投资和节约投资可能性曲线

图 3-7 表明，虽然建设工程的实际投资主要发生在施工阶段，但节约投资的可能性却主要发生在施工以前的阶段，尤其是在设计阶段。当然，所谓节约投资的可能性，是以进行有

效的投资控制为前提的，如果投资控制的措施不得力，则可能变为浪费投资。

因此，所谓全过程控制，要求从设计阶段就开始进行投资控制，并将投资控制工作贯穿于建设工程实施的全过程，直至整个工程建成且延续到保修期结束。在明确全过程控制的前提下，还要特别强调早期控制的重要性，越早进行控制，投资控制的效果越好，节约投资的可能性越大。如果能实现工程建设全过程投资控制，效果将会更好。

4. 全方位控制

对投资目标进行全方位控制，包括两种含义：一是对按工程内容分解的各项投资进行控制，即对单项工程、单位工程，乃至分部分项工程的投资进行控制；二是对按总投资构成内容分解的各项费用进行控制，即对建筑安装工程费用、设备和工器具购置费用以及工程建设其他费用等都要进行控制。通常，投资目标的全方位控制主要是指上述第二种含义。因为单项工程和单位工程的投资同时也要按总投资构成内容分解。

在对建设工程投资进行全方位控制时，应注意以下几个问题：

1）要认真分析建设工程及其投资构成的特点，了解各项费用的变化趋势和影响因素。例如，根据我国的统计资料，工程建设其他费用一般不超过总投资的10%。但对于特定的建设工程来说，可能远远超过这个比例，如上海南浦大桥的动拆迁费用高达4亿元人民币，约占总投资的一半。又如，一些高档宾馆、智能化办公楼的装饰工程费用或设备购置费用已超过结构工程费用等。这些变化非常值得引起投资控制人员的重视，而且这些费用相对于结构工程费用而言，有较大的节约投资的“空间”。只要思想重视且方法适当，往往能取得较为满意的投资控制效果。

2）要抓主要矛盾，有所侧重。不同建设工程的各项费用占总投资的比例不同。例如，普通民用建筑工程的建筑工程费用占总投资的大部分，工艺复杂的工业项目以设备购置费用为主，智能化大厦的装饰工程费用和设备购置费用占主导地位，其都应分别作为该类建设工程投资控制的重点。

3）要根据各项费用的特点选择适当的控制方式。例如，建筑工程费用可以按照工程内容分解得很细，其计划值一般较为准确，而其实际投资是连续发生的，因而需要经常定期地进行实际投资与计划投资的比较；安装工程费用有时并不独立，或与建筑工程费用合并，或与设备购置费用合并，或兼而有之。需要注意设备购置费用有时需要较长的订货周期和一定数额的定金，所以必须充分考虑利息的支付等。

3.5.2 建设工程进度控制的含义

1. 建设工程进度控制的目标

建设工程进度控制的目标可以表达为：通过有效的进度控制工作和具体的进度控制措施，在满足投资和质量要求的前提下，力求使工程实际工期不超过计划工期。但是，进度控制往往更强调对整个建设工程计划总工期的控制，因而上述“工程实际工期不超过计划工期”相应地就表达为“整个建设工程按计划的时间动用”。对于工业项目来说，就是要按计划时间达到负荷联动试车成功；而对于民用项目来说，就是要按计划时间交付使用。

由于进度计划的特点，对“实际工期不超过计划工期”的表述不能简单照搬投资控制目标中的表述。进度控制的目标能否实现，主要取决于处在关键线路上的工程内容能否按预定的时间完成。当然，同时要不发生非关键线路上的工作延误而成为关键线路的情况。

在大型、复杂建设工程的实施过程中，总会不同程度地发生局部工期延误的情况。这些延误对进度目标的影响应当通过网络计划定量计算。局部工期延误的严重程度与其对进度目标的影响程度之间并无直接的联系，更不存在某种等值或等比例的关系，这是进度控制与投资控制的重要区别，也是在进度控制工作中要加以充分利用的特点。

2. 系统控制

进度控制的系统控制思想与投资控制基本相同，但其具体内容和表述却有所不同。在采取进度控制措施时，要尽可能地采取可对投资目标和质量目标产生有利影响的进度控制措施，例如，完善的施工组织设计、优化的进度计划等。相对于投资控制和质量控制而言，进度控制措施可能对其他两个目标产生直接的有利作用，这一点显得尤为突出，应当予以足够的重视并加以充分利用，以提高目标控制的总体效果。

当然，采取进度控制措施也可能对投资目标和质量目标产生不利影响。一般来说，局部关键工作发生工期延误但延误程度尚不严重时，通过调整进度计划来保证进度目标是比较容易做到的，例如可以采取加班加点的方式，或适当增加施工机械和人力的投入。但是，这时就会对投资目标产生不利影响，而且由于夜间施工或施工速度过快，也可能对质量目标产生不利影响。因此，当采取进度控制措施时，不能只保证进度目标的实现而不顾投资目标和质量目标，应当综合考虑三大目标。根据工程进展的实际情况和要求以及进度控制措施选择的可能性，有以下三种处理方式：

1）在保证进度目标的前提下，将对投资目标和质量目标的影响减少到最低程度。

2）适当调整进度目标（延长计划总工期），不影响或基本不影响投资目标和质量目标。

3）介于上述两者之间。

3. 全过程控制

关于进度控制的全过程控制，要注意以下三方面问题：

（1）在工程建设的早期就应当编制进度计划　因此，首先要澄清将进度计划狭隘地理解为施工进度计划的模糊认识；其次要纠正工程建设早期由于资料详细程度不够且可变因素很多而无法编制进度计划的错误观念。

业主方整个建设工程的总进度计划包括的内容很多，除了施工之外，还包括前期工作（如征地、拆迁、施工场地准备等）、勘察、设计、材料和设备采购、动用前准备等。由此可见，业主方的总进度计划对整个建设工程进度控制的作用是很重要的。工程建设早期所编制的业主方总进度计划不可能也没有必要达到承包商施工进度计划的详细程度，但也应达到一定的深度和细度，而且应当掌握“远粗近细”的原则，即对于远期工作，如工程施工、设备采购等，在进度计划中可以比较粗，可能只反映到分部工程，甚至只反映到单位工程或单项工程；而对于近期工作，如征地、拆迁、勘察设计等，在进度计划中就要比较具体。而所谓“远”和“近”是相对概念，随着工程的进展，最初的远期工作就变成了近期工作，进度计划也应当随之深化和细化。

在工程建设早期编制进度计划，是早期控制思想在进度控制中的反映。越早进行控制，进度控制的效果越好。

（2）在编制进度计划时要充分考虑各阶段工作之间的合理搭接　建设工程实施各阶段的工作是相对独立的，但不是截然分开的，在内容上有一定的联系，在时间上有一定的搭接。例如，设计工作与征地、拆迁工作搭接，设备采购和工程施工与设计搭接，装饰工程和安装工程施工与结构工程施工搭接等。搭接时间越长，建设工程的总工期就越短。但是，搭接时间与各阶段工作之间的逻辑关系有关，都有其合理的限度。因此，合理确定具体的搭接工作内容和搭接时间，也是进度计划优化的重要内容。

（3）抓好关键线路的进度控制　进度控制的重点对象是关键线路上的各项工作，包括关键线路变化后的各项关键工作，这样可取得事半功倍的效果。由此也可看出工程建设早期编制进度计划的重要性。如果没有进度计划，就不知道哪些工作是关键工作，进度控制工作也就没有重点，精力分散，甚至可能对关键工作控制不力，而对非关键工作却全力以赴，结果是事倍功半。当然，对于非关键线路的各项工作，要确保其不要因延误而变为关键工作。

4. 全方位控制

对进度目标进行全方位控制要从以下几个方面考虑：

（1）对整个建设工程所有工程内容的进度都要进行控制　工程进度的内容除了单项工程、单位工程之外，还包括区内道路、绿化、配套工程等的进度。这些工程内容都有相应的进度目标，应尽可能将它们的实际进度控制在进度目标之内。

（2）对整个建设工程所有工作内容都要进行控制　建设工程的各项工作，诸如征地、拆迁、勘察、设计、施工招标、材料和设备采购、施工、动用前准备等，都有进度控制的任务。这里，要注意与全过程控制的有关内容相区别。在全过程控制的分析中，对这些工作内容是侧重从各阶段工作关系和总进度计划编制的角度进行阐述；而在全方位控制的分析中，则是侧重从这些工作本身的进度控制进行阐述，可以说是同一问题的两个方面。实际的进度控制，往往既表现为对工程内容进度的控制，又表现为对工作内容进度的控制。

（3）对影响进度的各种因素都要进行控制　建设工程的实际进度受到很多因素的影响，例如，施工机械数量不足或出现故障；技术人员和工人的素质和能力低下；建设资金缺乏，不能按时到位；材料和设备不能按时、按质、按量供应；施工现场组织管理混乱，多个承包商之间施工进度不够协调；出现异常的工程地质、水文、气候条件；还可能出现政治、社会等风险。要实现有效的进度控制，必须对上述影响进度的各种因素都进行控制，采取措施减少或避免这些因素对进度的影响。

（4）注意各方面工作进度对施工进度的影响　任何建设工程最终都是通过施工将其建造起来的。从这个意义上讲，施工进度作为一个整体，肯定是在总进度计划中的关键线路上，任何导致施工进度拖延的情况，都将导致总进度的拖延。而施工进度的拖延又往往是其他方面工作进度的拖延引起的，因此，要考虑围绕施工进度的需要来安排其他方面的工作进度。例如，根据工程开工时间和进度要求安排动拆迁和设计进度计划，必要时可分阶段提供施工场地和施工图样；又如，根据结构工程和装饰工程施工进度的需要安排材料采购进度计划，根据安装工程进度的需要安排设备采购进度计划等。这样并不是否认其他工作进度计划的重要性，而是说明了全方位进度控制的重要性和业主方总进度计划的重要性。

5. 进度控制的特殊问题

组织协调与控制是密切相关的，都是为实现建设工程目标服务的。在建设工程三大目标控制中，组织协调对进度控制的作用最为突出且最为直接，有时甚至能取得常规控制措施难以达到的效果。因此，为了有效地进行进度控制，必须做好与有关单位的协调工作。

3.5.3　建设工程质量控制的含义

1. 建设工程质量控制的目标

建设工程质量控制的目标，就是通过有效的质量控制工作和具体的质量控制措施，在满足投资和进度要求的前提下，实现工程预定的质量目标。

建设工程的质量首先必须符合国家现行的关于工程质量的法律、法规、技术标准和规范等的有关规定，尤其是强制性标准的规定，也就是明确了对设计、施工质量的基本要求。从这个角度讲，同类建设工程的质量目标具有共性，不因其业主、建造地点以及其他建设条件的不同而不同。

建设工程的质量目标又是通过合同加以约定的，其范围更广、内容更具体。任何建设工程都有其特定的功能和使用价值。由于建设工程都是根据业主的要求而兴建，不同的业主有不同的功能和使用价值要求，即使是同类建设工程，具体的要求也不同。因此，建设工程的功能与使用价值的质量目标是相对于业主的需要而言，并无固定和统一的标准。从这个角度讲，建设工程的质量目标都具有个性。

因此，建设工程质量控制的目标就要实现以上两方面的工程质量目标。由于工程共性质量目标一般都有严格、明确的规定，因而质量控制工作的对象和内容都比较明确，也可比较准确、客观地评价质量控制的效果。而工程个性质量目标具有一定的主观性，有时没有明确、统一的标准，因而质量控制工作的对象和内容较难把握，对质量控制效果的评价与评价方法和标准密切相关。因此，在建设工程的质量控制工作中，要注意对工程个性质量目标的控制，最好能预先明确控制效果定量评价的方法和标准。另外，对于合同约定的质量目标，必须保证其不得低于国家强制性质量标准的要求。

2. 系统控制

建设工程质量控制的系统控制应从以下几方面考虑：

(1) 避免不断提高质量目标的倾向　建设工程的建设周期较长，随着技术、经济水平的发展，会不断出现新设备、新工艺、新材料、新理念等，在工程建设早期（如可行性研究阶段）所确定的质量目标，到设计阶段和施工阶段有时就可能显得相对滞后。不少业主往往要求提高质量标准，这样势必要增加投资，而且由于要修改设计、重新制定材料和设备采购计划，甚至将已经施工完毕的部分工程拆毁重建，也会影响进度目标的实现。因此，要避免这种倾向，首先，在工程建设早期确定质量目标时要有一定的前瞻性；其次，对质量目标要有一个理性的认识，不要盲目追求“最新”、“最高”、“最好”等目标；再次，要定量分析提高质量目标后对投资目标和进度目标的影响。在这一前提下，即使确实有必要适当提高质量标准，也要把对投资目标和进度目标的不利影响减少到最低程度。

(2) 确保基本质量目标的实现　建设工程的质量目标关系到生命安全、环境保护等社会问题，国家有相应的强制性标准。因此，不论发生什么情况，也不论在投资和进度方面要付出多大的代价，都必须保证建设工程安全可靠、质量合格。当然，如果投资代价太大而无法承受，可以放弃不建。另外，建设工程都有预定的功能，若无特殊原因，也应确保实现。严格地说，改变功能或删减功能后建成的建设工程与原定功能的建设工程是两个不同的工程，不宜直接比较，有时也难以评价其目标控制的效果。还需要说明的是，有些建设工程质量标准的改变可能直接导致其功能的改变。例如，原定的一条一级公路，由于质量控制不力，只达到二级公路的标准，就不仅是质量标准的降低，还是本质上的功能的改变。这不仅将大大降低其通车能力，而且也将大大降低其社会效益。

（3）尽可能发挥质量控制对投资目标和进度目标的积极作用

3. 全过程控制

建设工程总体质量目标的实现与工程质量的形成过程息息相关，因而必须对工程质量实行全过程控制。

建设工程的每个阶段都对工程质量的形成起着重要的作用，但各阶段关于质量问题的侧重点不同：在设计阶段，主要是解决“做什么”和“如何做”的问题，使建设工程总体质量目标具体化；在施工招标阶段，主要是解决“谁来做”的问题，使工程质量目标的实现落实到承包商；在施工阶段，通过施工组织设计等文件，进一步解决“如何做”的问题，通过具体的施工解决“做出来”的问题，使建设工程形成实体，将工程质量目标物化地体现出来；在竣工验收阶段，主要是解决工程实际质量是否符合预定质量的问题；而在保修阶段，则主要是解决已发现的质量缺陷问题。因此，应当根据建设工程各阶段质量控制的特点和重点，确定各阶段质量控制的目标和任务，以便实现全过程质量控制。

在建设工程的各个阶段中，设计阶段和施工阶段的持续时间较长，这两个阶段工作的“过程性”也尤为突出。例如，设计工作分为方案设计、初步设计、技术设计、施工图设计，设计过程就表现为设计内容不断深化和细化的过程。如果等施工图设计完成后才进行审查，一旦发现问题，造成的损失后果就很严重。因此，必须对设计质量进行全过程控制，也就是将对设计质量的控制落实到设计工作的过程中。又如，房屋建筑的施工阶段一般又分为基础工程、上部结构工程、安装工程和装饰工程等几个阶段，各阶段的工程内容和质量要求有明显区别，相应地对质量控制工作的具体要求也有所不同。因此，对施工质量也必须进行全过程控制，要把对施工质量的控制落实到施工各阶段的过程中。

还要说明的是，建设工程建成后，不可能像某些工业产品那样，可以拆卸或解体来检查内在的质量。这表明，建设工程竣工检验时难以发现工程内在的、隐蔽的质量缺陷，因而必须加强施工过程中的质量检验。而且，在建设工程施工过程中，由于工序交接多、中间产品多、隐蔽工程多，若不及时检查，就可能将已经出现的质量问题被下道工序掩盖，将不合格产品误认为合格产品，从而留下质量隐患。这都说明对建设工程质量进行全过程控制的必要性和重要性。

4. 全方位控制

对建设工程质量进行全方位控制应从以下几方面着手：

1）对建设工程所有工程内容的质量进行控制　建设工程是一个整体，其总体质量是各个组成部分质量的综合体现，也取决于具体工程内容的质量。如果某项工程内容的质量不合格，即使其余工程内容的质量都很好，也可能导致整个建设工程的质量不合格。因此，对建设工程质量的控制必须落实到其每一项工程内容，只有确实实现了各项工程内容的质量目标，才能保证实现整个建设工程的质量目标。

2）对建设工程质量目标的所有内容进行控制　建设工程的质量目标包括许多具体的内容，例如，从外在质量、工程实体质量、功能和使用价值质量等方面可分为美观性、与环境协调性、安全性、可靠性、适用性、灵活性、可维修性等目标，还可以分为更具体的目标。这些具体质量目标之间有时也存在对立统一的关系，在质量控制工作中要注意加以妥善处理。这些具体质量目标是否实现或实现的程度如何，又涉及评价方法和标准。此外，对功能和使用价值质量目标要予以足够的重视，因为该质量目标的确很重要，而且其控制对象和方法与对工程实体质量的控制不同。因此，要特别注意对设计质量的控制，要尽可能做多方案的比较。

3）对影响建设工程质量目标的所有因素进行控制　影响建设工程质量目标的因素很多，可以从不同的角度加以归纳和分类。例如，可以将这些影响因素分为人、机械、材料、方法和环境五个方面。质量控制的全方位控制，就是要对这五方面因素都进行控制。

5. 质量控制的特殊问题

质量控制还有两个特殊问题要加以说明：一是对建设工程质量实行三重控制；二是工程质量事故处理。

1）对建设工程质量实行三重控制。由于建设工程质量的特殊性，需要对其从三方面加以控制：

① 实施者自身的质量控制，这是从产品生产者角度进行的质量控制。

② 政府对工程质量的监督，这是从社会公众角度进行的质量控制。

③ 监理单位的质量控制，这是从业主角度或者说是从产品需求者角度进行的质量控制。

对于建设工程质量，加强政府的质量监督和监理单位的质量控制是非常必要的，但决不能因此而淡化或弱化实施者自身的质量控制。

2）工程质量事故处理。工程质量事故在建设工程实施过程中具有多发性特点。诸如基础不均匀沉降、混凝土强度不足、屋面渗漏、建筑物倒塌，乃至一个建设工程整体报废等都有可能发生。如果说，拖延的工期、超额的投资还可能在以后的实施过程中挽回的话，那么，工程质量一旦不合格，就成了既定事实。不合格的工程，决不会随着时间的推移而自然变成合格工程。因此，对于不合格工程必须及时返工或返修，直至达到合格后才能进入下一工序，才能交付使用。否则，拖延的时间越长，所造成的损失和后果就越严重。

由于工程质量事故具有多发性特点，因此，应当对工程质量事故予以高度重视，从设计、施工以及材料和设备供应等多方面入手，进行全过程、全方位的质量控制，特别要尽可能做到主动控制、事前控制。在实施建设监理的工程上，减少一般性工程质量事故，杜绝工程质量重大事故，应当说是最基本的要求。为此，不仅监理单位要加强对工程质量事故的预控和处理，而且要加强工程实施者自身的质量控制，把减少和杜绝工程质量事故的具体措施落实到工程实施过程之中，落实到每一工序之中。

3.6 建设工程目标控制的任务和措施

3.6.1 建设工程目标控制的任务

在建设工程实施的各阶段中，设计阶段、施工招标阶段、施工阶段的持续时间长且涉及的工作内容多，所以，在以下内容中仅涉及这三个阶段目标控制的具体任务。

1. 设计阶段

（1）投资控制任务　在设计阶段，监理单位投资控制的主要任务是通过收集类似建设工程投资数据和资料，协助业主制定建设工程投资目标规划；开展技术经济分析等活动，协调和配合设计单位力求使设计投资合理化；审核概（预）算，提出改进意见，优化设计，最终满足业主对建设工程投资的经济性要求。

设计阶段监理工程师投资控制的主要工作，包括对建设工程总投资进行论证，确认其可行性；组织设计方案竞赛或设计招标，协助业主确定对投资控制有利的设计方案；伴随着设计各阶段的成果输出制定建设工程投资目标划分系统，为本阶段和后续阶段投资控制提供依据；在保障设计质量的前提下，协助设计单位开展限额设计工作；编制本阶段资金使用计划，并进行付款控制；审查工程概算、预算，在保障建设工程具有安全可靠性、适用性基础上，概算不超估算，预算不超概算；进行设计挖潜，节约投资；对设计进行技术经济分析、比较、论证，寻求一次性投资少而全寿命经济性好的设计方案等。

（2）进度控制任务　在设计阶段，监理单位设计进度控制的主要任务是根据建设工程总工期要求，协助业主确定合理的设计工期要求；根据设计的阶段性输出，由粗而细地制定建设工程总进度计划，为建设工程进度控制提供前提和依据；协调各设计单位一体化开展设计工作，力求使设计能按进度计划要求进行；按合同要求及时、准确、完整地提供设计所需要的基础资料和数据；与外部有关部门协调相关事宜，保障设计工作顺利进行。

设计阶段监理工程师进度控制的主要工作包括对建设工程进度总目标进行论证，确认其可行性；根据方案设计、初步设计和施工图设计制定建设工程总进度计划、建设工程总控制性进度计划和本阶段实施性进度计划，为本阶段和后续阶段进度控制提供依据；审查设计单位设计进度计划，并监督执行；编制业主方材料和设备供应进度计划，并实施控制；编制本阶段工作进度计划，并实施控制；开展各种组织协调活动等。

（3）质量控制任务　在设计阶段，监理单位设计质量控制的主要任务是了解业主建设需求，协助业主制定建设工程质量目标规划（如设计要求文件）；根据合同要求及时、准确、完善地提供设计工作所需的基础数据和资料；配合设计单位优化设计，并最终确认设计符合有关法规要求，符合技术、经济、财务、环境条件要求，满足业主对建设工程的功能和使用要求。

设计阶段监理工程师质量控制的主要工作，包括建设工程总体质量目标论证；提出设计要求文件，确定设计质量标准；利用竞争机制选择并确定优化设计方案；协助业主选择符合目标控制要求的设计单位；进行设计过程跟踪，及时发现质量问题，并及时与设计单位协调解决；审查阶段性设计成果，并根据需要提出修改意见；对设计提出的主要材料和设备进行比较，在价格合理基础上确认其质量符合要求；做好设计文件验收工作等。

2. 施工招标阶段

1）协助业主编制施工招标文件。施工招标文件是工程施工招标工作的纲领性文件，又是投标人编制投标书的依据和评标的依据。监理工程师在协助业主编制施工招标文件时，应当为选择符合要求的施工单位打下基础，为合同价不超过计划投资、合同工期符合计划工期要求、施工质量满足设计要求打下基础，为施工阶段进行合同管理、信息管理打下基础。

2）协助业主编制标底。监理工程师应当使标底控制在工程概算或预算以内，并用其控制合同价。

3）做好投标资格预审工作。应当将投标资格预审看作公开招标方式的第一轮竞争择优活动。要抓好这项工作，为选择符合目标控制要求的承包单位做好首轮择优工作。

4）组织开标、评标、定标工作。通过开标、评标、定标工作，特别是评标工作，协助业主选择出报价合理、技术水平高、社会信誉好、保证施工质量、保证施工工期、具有足够承包财务能力和较高施工项目管理水平的施工承包单位。

3. 施工阶段

（1）工程项目施工阶段目标控制的内容　见表3-1。

表3-1　工程项目施工阶段目标控制的内容

	质量控制	进度控制	投资控制
	事前：控制各生产要素投入前的质量	抓好计划，做好供应、协调	抓资金使用计划，风险分析
施工前准备	1. 人（施工队伍资质） 2. 物（材料、制品、设备、机械） 3. 信息（工程质量标准、施工组织设计、施工方案、施工总平面图，施工质量、事故的报表及报告制度） 4. 环境（场地拆迁，四通一平，成品保护及安全第一，生产环境与材料试验方法等管理环境的改善，协助施工单位完善质保体系，及试验室资质，与质检站联系）	1. 编制总进度计划；审核施工组织设计 2. 审核施工单位的施工进度计划、施工方案、施工总平面图，使工程施工在时间、空间及技术上协调、合理 3. 制定好资源（人、物、财）供应计划	1. 熟悉工作条件、设计要求及合同价，分析资金突破点 2. 订好资金使用计划 3. 及时提供施工场地及施工各种资源
	事中：控制生产过程及关键点，明确工作程序及行使规定权限，采取有力措施与手段，做好信息管理及分析对比	占有工程进度动态资料，在分析的基础上，抓协调资源供应及签证	重点注意费用变化点及工程价款的签证
施工期	1. 确定施工过程中各部位的质量标准，采用有效手段（观察量测、测量旁站、试验）控制工程的规格质量 2. 对工序交接检查与隐蔽工程验收，由施工单位初验提交监理单位核验，合格后签认 3. 对工程或设计变更及质量事故，先向监理单位提出书面意见，监理方审核与业主联系，并将意见与各方协商，再与业主联系，核定处理 4. 严格开工、复工审批及质量技术签证制度（总监签） 5. 行使质量否决权，对下列情况下达停工令：未经检验进入下道工序，未经同意让分包单位进场作业，擅自更改设计及转包，使用未经许可的材料设备 6. 组织好质量协调会，并签发会议纪要 7. 建立质量监理日志，定期向业主报告质量动态	1. 建立工程进度日志（含各影响因素） 2. 定期检查工程形象进度、实物工程量、工作量，并与原计划比较分析 3. 开进度协调会，提出调整措施及方案（包括修改原计划值，加强改进资源供应等） 4. 使用进度工期确认与否决权 5. 定期向业主报告，并发纪要	1. 对资金变更部分要分析其技术经济的合理性（工程或设计变更，价格调整） 2. 及时供应工程资料、设计图样、施工材料、设备、付款，回复对方提问，防止与减少造成索赔 3. 行使工程价款签证及否决权 4. 开好投资控制协调会，并签发会议纪要
	事后：预验收、评级验收、总结归档	采取赶工等措施，调整计划	工程结算，处理索赔
竣工阶段	1. 单位工程完工后，施工单位提出申请（验收申报表及分项工程质量验收单），监理方验核报表，工程合格后评等级，签验收单 2. 项目竣工后，提交技术资料及结算书，监理工程师初验后，总监全面组织验收、评质量等级，质监站认证，签工程验收证书 3. 整理档案资料，交总结报告	1. 加大人力、资金赶工 2. 实行平行交叉作业，改善劳动条件 3. 调整施工计划，进行新的协调平衡 4. 必要时改变原始目标值	1. 审核工程结算 2. 处理好索赔，提出索赔报告后，总监主持对索赔理由、资料依据及数量进行分析，与业主联系，经三方协商提出经各方同意的处理意见，进行批复，签署

(2) 工程项目施工阶段目标控制的任务

1) 投资控制的任务。施工阶段建设工程投资控制的主要任务是通过工程付款控制、工程变更费用控制、预防并处理好费用索赔、挖掘节约投资潜力来努力实现实际发生的费用不超过计划投资。

为完成施工阶段投资控制的任务，监理工程师应做好以下工作：制定本阶段资金使用计划，并严格进行付款控制，做到不多付、不少付、不重复付；严格控制工程变更，力求减少变更费用；研究确定预防费用索赔的措施，以避免、减少对方的索赔数额；及时处理费用索赔，并协助业主进行反索赔；根据有关合同的要求，协助做好应由业主方完成的，与工程进展密切相关的各项工作，如按期提交合格施工现场，按质、按量、按期提供材料和设备等工作；做好工程计量工作；审核施工单位提交的工程结算书等。

2) 进度控制的任务。施工阶段建设工程进度控制的主要任务是通过完善建设工程控制性进度计划、审查施工单位施工进度计划、做好各项动态控制工作、协调各单位关系、预防并处理好工期索赔，以求实际施工进度达到计划施工进度的要求。

为完成施工阶段进度控制任务，监理工程师应当做好以下工作：根据施工招标和施工准备阶段的工程信息，进一步完善建设工程控制性进度计划，并据此进行施工阶段进度控制；审查施工单位施工进度计划，确认其可行性并满足建设工程控制性进度计划要求；制定业主方材料和设备供应进度计划并进行控制，使其满足施工要求；审查施工单位进度控制报告，督促施工单位做好施工进度控制；对施工进度进行跟踪，掌握施工动态；研究制定预防工期索赔的措施，做好处理工期索赔工作；在施工过程中，做好对人力、材料、机具、设备等的投入控制工作以及转换控制工作、信息反馈工作、对比和纠正工作，使进度控制定期连续进行；开好进度协调会议，及时协调有关各方关系，使工程施工顺利进行。

3) 质量控制的任务。施工阶段建设工程质量控制的主要任务是通过对施工投入、施工和安装过程、产出品进行全过程控制，以及对参加施工的单位和人员的资质、材料和设备、施工机械和机具、施工方案和方法、施工环境实施全面控制，以期按标准达到预定的施工质量目标。

为完成施工阶段质量控制任务，监理工程师应当做好以下工作：协助业主做好施工现场准备工作，为施工单位提交质量合格的施工现场；确认施工单位资质；审查确认施工分包单位；做好材料和设备检查工作，确认其质量；检查施工机械和机具，保证施工质量；审查施工组织设计；检查并协助搞好各项生产环境、劳动环境、管理环境条件；进行施工工艺过程质量控制工作；检查工序质量，严格工序交接检查制度；做好各项隐蔽工程的检查工作；做好工程变更方案的比选，保证工程质量；进行质量监督，行使质量监督权；认真做好质量鉴证工作；行使质量否决权，协助做好付款控制；组织质量协调会；做好中间质量验收准备工作；做好竣工验收工作；审核竣工图等。

3.6.2 建设工程目标控制的措施

为了取得目标控制的理想成果，应当从多方面采取措施实施控制，通常可以将这些措施归纳为组织措施、技术措施、经济措施、合同措施等四个方面。这四方面措施在建设工程实施的各个阶段的具体运用不完全相同。以下分别对这四方面措施作一概要性的阐述：

1) 所谓组织措施，是从目标控制的组织管理方面采取的措施，如落实目标控制的组织机构和人员，明确各级目标控制人员的任务和职能分工、权力和责任，改善目标控制的工作流程等。组织措施是其他各类措施的前提和保障，而且一般不需要增加什么费用，只要运用得当就可以收到良好的效果。尤其是对由于业主原因所导致的目标偏差，这类措施可能成为首选措施，故应予以足够的重视。

2）技术措施不仅可解决建设工程实施过程中的一些技术问题，还对纠正目标偏差有相当重要的作用。任何一个技术方案都有基本确定的经济效果，不同的技术方案就会有不同的经济效果。因此，运用技术措施纠偏的关键，一是要能提出多个不同的技术方案，二是要对不同的技术方案进行技术经济分析。在实践中，要避免仅从技术角度选定技术方案而忽视对其经济效果的分析论证。

3）经济措施是最易为人接受和采用的措施。经济措施不仅是审核工程量及相应的付款和结算报告，还需要从一些全局性、总体性的问题上加以考虑。通过偏差原因分析和未完工程投资预测，可发现一些现有和潜在的问题将引起未完工程的投资增加，对这些问题应以主动控制为出发点，及时采取预防措施。由此可见，经济措施的运用决不仅仅是财务人员的事情。

4）由于投资控制、进度控制和质量控制均要以合同为依据，因此合同措施就显得尤为重要。对于合同措施要从广义上理解，除了拟订合同条款、参加合同谈判、处理合同执行过程中的问题、防止和处理索赔等措施之外，还要协助业主确定对目标控制有利的建设工程组织管理模式和合同结构，分析不同合同之间的相互联系和影响，对每一个合同作总体和具体的分析等。这些合同措施对目标控制更具有全局性的影响，其作用也就更大。另外，在采取合同措施时要特别注意合同中所规定的业主和监理工程师的义务和责任。

目标控制的综合措施详见表3-2。

表3-2 目标控制的综合措施

<table>
<tr><th></th><th>质量控制</th><th>进度控制</th><th>投资控制</th></tr>
<tr><td>组织措施</td><td colspan="3">建立健全监理组织，完善职责分工及有关制度，落实目标控制的责任及工作考评制度，制定目标控制的工作信息流程，加强目标控制协调制度</td></tr>
<tr><td rowspan="2">技术措施</td><td colspan="3">要对主要技术进行可行性及方案的分析，对技术数据进行审核、比较，进行优选</td></tr>
<tr><td>设计阶段推行限额及优化设计，完善设计质保体系；供应器材中，进行质量价格比选、优选供应商、完善质保体系；施工阶段，严格事前、事中和事后的质量控制措施</td><td>建立多级网络计划和施工作业计划体系；增加同时作业工作面，实行平行交叉作业；采用高效能的措施设备；采用新工艺、新技术、新方法，减少各工序之间的间歇时间</td><td>设计阶段开展限额设计，投标阶段确定合理标底及合同价；器材供应中，进行质量价格的选优，优选供应商；施工阶段，审查施工组织设计和施工方案，合理支付施工措施费，按合同工期组织施工，避免不必要的赶工费</td></tr>
<tr><td rowspan="2">经济措施</td><td colspan="3">收集加工经济信息及数据；对各目标计划值进行资源、经济、财务等方面可行性研究；对工程变更及设计变更要进行技术经济分析，减少对各“原目标值”的影响；对工程概预算分析审查</td></tr>
<tr><td>严格质量检验，不合要求的拒付款；达优良质量者，支付奖金及补偿金</td><td>采用进度控制中奖惩制度；对应急工程，实行计件单价；确保资金供应及人力、器材供应</td><td>审核工程概预算，工程付款、工程结算；编制资金使用计划；对原设计及施工方案提出建议而节省投资的给予奖励；对计划费用与实际开支进行分析比较，减少投资的增加及减少索赔机会</td></tr>
<tr><td rowspan="2">合同措施</td><td colspan="3">对设计单位、器材设备供应单位、施工单位的建设活动，经常与合同进行比照</td></tr>
<tr><td></td><td>按合同要求协调各方的进度，确保项目的形象进度</td><td>按合同条款支付款项，防止过早、过量的现金支付；全面履行合同，减少提出索赔的条件与机会，正确处理索赔</td></tr>
<tr><td>其他</td><td colspan="3">进行各目标值的风险分析，力争预控；进行控制状态的动态分析；加强信息管理分析</td></tr>
</table>

3.7 建设工程的安全生产控制

安全生产关系到国家的财产和人员生命的安全。2003 年 11 月 12 日由国务院第二十八次常务会议通过了《建设工程安全生产管理条例》，自2004 年2 月1 日起实行。它对提高工程建设领域安全生产水平、确保人民生命财产安全、促进经济发展、维护社会稳定都具有划时代的意义。

3.7.1 建筑工程安全生产控制的概念

安全生产是社会的大事，它关系到国家的财产和人员生命的安全，甚至关系到经济的发展和社会的稳定，因此，在建设工程生产过程中必须贯彻“安全第一，预防为主”的方针，切实做好安全生产管理工作。

1）安全生产。安全生产是指在生产过程中保障人身安全和设备安全。其有两方面的含义：一是在生产过程中保护职工的安全和健康，防止工伤事故和职业病危害；二是在生产过程中防止其他各类事故的发生，确保生产设备的连续、稳定、安全运转，保护国家财产不受损失。

2）劳动保护。劳动保护是指国家采用立法、技术和管理等一系列综合措施，消除生产过程中的不安全、不卫生因素，保护劳动者在生产过程中的安全和健康，保护和发展生产力。

3）安全生产法规。安全生产法规是指国家关于改善劳动条件，实现安全生产，为保护劳动者在生产过程中的安全和健康而采取的各种措施的总和，是必须执行的法律规范。

4）施工现场安全生产保证体系。“施工现场安全生产”保证体系由建设工程承包单位制定，是实现安全生产目标所需的组织机构、职责、程序、措施、过程、资源和制度。

5）安全生产管理目标。安全生产管理目标是建设工程项目管理机构制定的施工现场安全生产保证体系所要达到的各项基本安全指标。安全生产管理目标的主要内容有：

① 杜绝重大伤亡，设备、管线、火灾和环境污染等事故。

② 一般事故频率控制目标。

③ 安全生产标准化工地创建目标。

④ 文明施工创建目标。

⑤ 其他目标。

6）安全检查。安全检查是指对施工现场安全生产活动和结果的符合性和有效性进行常规的检测和测量活动。其目的是：

① 通过检查可以发现施工中的不安全行为和物的不安全状态、不卫生问题，从而采取对策，消除不安全因素，保障安全生产。

② 利用安全生产检查，进一步宣传、贯彻、落实国家安全生产方针、政策和各项安全生产规章制度。

③ 安全检查实质上也是群众性的安全教育。通过检查，增强领导和群众的安全意识，纠正违章指挥、违章作业，提高搞好安全生产的自觉性和责任感。

④ 通过检查可以互相学习、总结经验、吸取教训、取长补短，有利于进一步促进安全生产工作。

⑤ 通过安全生产检查，了解安全生产状态，为分析安全生产形势，加强安全管理提供信息和依据。

7）危险源。危险源是指可能导致死亡、伤害、职业病、财产损失、工作环境破坏或这些情况组合的因素或状态。

8）隐患。隐患是指未被事先识别或未采取必要防护措施可能导致事故发生的各种因素。

9）事故。事故是指任何造成疾病、伤害、死亡，财产、设备、产品或环境的损坏或破坏。施工现场安全事故包括：物体打击、车辆伤害、机械伤害、起重伤害、触电事故、淹溺、灼烫、火灾、高处坠落、坍塌、放炮、火药爆炸、化学爆炸、物理性爆炸、中毒和窒息及其他伤害。

10）应急救援。应急救援是指在安全生产措施控制失效情况下，为避免或减少可能引发的伤害或其他影响而采取的补救措施和抢救行为。它是安全生产管理的内容，是项目经理部实行施工现场安全生产管理的具体要求，也是监理工程师审核施工组织设计与施工方案中安全生产的重要内容。

11）应急救援预案。应急救援预案是指针对可能发生的、需要进行紧急救援的安全生产事故，事先制定好应对补救措施和抢救方案，以便及时救助受伤的和处于危险状态中的人员，减少或防止事态进一步扩大，并为善后工作创造好的条件。

12）高处作业。凡在坠落基准面2m或2m以上有可能坠落的高处进行作业。

13）临边作业。在施工现场任何处所，当高处作业中工作面的边沿并无围护设施，或虽有围护设施但其高度小于80cm时，这种作业称为临边作业。

14）洞口作业。建筑物或构筑物在施工过程中，常会出现各种预留洞口、通道口、上料口、楼梯口、电梯井口，在其附近工作，称为洞口作业。

15）悬空作业。在周边临空状态下，无立足点或无牢靠立足点的条件下进行的高空作业，称为悬空作业。悬空作业通常在吊装、钢筋绑扎、混凝土浇注、模板支拆以及门窗安装和油漆等作业中较为常见。一般情况下，对悬空作业采取的安全防护措施主要是搭设操作平台，配戴安全带、张挂安全网等措施。

16）交叉作业。凡在不同层次中，处于空间贯通状态下同时进行的高空作业称为交叉作业。施工现场进行交叉作业是不可避免的，交叉作业会给不同的作业人员带来不同的安全隐患，因此，进行交叉作业时必须遵守安全规定。

3.7.2　建设工程安全生产控制的意义

建设工程事故频发是由其自身的特点所决定的，只有了解其特点，才可有效防治。

1）工程建设的产品具有产品固定、体积大、生产周期长的特点。无论是房屋建筑、市政工程、公路工程、铁路工程、水利工程等，只要工程项目选址确定后，就在这个地点施工作业，而且要集中大量的机械、设备、材料、人员，连续几个月或者几年才能完成建设任务，发生安全事故的可能性会增加。

2）工程建设活动大部分是在露天空旷的场地上完成的，严寒酷暑都要作业，劳动强度大，工人的体力消耗大；尤其是高空作业，如果工人的安全意识不强，在体力消耗的情况下，经常会造成安全事故。

3）施工队伍流动性大。建设工地上施工队伍大多由外来务工人员组成，因此，造成管理难度的增大。很多建筑工人来自于农村，文化水平不高，自我保护能力和安全意识较弱，如果施工承包单位不重视岗前培训，往往会形成安全事故频发状态。

4）建筑产品的多样性决定了施工过程变化大，一个单位工程有许多道工序，而每道工序的施工方法不同，人员不同，使用的机械设备不同，作业场地不同，工作时间不同，再加上各工序交叉作业多都加大了管理难度，如果管理稍有疏忽，就会造成安全事故。

综上所述，建设工程安全事故很容易发生，因此“安全第一、预防为主”的指导思想就显得非常重要。做到“安全第一、预防为主”就可以减少安全事故的发生，提高生产效率，顺利达到的工程建设的目标。

《建设工程安全生产管理条例》针对建设工程安全生产中存在的主要问题，确立了建设企业安全生产和政府监督管理的基本制度，规定了参与建设活动各方主体的安全责任，明确了建筑工人安全与健康的合法权益，是一部全面规范建设工程安全生产的专门法规，可操作性强，对规范建设工程安全生产必将起到重要的作用；对提高工程建设领域安全生产水平、确保人民生命财产安全、促进经济发展、维护社会稳定都具有十分重要的意义。

3.7.3 安全生产控制的原则

1. “安全第一，预防为主”的原则

《安全生产法》的总方针中，“安全第一”表明了生产范围内安全与生产的关系，肯定了安全生产在建设活动中的首要位置和重要性；“预防为主”体现了事先策划、事中控制及事后总结，通过信息收集、归类分析、制定预案等过程进行控制和防范，体现了政府对建设工程安全生产过程中“以人为本”以及“关爱生命”、“关注安全”的宗旨。

2. 以人为本、关爱生命，维护作业人员合法权益的原则

安全生产管理应遵循维护作业人员的合法权益的原则，应改善施工作业人员的工作与生活条件。施工承包单位必须为作业人员提供安全防护设施，对其进行安全教育培训，为施工人员办理意外伤害保险，作业与生活环境应达到国家规定的安全生产、生活环境标准，真正体现出以人为本，关爱生命。

3. 职权与责任一致的原则

国务院建设行政主管部门和相关部门对建设工程安全生产管理的职权和责任应该相一致，其职能和权限应该明确；建设主体各方应该承担相应的法律责任，对工作人员不能够依法履行监督管理职责的，应该给予行政处分；构成犯罪的，依法追究刑事责任。

3.7.4 安全生产控制的任务

建筑工程安全控制的任务主要是贯彻落实国家有关安全生产的方针、政策，督促施工承包单位按照建筑施工安全生产的法规和标准组织施工，落实各项安全生产的技术措施，消除施工中的冒险性、盲目性和随意性，减少不安全的隐患，杜绝各类伤亡事故的发生，实现安全生产。

3.7.5 建设主体的安全生产控制责任

建设工程安全生产管理的范围包括：土木工程、建筑工程、线路管道和设备安装工程及装修工程的新建、扩建、改建和拆除等有关活动及对安全生产的监督管理。《建设工程安全生产管理条例》规定：建设单位、勘察单位、设计单位、施工承包单位、工程监理单位及其他与建设工程安全生产有关的单位，必须遵守安全生产法律、法规的规定，保证建设工程安全生产，依法承担建设工程安全生产责任。

（1）建设单位的安全责任 建设单位应当向施工承包单位提供施工现场与毗邻区域的供水、排水、供电、供气、供热、通信、广播电视等地下管线资料、气象和水文观测资料，以及相邻建筑物和构筑物、地下工程的有关资料，并保证资料的真实、准确、完整；建设单位不得对勘察、设计、施工、工程监理等单位提出不符合建设工程安全生产法律、法规和强制性标准规定的要求；不得压缩合同约定的工期；建设单位在编制工程概算时，应当确定建设工程安全作业环境及安全施工措施所需费用；建设单位不得明示或暗示施工承包单位购买、租赁、使用不符合安全施工要求的安全防护用具、机械设备、施工机具及配件、消防设施和器材；建设单位在申请领取施工许可证时，应当提供建设工程有关安全施工措施的资料；依法批准开工报告的建设工程，建设单位应当自开工报告批准之日起15日内，将保证安全施工的措施报送建设工程所在地的县级以上地方人民政府建设行政主管部门或者其他有关部门备案；建设单位应当将拆除工程发包给具有相应资质的施工承包单位；建设单位应当在拆除工程施工15日前，将下列资料报送建设工程所在地的县级以上地方人民政府建设行政主管部门或其他有关部门备案：施工承包单位资质等级证明，拟拆除建筑物、构筑物及可能危及毗邻建筑的说明，拆除施工组织方案，堆放、消除废弃物的措施，实施爆破作业的，应当遵守国家有关民用爆破物品管理的规定。

（2）施工承包单位的安全责任

1）施工承包单位从事建设工程的新建、扩建、改建和拆除等活动，应当具备国家规定的注册资本、专业技术人员、技术装备和安全生产等条件，依法取得相应等级的资质证书，并在其资质等级许可的范围内承揽工程。

2）施工承包单位主要负责人要依法对本单位的安全生产工作全面负责。施工承包单位应当建立健全安全生产责任制度和安全生产教育培训制度，制定安全生产规章制度和操作规程，保证本单位安全生产条件所需资金的投入，对所承担的建设工程进行定期专项安全检查，并做好安全检查记录。施工承包单位的项目负责人应当由取得相应执业资格的人员担任，对建设工程项目的安全施工负责，落实安全生产责任制度、安全生产规章制度和操作规程，确保安全生产费用的有效使用，并根据工程的特点组织制定安全施工措施，消除安全事故隐患，及时、如实报告生产安全事故。

3）施工承包单位对列入建设工程概算的安全作业环境及安全施工措施所需费用，应当用于施工安全防护工具及设施的采购和更新、安全施工措施的落实、安全生产条件的改善，不得挪作他用。

4）施工承包单位应当设立安全生产管理机构，配备专职安全生产管理人员。专职安全生产管理人员负责对安全生产进行现场监督检查，发现安全事故隐患，应当及时向项目负责人和安全生产管理机构报告；对违章指挥、违章操作的，应当立即制止。专职安全生产管理人员的配备办法由国务院建设行政主管部门会同国务院其他有关部门确定。

5）建设工程实行施工总承包的，由总承包单位对施工现场的安全生产负总责。总承包单位应当自行完成建设工程主体结构的施工。总承包单位依法将建设工程分包给其他单位的，分包合同中应当明确各自在安全生产方面的权利、义务。总承包单位和分包单位对分包工程的安全生产承担连带责任。分包单位应当服从总承包单位的安全生产管理，分包单位不服从管理导致生产安全事故的，由分包单位承担主要责任。

6）垂直运输机械作业人员、安装拆卸工、爆破作业人员、起重信号工、登高架设作业人员等特种作业人员，必须按照国家有关规定经过专门的安全作业培训，并取得特种作业操作资格证书后，方可上岗作业。

7）施工承包单位应当在施工组织设计中编制安全技术措施和施工现场临时用电方案，对达到一定规模的危险性较大的分部分项工程（基坑支护与降水工程，全方开挖工程，模板工程，起重吊装工程，脚手架工程，拆除，爆破工程，国务院建设行政主管部门或者其他有关部门规定的其他危险性较大的工程）应编制专项施工方案，并附安全验算结果，经施工承包单位技术负责人、总监理工程师签字后实施，由专职安全生产管理人员进行现场监督。对前款所列工程中涉及深基坑、地下暗挖工程、高大模板工程的专项施工方案，施工承包单位还应当组织专家进行论证、审查。

8）建设工程施工前，施工承包单位负责项目管理的技术人员应当对有关安全施工的技术要求向施工作业班组、作业人员做出详细说明，并由双方签字确认。

9）施工承包单位应当在施工现场入口处、施工起重机械、临时用电设施、脚手架、出入通道口、楼梯口、电梯井口、孔洞口、桥梁口、隧道口、基坑边沿、爆破物及有害危险气体和液体存放处等危险部位设置明显的安全警示标志。安全警示标志必须符合国家标准。施工承包单位应当根据不同施工阶段和周围环境及季节、气候的变化，在施工现场采取相应的安全施工措施。施工现场暂时停止施工的，施工承包单位应当做好现场防护，所需费用由责任方承担，或者按照合同约定执行。

10）施工承包单位应当将施工现场的办公、生活区与作业区分开设置，并保持安全距离；办公、生活区的选址应当符合安全性要求。职工的膳食、饮水、休息场所等应当符合卫生标准。施工承包单位不得在尚未竣工的建筑物内设置员工集体宿舍。施工现场临时搭建的建筑物应当符合安全使用要求。施工现场使用的装配式活动房屋应当具有产品合格证。

11）施工承包单位对因建设工程施工可能造成损害的毗邻建筑物、构筑物和地下管线等，应当采取专项防护措施。施工承包单位应当遵守有关环境保护法律、法规的规定，在施工现场采取措施，防止或者减少粉尘、废气、废水、固体废物、噪声、振动和施工照明对人和环境的危害和污染。在城市市区内的建设工程，施工承包单位应当对施工现场实行封闭围挡。

12）施工承包单位应当在施工现场建立消防安全责任制度，确定消防安全责任人，制定用火、用电、使用易燃易爆材料等各项消防安全管理制度和操作规程，设置消防通道、消防水源、配备消防设施和灭火器材，并在施工现场入口处设置明显的标志。

13）施工承包单位应当向作业人员提供安全防护用具和安全防护服装，并书面告知危险岗位的操作规程和违章操作的危害。作业人员有权对施工现场的作业条件、作业程序和作业方式中存在的安全问题提出批评、检举和控告，有权拒绝违章指挥和强令冒险作业。在施工中发生危及人身安全的紧急情况时，作业人员有权立即停止作业或者在采取必要的应急措施后撤离危险区域。

14）作业人员应当遵守安全施工的强制性标准、规章制度和操作规程，正确使用安全防护用具、机械设备等。

15）施工承包单位采购、租赁的安全防护用具、机械设备、施工机具及配件，应当具有生产许可证、产品合格证，并在进入施工现场前进行查验。施工现场的安全防护工具、机械设备、施工机具及配件必须由专人管理，定期进行检查、维修和保养，建立相应的资料档案，并按照国家有关规定及时报废。

16）施工承包单位在使用施工起重机械和整体提升脚手架、模板等自升式架设设施前，应当组织有关单位进行验收，也可以委托具有相应资质的检验检测机构进行验收；使用承租的机械设备和施工机具及配件的，由施工总承包单位、分包单位、出租单位和安装单位共同进行验收，验收合格的方可使用。《特种设备安全监察条例》规定的施工起重机械，在验收前应当经有相应资质的检验检测机构监督检验合格。

施工承包单位应当自施工起重机械和整体提升脚手架、模板等自升式架设设施验收合格之日起30日内，向建设行政主管部门或者其他有关部门登记。登记标志应当置于或者附着于该设备的显著位置。

17）施工承包单位的主要负责人、项目负责人、专职安全生产管理人员应当经建设行政主管部门或者其他有关部门考核合格后方可任职。施工承包单位应当对管理人员和作业人员每年至少进行一次安全生产教育培训，其教育培训情况记入个人工作档案。安全生产教育培训考核不合格的人员不得上岗。

18）作业人员进入新的岗位或者新的施工现场前，应当接受安全生产教育培训。未经教育培训或者教育培训考核不合格的人员不得上岗作业。施工承包单位在采用新技术、新工艺、新设备、新材料时，应当对作业人员进行相应的安全生产教育培训。

19）施工承包单位应当为施工现场从事危险作业的人员办理意外伤害保险。意外伤害保险费由施工承包单位支付。实行施工总承包的，由总承包单位支付意外伤害保险费。意外伤害保险期限自建设工程开工之日起至竣工验收合格止。

（3）勘察单位的安全责任　勘察单位应该认真执行国家有关法律、法规和工程建设强制性标准，在进行勘察作业时，应当严格执行操作规程，采取措施保证各类管线、设施和周边建筑物、构筑物的安全，提供真实、准确、满足建设工程安全生产需要的勘察资料。

（4）设计单位在工程建设活动中的安全责任　设计单位和注册建筑师等注册执业人员应当对其设计负责；设计单位应当严格按照有关法律、法规和工程建设强制性标准进行设计，防止因设计不合理导致生产安全事故的发生，在设计中应当考虑施工安全操作和防护的需要，对涉及施工安全的重点部位和环节在设计文件中注明，并对防范生产安全事故提出指导意见：对于采用新结构、新材料、新工艺的建设工程和特殊结构的建设工程，设计单位应当在设计中提出保障施工作业人员安全和预防生产安全事故的措施建议。

（5）工程监理单位的安全责任　工程监理单位应当审查施工组织设计中的安全技术措施或者专项施工方案是否符合工程建设强制性标准。工程监理单位在实施监理过程中，发现存在安全事故隐患的，应当要求施工承包单位整改；情况严重的，应当要求施工承包单位暂时停止施工，并及时报告建设单位。施工承包单位拒不整改或者不停止施工的，工程监理单位应当及时向有关主管部门报告。工程监理单位和监理工程师应当按照法律、法规和工程建设强制性标准实施监理，并对建设工程安全生产承担监理责任。

3.7.6　监理工程师在安全生产控制中的主要工作

1. 安全生产控制体系

搞好安全生产的控制，首先要建立安全生产的控制体系。安全生产控制体系如图3-8和

图 3-9 所示。

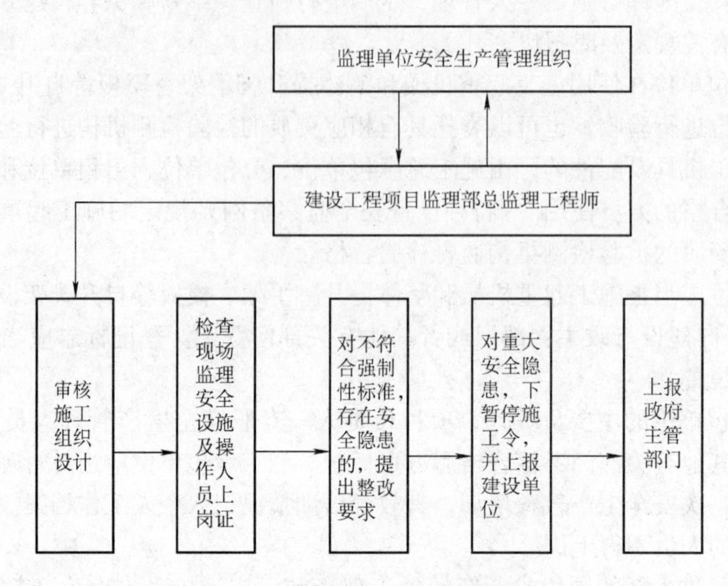

图 3-8 监理单位安全生产控制体系

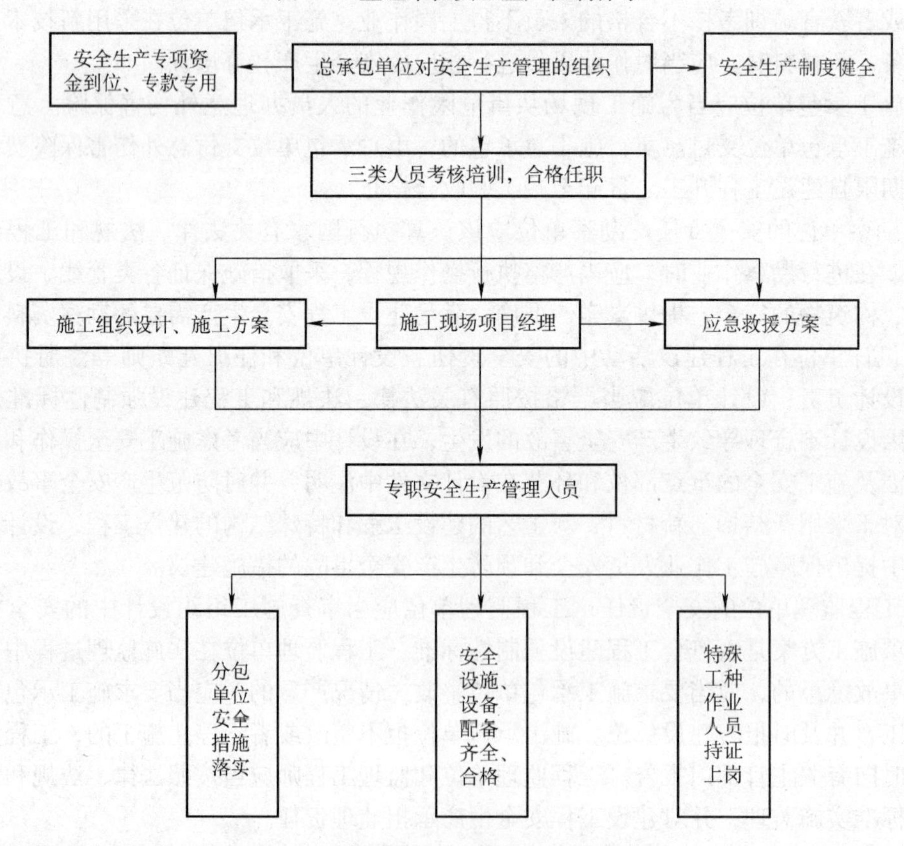

图 3-9 施工承包单位安全生产控制体系

2. 安全事故防范措施

1）坚持“安全第一、预防为主”的原则。建立健全生产安全责任制；完善安全控制机构、组织制度和报告制度；保证施工环境、树立文明施工意识；安全经费及时到位，专款专用；做好安全事故救助预案并进行演练。

2）建立完善的安全检查验收制度。生产部门应该在安全制度的基础上，设专人定期或者不定期地对生产过程的安全状况进行检查，发现隐患及时纠正。存在隐患不能施工，改正合格后，向监理工程师报验，监理工程师应及时检查验收，对不符合安全要求的部位提出整改要求，经整改验收合格后签字，方可继续施工。

3.8 建设主体单位的质量及法律责任

3.8.1 工程建设中各方的质量责任

监理工程师在监理工作中应随时谨记自己的质量责任，同时从风险管理出发，还应明确工程建设有关方的质量责任，以便帮助他们正确界定质量责任。监理工程师应依据国务院2000年1月30日发布的《建设工程质量管理条例》的规定，熟悉工程建设有关方的质量责任，具体内容如下：

1. 建设单位的质量责任

1）依法招标、发包工程给具有相应资质等级的单位，工程发包含勘察、设计、施工、监理及与工程建设有关的重要设备、材料的采购，并不得肢解发包。

2）必须向有关的勘察、设计、施工、监理等单位提供与工程建设有关的、真实的、准确的、齐全的原始资料。

3）不得明示或暗示设计或施工单位违反工程建设强制性标准，降低工程质量。

4）施工图设计文件未经县级以上人民政府建设行政主管有关部门审查批准的，不得使用。

5）下列工程必须实行监理：①国家重点建设工程；②大中型公用事业工程；③成片开发建设的住宅小区工程；④利用外国政府或者国际组织贷款、援助资金的工程；⑤国家规定必须实行监理的其他工程。

监理工作必须委托具有相应资质等级的监理单位，或委托给具有相应资质且与被监理工程的施工单位没有隶属关系或者其他利害关系的该工程的设计单位进行监理。

6）应保证按合同约定的自行采购的建筑材料、建筑构配件和设备符合设计文件和合同要求。不得明示或暗示施工单位使用不合格的建筑材料、建筑构配件和设备。

7）涉及主体和承重结构变动的装修工程，必须有合法的设计方案，否则不得施工。

8）收到工程竣工报告后，应组织有关单位进行竣工验收，验收合格，方可交付使用。应按国家有关档案管理的规定，建立健全相关的项目档案，并按有关规定及时移交。

2. 勘察、设计单位的质量责任

1）不得无证或越级，或以他人名义承揽勘察、设计任务；禁止允许其他单位或个人以本设计单位的名义承揽工程；不得转包或违法分包。

2）必须按照工程建设强制性标准进行勘察、设计，并对勘察、设计的质量负责。勘察单位提供的地质、测量水文等成果必须真实、准确。注册执业人员应当在设计文件上签字，对设计文件负责。

3）设计文件应当符合国家规定的设计深度要求，注明工程合理使用年限。设计文件中选用的建筑材料、建筑构配件和设备，应当注明规格、型号、性能等技术指标，其质量要求必须符合国家规定的标准。除有特殊要求的建筑材料、专用设备、工艺产品等外，设计单位不得指定生产厂、供应商。

4）应当就审查合格的施工图设计文件向施工单位做出详细说明。应当参与工程质量事故分析，并对因设计造成的质量事故，提出相应的技术处理方案。

3. 施工单位的质量责任

1）应当依法取得相应的资质证书，并在资质等级许可的范围内承揽工程；禁止超过资质等级或以其他施工单位的名义承揽工程；禁止允许其他单位或者个人以本单位的名义承揽工程。不得转包或者违法分包工程。

2）对建设工程的施工质量负责，应当建立质量责任制，确定工程项目的项目经理、技术负责人等施工管理负责人。实行总承包的，总承包单位应当对全部建设工程负责；建设工程勘察、设计、施工、设备采购的一项或者多项实行总承包的，总承包单位应当对其承包的建设工程或采购设备的质量负责。总承包单位依法分包的，分包单位应当按照分包合同的约定对其分包工程的质量向总承包单位负责，总承包单位与分包单位对分包工程的质量承担连带责任。

3）必须按照工程设计图样和施工技术标准施工，不得擅自修改工程设计，不得偷工减料；在施工过程中发现设计文件和图样有差错的，应当及时提出意见和建议；必须按照工程设计要求、施工技术标准和合同约定，对建筑材料、建筑构配件、设备和商品混凝土进行检验，检验应当有书面记录和专人签字；未经检验或者检验不合格的，不得使用。

4）必须建立、健全施工质量的检验制度，严格工序管理，做好隐蔽工程的质量检查和记录。隐蔽工程在隐蔽前，应当通知建设单位和建设工程质量监督机构。对涉及结构安全的试块、试件以及有关材料，应当在建设单位或者工程监理单位监督下现场取样，并送具有相应资质等级的质量检测单位进行检测。

5）对施工中出现质量问题的建设工程或者竣工验收不合格的建设工程，应当负责返修。

4. 工程监理单位的质量责任

1）应当依法取得相应等级的资质证书，并在其资质许可的范围内承担监理业务；禁止超越本单位资质或者以其他监理单位的名义承担监理业务；禁止允许其他单位或者个人以本单位的名义承担工程监理业务；工程监理单位不得转让工程监理业务。

2）与被监理工程的施工承包单位以及建筑材料、建筑构配件和设备供应单位有隶属关系或者其他利害关系的，不得承担该项工程的监理业务。

3）应当依照法律、法规以及有关技术标准、设计文件和建设工程承包合同，代表建设单位对施工质量实施监理，并对施工质量承担监理责任。

4）应当选派具备相应资格的总监理工程师和监理工程师进驻施工现场。未经监理工程师签字，建筑材料、建筑构配件和设备不得在工程上使用或者安装，施工单位不得进行下一道工序的施工。未经总监理工程师签字，建设单位不拨付工程款，不进行竣工验收。

5）监理工程师应当按照工程监理规范的要求，采取旁站、巡视和平行检验等形式，对建设工程实施监理。

3.8.2　建设主体单位的法律责任

按主体违反法律规范的不同，其违法的法律责任可分为刑事责任、民事责任、行政责任三大类。具体承担方式可以是人身责任、财产责任、行为能力责任等。

1. 建设单位的违法行为及法律责任

（1）违法行为

1）对勘察、设计、施工、工程监理等单位提出不符合安全生产法律、法规和强制性标准规定的要求的。

2）要求施工承包单位压缩合同约定的工期的。

3）将拆除工程发包给不具有相应资质等级的施工承包单位的。

（2）法律责任　建设单位有以上行为之一的，责令限期改正，并处以20万元以上50万元以下的罚款；造成重大安全事故，构成犯罪的，对直接责任人员，依照刑法有关规定追究刑事责任；造成损失的，依法承担赔偿责任。

2. 勘察设计单位的违法行为及法律责任

（1）违法行为

1）未按照法律、法规和工程建设强制性标准进行勘察、设计的。

2）采用新结构、新材料、新工艺的建设工程和特殊结构的建设工程，设计单位未在设计中提出保障施工作业人员安全和预防生产安全事故的措施建议的。

（2）法律责任　勘察单位、设计单位有以上行为之一的，责令限期改正，并处以10万元以上30万元以下的罚款；情节严重的，责令停业整顿，降低资质等级，直至吊销资质证书；造成重大安全事故，构成犯罪的，对直接责任人员，依照刑法有关规定追究刑事责任；造成损失的，依法承担赔偿责任。

3. 施工承包单位的违法行为及法律责任

《建设工程安全生产管理条例》关于施工承包单位法律责任的条款较多，如第六十五条规定：

（1）违法行为

1）安全防护用具、机械设备、施工机具及配件在进入施工现场前未经查验或者查验不合格即投入使用的。

2）使用未经验收或者验收不合格的施工起重机械和整体提升脚手架、模板等自升式架设设施的。

3）委托不具有相应资质的单位承担施工现场安装、拆卸施工起重机械和整体提升脚手架、模板等自升式架设设施的。

4）在施工组织设计中未编制安全技术措施、施工现场临时用电方案或者专项施工方案的。

（2）法律责任　施工承包单位有以上行为之一的，责令限期改正；逾期未改正的，责令停业整顿，并处10万元以上30万元以下的罚款；情节严重的，降低资质等级，直至吊销资质证书；造成重大安全事故，构成犯罪的，对直接责任人员，依照刑法有关规定追究刑事责任；造成损失的，依法承担赔偿责任。

4. 监理单位的违法行为与法律责任

（1）违法行为

1）未对施工组织设计中的安全技术措施或者专项施工方案进行审查的。此规定包含了三方面的含义：一是没有对施工组织设计进行审查；二是没有进行认真的审查；三是可能没有审查出导致安全事故发生的重要原因。因此，监理工程师对施工组织设计的审查应该是能够通过自己所掌握的专业知识进行详细的审查，应该做到满足《建设工程安全生产管理条例》和技术规定的要求，否则，将会为此承担法律责任。

2）发现安全事故隐患未及时要求施工承包单位整改或者暂时停止施工的。此条规定有两方面的含义：一是监理单位是否及时发现在施工中存在的安全事故隐患，包括不安全状态、不安全行为等；另一方面是发现了安全隐患是否及时要求施工承包单位整改或暂时停止施工，若发现隐患，及时整改，可以避免或减少损失。

3）施工承包单位拒不整改或者不停止施工的，未及时向有关主管部门报告的。发现安全隐患，及时要求施工承包单位立即整改或停止施工，而施工承包单位拒不执行的，应当立即向建设单位或者有关主管部门报告，否则监理单位依然要承担法律责任。具体操作以监理通知或工作纪要等书面文字为依据。

4）未依照法律、法规和工程建设强制性标准实施监理的。监理单位是建设单位在施工现场的监管者，不仅要对质量、进度和投资进行控制，还要增加对安全的控制，即对建设工程安全生产承担监理责任。监理单位未能依照法律、法规和工程建设强制性标准对建设工程安全生产进行监理的，也要承担相应的法律责任。

（2）监理单位和监理工程师的法律责任

1）行政责任。对于监理单位的上述违法行为，首先应当责令限期改正；逾期未改正的，责令停业整顿，并处以10万元以上30万元以下的罚款；情节严重的，降低资质等级，直至吊销资质证书；对于注册执业人员未执行法律、法规和工程建设强制性标准的，责令停止执业3个月以上1年以下；情节严重的，吊销执业资格证书，5年内不予注册；造成重大安全事故的，终身不予注册。

2）民事责任。监理单位基于建设单位委托合同参加到工程建设中来，由于自身的违法行为，往往也是违约行为，损害了建设单位的利益，如果给建设单位造成损失，监理单位应当对建设单位承担赔偿责任。

3）刑事责任。《中华人民共和国刑法》第一百三十七条规定：建设单位、设计单位、施工承包单位、工程监理单位违反国家规定，降低工程质量标准，造成重大安全事故的，对直接责任人员处以5年以下有期徒刑或者拘役，并处罚金：后果特别严重的，处以5年以上10年以下有期徒刑，并处罚金。

案例题 某中外合资项目，项目法人代表为外籍人，监理单位为中方甲级监理公司，承建商为中国一级大型施工企业。工程开工后，业主代表、项目总监、承建商项目经理在“监理合同”及“施工合同”的原则下参照国际惯例，各项工作进展比较顺利。在监理中发生如下事件，监理方该如何处理为好？

1）项目在基础施工过程中，由于班组违章作业，因基础钢筋位置偏移出现质量事故，监理方发现后通知承建商整改，直至合格为止。承建商已执行监理方的报告，而业主代表向监理方行文讲：“项目基础工程出现质量事故，作为监理公司也有一定的责任，现通知你们被扣1%的监理费。”监理方是接受还是不接受？理由是什么？

2）为了确保现场文明施工，业主代表行文要求各承建商需将项目多余土方运到指定地点（合同规定），若发现承建商任意卸土，卸一车罚款1万元（合同无此规定）。某承建商违背这一指令任意卸土15车。当月业主代表在监理审定的监理月报中扣款15万元。承建商申述不同意扣款。你认为扣进度款15万元应该吗？为什么？监理方在工程结算时如何处理这15万元？

3）项目屋面已封顶，屋面排水面积为$65000m^2$，雨水管已全部安装完毕。总图雨水主干管也已施工完毕，但由于工程项目较大，设计单位分工细，加之出图程序不能满足施工进度，该车间雨水支管没有设计，屋面雨水排不出去。为了应急，监理方与承建商在征得设计院的同意后，确定了施工方案，在没有设计资料的情况下就施工完了，此事已在周例会上向业主做了报告，有会议记录备案。时过2年工程结算时才发现仍没有正式的设计资料，监理方进行了签证，业主代表称此变更违背了设计变更程序，而且时间已过2年（业主代表没有换人），不承认此设计变更有效，也没有支付费用。承建商无奈，向监理方报告，认为此变更没按程序办成，时间拖得太长，属工作失误，若业主代表继续拒绝支付，他们将拆除该车间的全部雨水支管。作为监理方应该如何协调上述纠纷？

4）项目在回填土时，承建商不够认真，主要是分层填土厚度超过规范规定，且夯实也不够认真。但承建商报送的干容重资料均符合设计要求，但监理方不予认可，要求承建商按监理方批准的取样方案进行干容重复检，承建商接受了监理方的这一指令。但业主代表不相信承建商的试验报告，要求监理方自行组织检测回填土干容重。监理方为了尊重业主代表的意见，编制了一个干容重检测费预算共2.5万元报送给业主，业主代表批准后，监理方即将组织检测。请问监理方这种处理方法对不对？为什么？

答：1）监理方不能接受。因承建商的质量事故不是执行监理方的错误指令形成的，监理方没有过失，因而扣1%的监理费不能接受。

2）扣15万元的做法是不应该的。因为它不符合合同规定。在承建商处理完成卸土以后，在工程结算时业主方应该向承建商支付这15万元。

3）监理方应向业主报告，监理报告基本内容如下：关于雨水支管的设计补充资料尽管迟到了2年，但纯属工作失误，责任在设计院，而业主方也应该承担责任，作为监理方处理该技术问题的过程有文字记载（附××会议纪要），但设计院没有及时处理，责任应由设计单位承担。作为承建商提出“不支付费用就拆支管”的申报是不理智的，现承建商已接受改变其态度。为了履行合同条款，请业主认可设计变更，并批准监理方已审定的预算。

4）监理方的这种处理方法是对的。因为这是监理合同的规定，业主若不支付费用，监理方不承担“检测”方面的业务。

小　　结

1. 目标控制基本原理

1）控制流程可以进一步分解为投入、转换、反馈、对比、纠偏五个基本环节。

2）根据划分依据的不同，可将控制分为不同的类型。按照控制措施作用于控制对象的时间，可分为事前控制、事中控制和事后控制；按照控制信息的来源，可分为前馈控制和反馈控制；按照控制过程是否形成闭合回路，可分为开环控制和闭环控制；按照控制措施制定的出发点，可分为主动控制和被动控制。同一控制措施可以表述为不同的控制类型，或者说，不同划分依据的不同控制类型之间存在内在的同一性。目标控制的前提工作：一是目标规划和计划；二是目标控制的组织。

3）建设工程目标系统：任何建设工程都有投资、进度、质量三大目标，这三大目标构成了建设工程的目标系统。为了有效地进行目标控制，必须正确认识和处理投资、进度、质量三大目标之间的关系，并且合理确定和分解这三大目标。目标系统的控制可从目标确定以及系统控制、全过程控制、全方位控制四个方面进行。

2. 建设工程投资控制

建设工程投资控制的目标，就是通过有效的投资控制工作和具体的投资控制措施，在满足进度和质量要求的前提下，力求使工程实际投资不超过计划投资。

3. 建设工程进度控制

建设工程进度控制的目标能否实现，主要取决于处在关键线路上的工程内容能否按预定的时间完成。在建设工程三大目标控制中，组织协调对进度控制的作用最为突出且最为直接。

4. 建设工程质量控制

在建设工程的质量控制工作中，要注意对工程个性质量目标的控制，最好能预先明确控制效果定量评价的方法和标准。另外，对于合同约定的质量目标，必须保证其不得低于国家强制性质量标准的要求。

5. 建设工程安全控制

安全生产是社会的大事，它关系到国家的财产和人员生命安全，甚至关系到经济的发展和社会的稳定，因此，在建设工程生产过程中必须贯彻“安全第一，预防为主”的方针，切实做好安全生产管理工作。

6. 建设工程目标控制的任务和措施

在建设工程实施的各个阶段中，设计阶段和施工阶段目标控制任务的内容最多，目标控制工作持续的时间最长。可以认为，设计阶段和施工阶段是建设工程目标全过程控制中的两个主要阶段。

为了取得目标控制的理想成果，可以在建设工程实施的各个阶段采取组织措施、技术措施、经济措施、合同措施等四方面措施。

思考题

3-1　简述目标控制的基本流程。在每个控制流程中有哪些基本环节？

3-2　何谓主动控制？何谓被动控制？监理工程师应当如何认识它们之间的关系？

3-3　目标控制的两个前提条件是什么？

3-4　建设工程的投资、进度、质量目标是什么关系？如何理解？

3-5　简述确定建设工程目标应注意的问题。

3-6　简述建设工程目标分解的原则和方式。

3-7　建设工程投资、进度、质量控制的具体含义是什么？

3-8　建设工程设计阶段和施工阶段各有哪些特点？

3-9　建设工程设计阶段目标控制的基本任务是什么？

3-10 建设工程施工阶段目标控制的主要任务是什么?

3-11 建设工程目标控制可采取哪些措施?

3-12 何谓目标管理?目标管理的程序包括哪几个阶段?

第 4 章　建设工程合同管理

学习目标

了解合同的基本概念以及合同的容，理解合同（合同无效、变更或撤销合同）的法律效力；掌握勘察合同及设计合同发包人、承包人的义务；了解工程施工合同文件的组成及解释顺序；了解工程发包方工作和承包方工作内容；理解工程师的产生和职权；理解工程委托监理合同的特征；掌握工程委托监理合同双方的权利和义务，重点掌握监理人的权利监理人的义务。

4.1　合同的基本概念

由于项目目标都是通过相应合同条款约定的，因此，必须熟悉合同的概念。《中华人民共和国合同法》对合同的定义为：平等主体的自然人、法人、其他组织之间设立、变更、终止民事权利义务关系的协议。

4.1.1　合同的内容

关于合同一般条款的法律解释如下：

1. 当事人的名称或者姓名及住所

当事人的名称或者姓名是指法人和其他组织的名称；住所是指它们的主要办事机构所在地。

2. 标的

标的是指合同当事人双方权利和义务共同指向的事物，即合同法律关系的客体。标的可以是货物、劳务、工程项目或者货币等。依据合同种类的不同，合同的标的也各有不同。例如，买卖合同的标的是货物；建筑工程合同的标的是工程建设项目；货物运输合同的标的是运输劳务；借款合同的标的是货币；委托合同的标的是委托人委托受托人处理委托事务等。

标的是合同的核心，它是合同当事人权利和义务的焦点。尽管当事人双方签订合同的主观意向各有不同，但最后必须集中在一个标的上。因此，当事人双方签订合同时，首先要明确合同的标的，没有标的或者标的不明确，必然会导致合同无法履行，甚至产生纠纷。

3. 数量

数量是计算标的的尺度。它把标的定量化，以便确定合同当事人之间的权利和义务的量化指标，从而计算价款或报酬。国家颁布了“关于在我国统一实行法定计量单位的命令”，根据该命令的规定，签订合同时，必须使用国家法定计量单位，做到计量标准化、规范化。如果计量单位不统一，一方面会降低工作效率，另一方面也会因此发生误解而引起纠纷。

4. 质量

质量是标的内在特殊物质属性和一定的社会属性，是标的物性质差异的具体特征。它是标的物价值和使用价值的集中表现，并决定着标的物的经济效益和社会效益，还直接关系到生产的安全和人身的健康等。因此，当事人签订合同时，必须对标的物的质量做出明确的规定。标的物的质量，有国家标准的按国家标准签订，没有国家标准而有行业标准的按行业标准签订，或者有地方标准的按地方标准签订。

5. 价款或者报酬

价款，通常是指当事人一方为取得对方出让的标的物，而支付给对方一定数额的货币；报酬，通常是指当事人一方为对方提供劳务、服务等，从而向对方收取一定数额的货币报酬。

6. 履行期限、地点和方式

1）履行期限是指当事人交付标的和支付价款或报酬的日期。即依据合同的约定，权利人要求义务人履行义务的请求权发生的时间。合同的履行期限是一项重要条款，当事人必须写明具体的履行起止日期，避免因履行期限不明确而产生纠纷。

2）履行地点是指当事人交付标的和支付价款或报酬的地点。它包括标的的交付、提取地点；服务、劳务或工程项目建设的地点；价款或报酬结算的地点等。它不仅关系到当事人实现权利和承担义务的发生地，还关系到人民法院受理合同纠纷案件的管辖地问题。

3）履行方式是指合同当事人双方约定以哪种方式转移标的物和结算价款。履行方式应视所签订合同的类别而定。

7. 违约责任

违约责任是指合同当事人约定一方或双方不履行或不完全履行合同义务时，必须承担的法律责任。违约责任包括支付违约金、偿付赔偿金以及发生意外事故的处理等其他责任。法律有规定责任范围的按规定处理；法律没有规定责任范围的，由当事人双方协商议定办理。

8. 解决争议的方法

解决争议的方法是指合同当事人选择解决合同纠纷的方式、地点等。根据我国法律的有关规定，当事人解决合同争议时，实行“或裁或审”制，即当事人可以在合同中约定选择仲裁机构或人民法院解决争议；当事人可以就仲裁机构或诉讼的管辖机关的地点进行议定选择。

4.1.2 合同的效力

1. 合同无效

合同无效是指虽经合同当事人协商订立，但因其不具备或违反了法定条件，国家法律规定不承认其效力的合同。

有下列情形之一的，属于合同无效：

1）一方以欺诈、胁迫的手段订立合同，损害国家利益。

2）恶意串通，损害国家、集体或者第三者利益。

3）以合法形式掩盖非法目的。

4）损害社会公共利益。

5）违反法律、行政法规的强制性规定。

2. 当事人请求人民法院或仲裁机构变更或撤销合同

当事人依法请求变更或撤销合同，是指合同当事人订立的合同欠缺生效条件时，一方当事人可以依照自己的意思，请求人民法院或仲裁机构做出裁定，从而使合同的内容变更或者使合同的效力归于失效的合同。

有下列情形之一的，当事人一方有权请求人民法院或者仲裁机构变更或者撤销：

1）因重大误解订立的。

2）在订立合同时显失公平的。

一方以欺诈、胁迫的手段或者乘人之危，使对方在违背真实意思的情况下订立的合同，受损害方有权请求人民法院或者仲裁机构变更或者撤销。

3. 无效合同或被撤销合同的法律效力

当事人订立的合同被确认无效或者被撤销后，并不表明当事人的权利和义务的全部结束。

1）合同自始无效和部分无效。无效的合同或者被撤销的合同自始没有法律约束力；合同部分无效，不影响其他部分效力的，其他部分仍然有效。

自始无效是指合同一旦被确认无效或者被撤销，即将产生溯及力，使合同从订立起即不具有法律约束力。

合同部分无效是指合同的部分内容无效，即无效或者被撤销而宣告无效的只涉及合同的部分内容，合同的其他部分仍然有效。

2）合同无效、被撤销或者终止时，有关解决争议的条款的效力。合同无效、被撤销或者终止时，不影响合同中独立存在的有关解决争议方法的条款的效力。因此，合同中关于解决争议的方法条款的效力具有相对的独立性，不受合同无效、变更或者终止的影响，即合同无效、合同变更或者合同终止并不导致合同中解决争议方法的条款无效、变更、终止。

4.2 工程承包合同

4.2.1 工程勘察、设计合同

工程勘察、设计合同是指建设人与勘察人、设计人为完成一定的勘察、设计任务，明确双方权利、义务的协议。建设单位或有关单位称发包人，勘察、设计单位称承包人。根据勘察、设计合同，承包人完成委托方委托的勘察、设计项目，发包人接受符合约定要求的勘察、设计成果，并付给报酬。

1. 勘察合同发包人的义务

勘察合同发包人的义务指的是由其负责提供的资料的内容、技术要求、期限以及应承担的工作和服务项目。

1）在勘察工作开始前，发包人应当向承包人提交勘察或者设计的基础资料，即提交由设计人提供、经发包人同意的勘察范围的地形图和建筑平面布置图各一份，提出由发包人委托。设计人填写的勘察技术要求及其附图。

2）发包人应负责勘察现场的水、电、气的畅通供应，平整道路、现场清理等工作，以保证勘察工作的开展。

3）在勘察人员进入现场作业时，发包人应当负责提供必要的工作和生活条件。

4）支付勘察费。勘察工作的取费标准是按照勘察工作的内容，如工程勘察、工程测量、工程地质、水文地质和工程物探等的工作量来决定的。其具体标准和计算办法按国家颁发的《工程勘察取费标准》中的规定执行。

2. 勘察合同承包人的义务

承包人的义务是指承包人应当依据订立的合同和发包人的要求，通过自己的实际履行来完成其应负的职责，以求得发包人权利和目的的实现。承包人应当按照规定的标准、规范、规程和条例，进行工程测量和工程地质、水文地质等勘察工作，并按合同规定的进度、质量要求提交勘察成果。对于勘察工作中的漏项应当及时予以勘察，对于由此多支的费用应自行负担并承担由此造成的违约责任。

3. 设计合同发包人的义务

1）如果委托初步设计，委托人应在规定的日期内向承包人提供经过批准的设计任务书或者可行性研究报告、选址报告以及原料或者经过批准的资源报告、燃料、水电、运输等方面的协议文件和能满足初步设计要求的勘察资料、需经科研取得的技术资料。

2）如果委托施工图设计，委托人应当在规定日期内向承包人提供经过批准的初步设计文件和能满足施工图设计要求的勘察资料、施工条件以及有关设备的技术资料。

3）发包人应及时向有关部门办理各设计阶段设计文件的审批工作。

4）明确设计范围和深度。

5）依照双方的约定支付设计费用。设计工程的取费标准，一般应当根据不同行业、不同建设规模和工程内容的繁简程度制定不同的收费定额，再根据这些定额来计算费用。设计合同生效后，发包人向承包人支付相当于设计费的20%作为定金，设计合同履行后，定金抵作设计费。设计费其余部分的支付由双方共同商定。对于超过设计范围的补充设计和增加设计深度以及减少已定的设计量，应对增加的部分付出的劳务给予补偿，对于设计范围的减少应协商确定报酬的给付。对上述情况，还要考虑设计期限的增减。

6）委托配合引进项目的设计，从询价、对外谈判、国内外技术考察直到建成投产的各个阶段，都应当通知有关设计的单位参加，这样有利于对外设计任务的完成。

7）在设计人员进入施工现场开始工作时，发包人应当提供必要的工作和生活条件。

8）发包人应当维护承包人的设计文件，不得擅自修改，也不得转让给第三方使用，否则要承担侵权责任。

9）合同中含有保密条款的，发包人应当承担设计文件的保密责任。

4. 设计合同承包人的义务

1）承包人要根据批准的设计任务书或者可行性研究报告或者上一阶段设计的批准文件，以及有关设计的技术经济文件、设计标准、技术规范、规程、定额等提出勘察技术要求和进行设计，并按合同规定的进度和质量要求提交设计文件，设计文件包括概算文件、材料设备清单等。

2）承包人对所承担的设计任务的建设项目应配合施工，进行施工前技术交底，解决施工中的有关设计问题，负责设计变更和修改预算，参加隐蔽工程验收和工程竣工验收。勘察、设计人要对其勘察、设计的质量负责。勘察、设计文件应符合有关法律、行政法规的规定和建筑工程质量、安全标准，建筑工程勘察，设计规范以及合同的约定。设计文件选用的建筑材料、建筑构配件和设备，应当注明其规格、型号、性能等技术指标，其质量要求必须符合国家规定的标准。此外，建设单位不得以任何理由，要求建筑设计单位或者施工企业在工程设计中，违反法律、行政法规和建筑工程质量、安全标准，降低工程质量。建筑设计单位对建设单位违反规定提出的降低工程质量的要求，应当予以拒绝；施工企业必须按照工程设计图纸和施工技术标准施工，不得偷工减料。工程设计的修改由原设计单位负责，施工企业不得擅自修改工程设计。

5. 设计的修改和终止

1）设计文件批准后，不得任意修改和变更。如果必须修改，需经有关部门批准，其批准权限视修改的内容所涉及的范围而定。

2）委托方因故要求修改工程设计，经承包方同意后，除设计文件的提交时间另定外，委托方还应按承包方实际返工修改的工作量增付设计费。

3）原定设计任务书或初步设计如有重大变更而需重做或修改设计时，须经设计任务书或初步设计批准机关同意，并经双方当事人协商后另订合同。委托方负责支付已经进行了的设计费用。

4）委托方因故要求中途终止设计时，应及时通知承包方，已付的设计费不退，并按该阶段实际所耗工时，增值和结清设计费，同时解除合同关系。

4.2.2 工程施工合同

1. 施工合同文件的组成及解释顺序

组成建设工程施工合同的文件包括：施工合同协议书，中标通知书，投标书及其附件，施工合同专用条款，施工合同通用条款、标准、规范及其有关技术文件，图样，工程量清单，工程报价单或预算单。

双方有关工程的洽商、变更等书面协议或文件视为协议书的组成部分。

上述合同文件应能够互相解释、互相说明。当合同文件中出现不一致时，上面的顺序就是合同的优先解释顺序。在不违反法律和行政法规的前提下，当事人可以通过协商变更施工合同的内容，这些变更的协议或文件，效力高于其他合同文件，且签署在后的协议或文件效力高于签署在先的协议或文件。

2. 施工合同发包方工作

根据专用条款约定的内容和时间，发包方应分阶段或一次完成以下的工作：

1）办理土地征用、拆迁补偿、平整施工场地等工作，使施工场地具备施工条件，并在开工后继续解决以上事项的遗留问题。

2）将施工所需水、电、通信线路从施工场地外部接至专用条款约定地点，并保证施工期间需要。

3）开通施工场地与城乡公共道路的通道，以及专用条款约定的施工场地内的主要交通干道，满足施工运输的需要，保证施工期间的畅通。

4）向承包方提供施工场地的工程地质和地下管线资料，保证数据真实，位置准确。

5）办理施工许可证和临时用地、停水、停电、中断道路交通、爆破作业以及可能损坏道路、管线、电力、通讯等公共设施法律、法规规定的申请批准手续，及其他施工所需的证件（证明承包方自身资质的证件除外）。

6）确定水准点与坐标控制点，以书面形式交给承包方，并进行现场交验。

7）组织承包方和设计单位进行图样会审和设计交底。

8）协调处理施工现场周围地下管线和邻近建筑物、构筑物（包括文物保护建筑）、古树名木的保护工作，并承担有关费用。

9）发包方应做的其他工作，双方在专用条款内约定。

发包方可以将上述部分工作委托承包方办理，具体内容由双方在专用条款内约定，其费用由发包方承担。发包方不按合同约定完成以上义务，导致工期延误或给承包方造成损失的，赔偿承包方的有关损失，延误的工期相应顺延。

3. 施工合同承包方工作

承包方按专用条款约定的内容和时间完成以下工作：

1）根据发包方的委托，在其设计资质允许的范围内，完成施工图设计或与工程配套的设计，经工程师确认后使用，发生的费用由发包方承担。

2）向工程师提供年、季、月工程进度计划及相应进度统计报表。

3）按工程需要提供和维修非夜间施工使用的照明、围栏设施，并负责安全保卫。

4）按专用条款约定的数量和要求，向发包方提供在施工现场办公和生活的房屋及设施，发生费用由发包方承担。

5）遵守有关部门对施工场地交通、施工噪声以及环境保护和安全生产等的管理规定，按管理规定办理有关手续，并以书面形式通知发包方。发包方承担由此发生的费用，因承包方责任造成的罚款除外。

6）已竣工工程未交付发包方之前，承包方按专用条款约定负责已完工程的成品保护工作，保护期间发生损坏，承包方自费予以修复。要求承包方采取特殊措施保护的单位工程的部位和相应追加的合同价款，在专用条款内约定。

7）按专用条款的约定做好施工现场地下管线和邻近建筑物、构筑物（包括文物保护建筑)、古树名木的保护工作。

8）保证施工场地清洁符合环境卫生管理的有关规定。交工前清理现场，达到专用条款约定的要求，承担因自身原因违反有关规定造成的损失和罚款。

9）承包方应做的其他工作，双方在专用条款内约定。承包方不履行上述各项义务，造成发包方损失的，应对发包方的损失给予赔偿。

4. 工程师的产生和职权

（1）工程师的产生和易人　工程师包括监理单位委派的总监理工程师和发包方指定的履行合同的负责人。

1）发包方委托监理。发包方可以委托监理单位，全部或者部分负责合同的履行。对于国家规定实行强制监理的工程施工，发包方必须委托监理；对于国家未规定实施强制监理的工程施工，发包方也可以委托监理。工程施工监理应当依照法律、行政法规及有关的技术标准、设计文件和建设工程施工合同，对承包方在施工质量、建设工期和建设资金使用等方面，代表发包方实施监督。发包方应当将委托的监理单位名称、监理内容及监理权限以书面形式通知承包方。

监理单位委托、委派的总监理工程师在施工合同中称为工程师。总监理工程师是经监理单位法定代表人授权，派驻施工现场监理组织的总负责人，行使监理合同赋予监理单位的权利和义务，全面负责受委托工程的建设监理工作。

2）发包方代表是经发包方单位法定代表人授权，派驻施工现场的负责人，其姓名、职务、职责在专用条款内约定，但职责不得与监理单位委派的总监理工程师职责相互交叉。双方职责发生交叉或不明确时，由发包方明确双方职责，并以书面形式通知承包方。

3）工程师易人。工程师易人，发包方应至少于易人前7天以书面形式通知承包方，后任继续履行合同文件约定的前任的权利和义务，不得更改前任做出的书面承诺。

（2）工程师的职责　工程师按约定履行职责。发包方对工程师行使的权力范围一般都有一定的限制。工程师的具体职责如下：

1）工程师委派具体管理人员。在施工过程中，不可能所有的监督和管理工作都由工程师亲自完成。工程师可委派具体管理人员，行使自己的部分权力和职责，并可在认为必要时撤回委派，委派和撤回均应提前7天以书面形式通知承包方，负责监理的工程师还应将委派和撤回通知发包方。

工程师代表在工程师授权范围内向承包方发出的任何书面形式的函件，与工程师发出的函件效力相同。

2）工程师发布指令通知。工程师的指令、通知由其本人签字后，以书面形式交给承包方代表，承包方代表在回执上签署姓名和收到时间后生效。确有必要时，工程师可发出口头指令，并在48h内给予书面确认，承包方对工程师的指令应予执行。工程师不能及时给予书面确认，承包方应于工程师发出口头指令后7天内提出书面确认要求。工程师在承包方提出确认要求后48h内不予答复，应被视为承包方要求已被确认。

承包方认为工程师指令不合理，应在收到指令后24h内提出书面申告，工程师在收到承包方申告后24h内做出修改指令或继续执行原指令的决定，并以书面形式通知承包方。紧急情况下，工程师要求承包方立即执行的指令或承包方虽有异议、但工程师决定仍继续执行的指令，承包方应予执行。因指令错误发生的费用和给承包方造成的损失由发包方承担，延误的工期相应顺延。

对于工程师代表在其权限范围内发出的指令和通知，视为工程师发出的指令和通知。但工程师代表发出指令失误时，工程师可以纠正。除工程师和工程师代表外，发包方驻工地的其他人员均无权向承包人发出任何指令。

3）工程师应当及时完成自己的职责。工程师应按合同约定，及时向承包方提供所需指令、批准、图样并履行其他约定的义务，否则承包方在约定时间后24h内将具体要求、需要的理由和延误的后果通知工程师，工程师收到通知后48h内不予答复，应承担延误造成的追加合同价款，并赔偿承包方有关损失，顺延延误的工期。

4）工程师做出处理决定。在合同履行中，发生影响承发包双方权利或义务的事件时，负责监理的工程师应根据合同在其职权范围内客观公正地进行处理。为保证施工正常进行，承发包双方应尊重和执行工程师的决定。承包方对工程师的处理有异议时，按照合同约定的争议处理的办法解决。

4.3 工程委托监理合同

4.3.1 委托合同的特征

委托合同是指当事人双方约定一方委托他人处理事务，他人同意为其处理事务的协议。在委托合同关系中，委托他人为自己处理事务的人称委托人，接受委托的人称受托人。

1）委托合同的标的是劳务。委托人和受托人订立委托合同的目的在于通过受托人办理委托事务来实现委托人追求的结果，因此该合同的客体是受托人处理委托事务的行为。

2）委托合同是诺成、非要式合同。委托人与受托人在订立委托合同时不仅要有委托人的委托意思的表示，而且要有受托人接受委托的承诺。也就是说，委托合同的成立必须以受托人的承诺为条件，其承诺与否决定着委托合同是否成立。委托合同自承诺之时起生效，无需以履行合同的行为或者物的交换作为委托合同的成立的条件。

3）委托合同是双务合同。委托合同经要约承诺后成立，无论合同是否有偿，委托人与受托人都要承担相应的义务。对委托人来说，委托人有向受托人预付处理委托事务费用的义务。当委托合同为有偿合同时还要支付受托人报酬的义务。对受托人来说，受托人有向委托人报告委托事务、亲自处理委托事务、转交委托事务所得财产等义务。

4）委托合同可以是有偿的，也可以是无偿的。一般说来，委托他人办理赢利性事务，以有偿为宜；而委托他人办理非赢利性事务，以无偿为宜。商事委托应为有偿，普通民事委托则可无偿。合同是否有偿，依法律的规定或双方当事人的约定。

4.3.2　工程委托监理合同应具备的条款结构

监理合同是委托任务履行过程中当事人双方的行为准则，因此内容应全面、用词要严谨。合同条款的组成结构包括：

1）合同内所涉及的词语定义和遵循的法规。

2）监理人的义务。

3）委托人的义务。

4）监理人的权利。

5）委托人的权利。

6）监理人的责任。

7）委托人的责任。

8）合同生效、变更与终止。

9）监理报酬。

10）争议的解决。

11）其他。

4.3.3　委托监理合同双方的权利和义务

1. 委托人的权利

1）委托人有选定工程总承包人，以及与其订立合同的权利。

2）委托人有对工程规模、设计标准、规划设计、生产工艺设计和设计使用功能要求的认定权，以及对工程设计变更的审批权。

3）监理人调换总监理工程师需事先经委托人同意。

4）委托人有权要求监理人提供监理月报及监理业务范围内的专项报告。

5）当委托人发现监理人员不按监理合同履行监理职责，或与承包人串通给委托人或工程造成损失的，委托人有权要求监理人更换监理人员，直到解除合同并要求监理人承担相应的赔偿责任或连带赔偿责任。

2. 委托人的义务

1）委托人在监理人开展监理业务之前应向监理人支付预付款。

2）委托人应当负责工程建设的所有外部关系的协调，为监理工作提供外部条件。如将部分或全部协调工作委托监理人承担，则应在专用条款中明确委托的工作和相应的报酬。

3）委托人应当在双方约定的时间内免费向监理人提供与工程有关的为监理工作所需要的工程资料。

4）委托人应当在专用条款约定的时间内，就监理人书面提交并要求做出决定的一切事宜做出书面决定。

5）委托人应当授权一名熟悉工程情况、能在规定时间内做出决定的常驻代表（在专用条款中约定），负责与监理人联系。更换常驻代表，要提前通知监理人。

6）委托人应当将授予监理人的监理权利，以及监理人主要成员的职能分工、监理权限，及时书面通知已选定的合同承包人，并在与第三人签订的合同中予以明确。

7）委托人应当在不影响监理人开展监理工作的时间内提供如下资料：

① 与本工程合作的原材料、购配件、设备等生产厂家名录。

② 提供与本工程有关的协作单位、配合单位的名录。

8）委托人应免费向监理人提供办公用房、通信设施、监理人员工地住房及合同专用条件约定的设施。对监理人自备的设施给予合理的经济补偿（补偿金额 = 设施在工程使用时间占折旧年限的比例 × 设施原值 + 管理费）。

9）根据情况需要或双方约定，由委托人免费向监理方提供其他人员，应在监理合同专用条件中予以明确。

3. 监理人的权利

监理人在委托人委托的工程范围内，享有以下权利：

1）选择工程总承包人的建议权。

2）选择工程分包人的认可权。

3）对工程建设有关事项包括工程规模、设计标准、规划设计、生产工艺设计和使用功能要求，向委托人的建议权。

4）对工程设计中的技术问题，按照安全和优化的原则，向设计人提出建议，如果提出的建议可能会提高工程造价或延长工期，应当事先征得委托人的同意。当发现工程设计不符合国家颁布的设计工程质量标准或设计合同约定的质量标准时，监理人应当书面报告委托人并要求设计人更正。

5）审批工程施工组织设计和技术方案，按照保质量、保工期和降低成本的原则，向承包人提出建议，并向委托人提出书面报告。

6）主持工程建设有关协作单位的组织协调，重要协调事项应当事先向委托人报告。

7）征得委托人同意，监理人有权发布开工令、停工令、复工令，但应当事先向委托人报告。如在紧急情况下未能事先报告时，则应在24h内向委托人做出书面报告。

8）工程上使用的材料和施工质量的检验权。对于不符合设计要求和合同约定及国家质量标准的材料、构件、设备，有权通知承包人停止使用。对于不符合规范和质量标准的工序，分部、分项工程和不安全施工作业，有权通知承包人停工整改、返工，承包人得到监理机构复工令才能复工。

9）工程施工进度的检查、监督权，以及工程实际竣工日期提前或超过工程施工合同规定的竣工期限的签认权。

10）在工程施工合同约定的工程价格范围内，工程款支付的审核和签认权，以及工程结算的复核确认权与否决权。未经总监理工程师签字确认，委托人不支付工程款。

监理人在委托人授权下可对任何承包人合同规定的义务提出变更。如果由此严重影响了工程费用或质量、或进度，则这种变更须经委托人事先批准。在紧急情况下未能事先报委托人批准时，监理人所作的变更也应尽快通知委托人。在监理过程中如发现工程承包人员工作不力，监理机构可要求承包人调换有关人员。

在委托的工程范围内，委托人或承包人对对方的任何意见和要求（包括索赔要求），均必须首先向监理机构提出，由监理机构研究处理意见，再同双方协商确定。当委托人和承包人发生争执时，监理机构应根据自己的职能，以独立的身份判断，公正地进行调解。当双方的争议由政府建设行政主管部门调解或仲裁机构仲裁时，应当提供作证的事实材料。

4. 监理人的义务

1）监理人按合同约定派出监理工作需要的监理机构及监理人员。向委托人报送委派的总监理工程师及其监理机构的主要成员名单、监理规划，完成监理合同专用条件中约定的监理工程范围内的监理业务。在履行合同义务期间，应按合同约定，定期向委托人报告监理工作。

2）监理人在履行本合同的义务期间，应认真勤奋地工作，为委托人提供与其水平相适应的咨询意见，公正维护各方面的合法利益。

3）监理人使用委托人提供的设施和物品属委托人的财产。在监理工作完成或中止时，应将其设施和剩余的物品按合同约定的时间和方式移交委托人。

4）在合同期内和合同终止后，未征得有关方同意，不得泄漏与本工程、本合同业务有关的保密资料。

5. 委托监理合同双方的责任

（1）监理人责任

1）监理人的责任期即委托监理合同有效期。在监理过程中，如果因工程建设进度的推迟或延误而超过书面约定的日期，双方应进一步约定相应延长的合同期。

2）监理人在责任期内，应当履行约定的义务。如果因监理人过失而造成了委托人的经济损失，应当向委托人赔偿，累计赔偿总额不应超过监理报酬总额（除去税金）。

3）监理人对承包人违反合同规定的质量和要求完工（交货、交图）时限，不承担责任。因不可抗力导致委托监理合同不能全部或部分履行，监理人不承担责任。但对违反认真工作规定引起的与之有关的事宜，应向委托人承担赔偿责任。

4）监理人向委托人提出赔偿要求不能成立时，监理人应当补偿由于该索赔所导致委托人的各种费用支出。

（2）委托人责任

1）委托人应当履行委托监理合同约定的义务，如有违反则应当承担违约责任，赔偿给监理人造成的经济损失。

2）监理人处理委托业务时，非监理人原因受到损失的，可向委托人要求补偿损失。

3）委托人如果向监理人提出赔偿的要求不能成立，则应当补偿由于该索赔所导致监理人的各种费用支出。

小 结

（1）合同的定义为：平等主体的自然人、法人、其他组织之间设立、变更、终止民事权利义务关系的协议。

(2) 合同的内容包括当事人的名称或者姓名、标的、数量、质量、价款或者报酬、履行期限地点和方式、违约责任、解决争议的方法。

(3) 合同无效是指虽经合同当事人协商订立，但因其不具备或违反了法定条件，国家法律规定不承认其效力的合同。当事人依法请求变更或撤销合同，是指合同当事人订立的合同欠缺生效条件时，一方当事人可以依照自己的意思，请求人民法院或仲裁机构做出裁定，从而使合同的内容变更或者使合同的效力归于失效的合同。当事人订立的合同被确认无效或者被撤销后，并不表明当事人的权利和义务的全部结束。

(4) 工程勘察、设计合同勘察合同义务包括发包人和承包人的义务。

(5) 监理工程师包括监理单位委派的总监理工程师和发包方指定的履行合同的负责人。监理工程师的职责包括委派具体管理人员、发布指令通知、完成自己的职责、做出处理决定。

(6) 工程委托监理合同特征是：

1) 合同的标的是劳务。

2) 委托合同是诺成、非要式合同。

3) 委托合同是双务合同。

4) 委托合同可以是有偿的，也可以是无偿的。

思考题

4-1 简述合同无效、变更或撤销合同的法律效力。

4-2 何谓工程师？工程师是如何产生的？他们具有哪些职权？

4-3 目标控制的两个前提条件是什么？请结合自己的监理实践谈谈体会。

4-4 工程委托监理合同的特征是什么？如何理解？

4-5 设计合同双方的义务有哪些？

4-6 施工承包方的工作有哪些？

4-7 试说明委托合同中双方的权利和义务。

第5章 建设工程风险管理

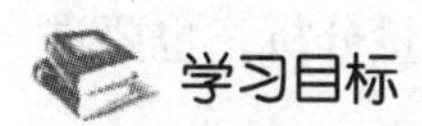

学习目标

理解风险、风险因素、风险事件、损失、损失机会的概念；了解常见的风险分类方式以及具体分类；掌握风险管理的基本过程；理解风险识别特点、应遵循的原则以及风险识别各种方法的要点；掌握风险评价的主要作用，能够简述风险损失衡量的要点；了解各种风险对策及其要点。

5.1 风险管理概述

5.1.1 风险的定义与相关概念

1. 风险的定义

风险的概念可以从经济学、保险学、风险管理等不同的角度给出不同的定义，至今尚无统一的定义。其中，为学术界和实务界较为普遍接受的有以下两种定义：

1）风险就是与出现损失有关的不确定性。

2）风险就是在给定情况下和特定时间内，可能发生的结果之间的差异（或实际结果与预期结果之间的差异）。

当然，也可以考虑把这两种定义结合起来。

由上述风险的定义可知，所谓风险要具备两方面条件：

1）不确定性。

2）产生损失后果，否则就不能称为风险。

因此，肯定发生损失后果的事件不是风险，没有损失后果的不确定性事件也不是风险。

2. 与风险相关的概念

与风险相关的概念有：风险因素、风险事件、损失、损失机会。

（1）风险因素　风险因素是指能产生或增加损失概率和损失程度的条件或因素，是风险事件发生的潜在原因，是造成损失的内在或间接原因。通常，风险因素可分为以下三种：

1）自然风险因素。该风险因素系指有形的、并能直接导致某种风险的事物，如冰雪路面、汽车发动机性能不良或制动系统故障等均可能引发车祸而导致人员伤亡。

2）道德风险因素。道德风险因素为无形的因素，与人的品德修养有关。如人的品质缺陷或欺诈行为。

3）心理风险因素。心理风险因素也是无形的因素，与人的心理状态有关。例如，投保后疏于对损失的防范，自认为身强力壮而不注意健康。

（2）风险事件　风险事件是指造成损失的偶发事件，是造成损失的外在原因或直接原因，如失火、雷电、地震、偷盗、抢劫等事件。要注意把风险事件与风险因素区别开来，例如，汽车的制动系统失灵导致车祸中人员伤亡，这里制动系统失灵是风险因素，而车祸是风险事件。

(3) 损失　损失是指非故意的、非计划的和非预期的经济价值的减少，通常以货币单位来衡量。损失一般可分为直接损失和间接损失两种，也有的将损失分为直接损失、间接损失和隐蔽损失三种。其实，在对损失后果进行分析时，对损失如何分类并不重要，重要的是要找出一切已经发生和可能发生的损失，尤其是对间接损失和隐蔽损失要进行深入分析。其中有些损失是长期起作用的，是难以在短期内弥补和扭转的，即使做不到定量分析，也要进行定性分析，以便对损失后果有一个比较全面而客观的估计。

(4) 损失机会　损失机会是指损失出现的概率。概率分为客观概率和主观概率两种。

1) 客观概率是某事件在长时期内发生的频率。客观概率的确定主要有以下三种方法：一是演绎法，例如掷硬币每一面出现的概率各为1/2，掷骰子每一面出现的概率为1/6；二是归纳法，例如60岁人比70岁人在5年内去世的概率小，木结构房屋比钢筋混凝土结构房屋失火的概率大；三是统计法，即根据过去的统计资料的分析结果所得出的概率。根据概率论的要求，采用这种方法时，需要有足够多的统计资料。

2) 主观概率是个人对某事件发生可能性的估计。主观概率的结果受到很多因素的影响，如个人的受教育程度、专业知识水平、实践经验等，还可能与年龄、性别、性格等有关。因此，如果采用主观概率，应当选择在某一特定事件方面专业知识水平较高、实践经验较为丰富的人来估计。对于工程风险的概率，在统计资料不够充分的情况下，以专家作出的主观概率代替客观概率是可行的，必要时可综合多个专家的估计结果。

对损失机会这个概念，要特别注意其与风险的区别。虽然从这两个概念的定义可以看出它们的区别，但不够直观，也难以说清两者的根本区别之所在。现举例说明：在过去10年内，甲、乙两市投保火险的住宅数均为10000幢，每年平均有100幢住宅发生火灾，但甲市发生火灾的住宅数变化范围为90~110幢，乙市发生火灾的住宅数变化范围为75~125幢。根据以上背景资料计算甲、乙两市火灾的损失机会和风险见表5-1。

表5-1　损失机会与风险的区别

	甲市	乙市
投保火险住宅数/幢	10000	10000
每年平均火灾数/次	100	100
变化范围/幢	90~110	75~125
损失机会	100/10000 = 1%	1%
风险	10/100 = 1/10	25/100 = 1/4

由表5-1可知，虽然甲、乙两市火灾的损失机会相同，但乙市火灾的风险大于甲市，因为乙市火灾的不确定性高于甲市。

3. 风险因素、风险事件、损失与风险之间的关系

风险因素、风险事件、损失与风险之间的关系如图5-1所示。

5.1.2　风险的分类

1. 按风险的后果分类

按风险所造成的不同后果可将风险分为纯风险和投机风险。

1) 纯风险是指只会造成损失而不会带来收益的风险。例如自然灾害一旦发生，将会导致重大损失，甚至人员伤亡；如果不发生，只是不造成损失而已，但不会带来额外的收益。

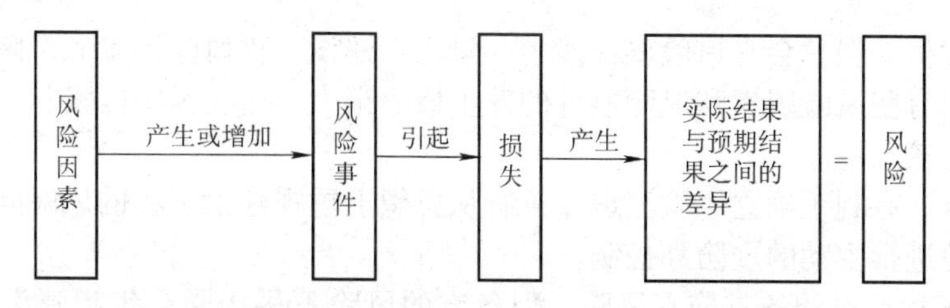

图5-1　风险因素、风险事件、损失与风险之间的关系

此外，政治、社会方面的风险一般也都表现为纯风险。

2）投机风险则是指既可能造成损失也可能创造额外收益的风险。例如，一项重大投资活动可能因决策错误或因遇到不测事件而使投资者蒙受灾难性的损失；但如果决策正确，经营有方或赶上大好机遇，则有可能给投资人带来巨额利润。投机风险具有极大的诱惑力，人们常常注意其有利可图的一面，而忽视其带来厄运的可能。

纯风险和投机风险两者往往同时存在。例如，房产所有人就同时面临纯风险（如财产损坏）和投机风险（如经济形势变化所引起的房产价值的升降）。

纯风险与投机风险还有一个重要区别：在相同的条件下，纯风险重复出现的概率较大；表现出某种规律性，因而人们可能较成功地预测其发生的概率，从而相对容易采取防范措施；而投机风险其重复出现的概率较小，因而预测的准确性相对较差，也就较难防范。

2. 按风险产生的原因分类

按风险产生的不同原因可将风险分为政治风险、社会风险、经济风险、自然风险、技术风险等。其中，经济风险的界定可能会有一定的差异，例如，有的学者将金融风险作为独立的一类风险来考虑。另外，需要注意的是，除了自然风险和技术风险是相对独立的之外，政治风险、社会风险和经济风险之间存在一定的联系，有时表现为相互影响，有时表现为因果关系，难以截然分开。

3. 按风险的影响范围分类

按风险的影响范围大小可将风险分为基本风险和特殊风险。

1）基本风险是指作用于整个经济或大多数人群的风险，具有普遍性，如战争、自然灾害、高通胀率等。显然，基本风险的影响范围大，其后果严重。

2）特殊风险是指仅作用于某一特定单体（如个人或企业）的风险，不具有普遍性，例如房屋失火等。特殊风险的影响范围小，虽然就个体而言，其损失有时亦相当大，但相对于整个经济而言，其后果不严重。

当然，风险还可以按照其他方式分类。例如，按风险分析依据可将风险分为客观风险和主观风险；按风险分布情况可将风险分为国别（地区）风险；行业风险；按风险潜在损失形态可将风险分为财产风险、人身风险和责任风险等。

5.1.3　建设工程风险与风险管理

1. 建设工程风险

对建设工程风险的认识，要明确两个基本点：

（1）建设工程风险大　建设工程建设周期持续时间长，因此所涉及的风险因素多。对建设工程的风险因素，最常用的是按风险产生的原因进行分类，即将建设工程的风险因素分为政治、社会、经济、自然、技术等因素。这些风险因素都会不同程度地作用于建设工程，产生错综复杂的影响。同时，每一种风险因素又都会产生许多不同的风险事件。这些风险事件虽然不会都发生，但总会有风险事件发生。总之，建设工程风险因素和风险事件发生的概率均较大，其中有些风险因素和风险事件的发生概率很大。这些风险因素和风险事件一旦发生，往往造成比较严重的损失后果。

明确这一点，有利于确立风险意识。只有从思想上重视建设工程的风险问题，才有可能对建设工程风险进行主动的预防和控制。

（2）参与工程建设的各方均有风险，但各方的风险不尽相同　工程建设各方所遇到的风险事件有较大的差异，即使是同一风险事件，对建设工程不同参与方的后果有时截然不同。例如，同样是通货膨胀风险事件，在可调价格合同条件下，对业主来说是相当大的风险，而对承包商来说则风险很小（其风险主要表现在调价公式是否合理）；但是，在固定总价合同条件下，对业主来说就不是风险，而对承包商来说是相当大的风险（其风险大小还与承包商在报价中所考虑的风险费或不可预见费的数额或比例有关）。

明确这一点，有利于准确把握建设工程风险。在对建设工程风险作具体分析时，首先要明确出发点，即从哪一方的角度进行分析。分析的出发点不同，分析的结果自然也就不同。本章以下关于建设工程风险的内容，主要是从业主的角度进行阐述的。还需指出，对于业主来说，建设工程决策阶段的风险主要表现为投机风险，而在实施阶段的风险主要表现为纯风险。本章仅考虑业主在建设工程实施阶段的风险以及相应的风险管理问题。

2. 风险管理过程

风险管理就是一个识别、确定和度量风险，并制定、选择和实施风险处理方案的过程。建设工程风险管理在这一点上并无特殊性。风险管理应是一个系统的、完整的过程，一般也是一个循环过程。风险管理过程包括风险识别、风险评价、风险对策决策、实施决策、检查五方面内容。

（1）风险识别　风险识别是风险管理中的首要步骤，是指通过一定的方式，系统而全面地识别出影响建设工程目标实现的风险事件并加以适当归类的过程。必要时，还需对风险事件的后果做出定性的估计。

（2）风险评价　风险评价是将建设工程风险事件的发生可能性和损失后果进行定量化的过程。这个过程在系统地识别建设工程风险与合理地做出风险对策决策之间起着重要的桥梁作用。风险评价的结果主要在于确定各种风险事件发生的概率及其对建设工程目标影响的严重程度，如投资增加的数额、工期延误的天数等。

（3）风险对策决策　风险对策决策是确定建设工程风险事件最佳对策组合的过程。一般来说，风险管理中所运用的对策有以下四种：风险回避、损失控制、风险自留和风险转移。这些风险对策的适用对象各不相同，需要根据风险评价的结果，对不同的风险事件选择最适宜的风险对策，从而形成最佳的风险对策组合。

（4）实施决策　对风险对策所做出的决策还需要进一步落实到具体的计划和措施，例如，制订预防计划、灾难计划、应急计划等；又如，在决定购买工程保险时，要选择保险公司，确定恰当的保险范围、免赔额、保险费等。这些都是实施风险对策决策的重要内容。

（5）检查　在建设工程实施过程中，要对各项风险对策的执行情况不断地进行检查，并评价各项风险对策的执行效果；在工程实施条件发生变化时，要确定是否需要提出不同的风险处理方案。除此之外，还需要检查是否有被遗漏的工程风险或者发现新的工程风险，也就是进入新一轮的风险识别，开始新一轮的风险管理过程。

3. 风险管理的目标

风险管理是一项有目的的管理活动，只有目标明确，才能起到有效的作用。否则，风险管理就会流于形式，没有实际意义，也无法评价其效果。

风险管理目标的确定一般要满足以下几个基本要求：

1）风险管理目标与风险管理主体（如企业或建设工程的业主）总体目标的一致性。

2）目标的现实性，即确定目标要充分考虑其实现的客观可能性。

3）目标的明确性，以便于正确选择和实施各种方案，并对其效果进行客观的评价。

4）目标的层次性，从总体目标出发，根据目标的重要程度，区分风险管理目标的主次，以利于提高风险管理的综合效果。

风险管理的具体目标还需要与风险事件的发生联系起来。就建设工程而言，在风险事件发生前，风险管理的首要目标是使潜在损失最小，这一目标要通过最佳的风险对策组合来实现。其次，是减少忧虑及相应的忧虑价值。忧虑价值是比较难以定量化的，但由于对风险的忧虑，会分散和耗用建设工程决策者的精力和时间。再次，是满足外部的附加义务，例如，政府明令禁止的某些行为、法律规定的强制性保险等。在风险事件发生后，风险管理的首要目标是使实际损失减少到最低程度。要实现这一目标，不仅取决于风险对策的最佳组合，而且取决于具体的风险对策计划和措施。其次，是保证建设工程实施的正常进行，按原定计划建成工程。同时，在必要时还要承担社会责任。

从风险管理目标与风险管理主体总体目标一致性的角度，建设工程风险管理的目标通常更具体地表述为：

1）实际投资不超过计划投资。

2）实际工期不超过计划工期。

3）实际质量满足预期的质量要求。

4）建设过程安全。

因此，从风险管理目标的角度分析，建设工程风险可分为投资风险、进度风险、质量风险和安全风险。

4. 建设工程项目管理与风险管理的关系

风险管理是项目管理理论体系的一个部分。但是，在项目管理理论体系中，风险管理并不是与投资控制、进度控制、质量控制、合同管理、信息管理、组织协调并列的一个独立的部分，而是将以上六方面与风险有关的内容综合而成的一个独立的部分。

建设工程项目管理的目标即目标控制的目标，与风险管理的目标是一致的。从某种意义上讲，可以认为风险管理是为目标控制服务的。

建设工程目标规划和计划都是着眼于未来，而未来充满着不确定因素，即充满着风险因素和风险事件。通过风险管理的一系列过程，可以定量分析和评价各种风险因素和风险事件对建设工程预期目标和计划的影响，从而使目标规划更合理，使计划更可行。因此，对于大型、复杂的建设工程，如果不从早期开始就进行风险管理，则很难保证其目标规划的合理性和计划的可行性。

风险对策都是为风险管理目标服务的，也就是为目标控制服务的。从这个角度看，风险对策是目标控制措施的重要内容。风险对策的具体内容体现了主动控制与被动控制相结合的要求，而且相对于一般的目标控制措施而言，风险对策更强调主动控制，这不仅表现在预防计划和措施，还表现在预先准备好、但等到风险事件发生才及时采取的应对措施。因此，如果不从风险管理的角度选择适当的风险对策，目标控制的效果就将大大降低。

5.2 建设工程风险识别

5.2.1 风险识别的特点和原则

1. 风险识别的特点

风险识别有以下几个特点：

（1）个别性 任何风险都有与其他风险不同之处，没有两个风险是完全一致的。不同类型建设工程的风险不同，而同一建设工程也因其实际情况而不同（如建造地点不同等），其风险也不同；即使是建造地点确定的建设工程，如果由不同的承包商承建，其风险也不同。因此，虽然不同建设工程风险有不少共同之处，但一定存在不同之处，在风险识别时尤其要注意这些不同之处，突出风险识别的个别性。

（2）主观性 风险识别都是由人来完成的，由于个人的专业知识水平（包括风险管理方面的知识）、实践经验等方面的差异，同一风险由不同的人识别的结果就会有较大的差异。风险本身是客观存在，但风险识别是主观行为。在风险识别时，要尽可能减少主观性对风险识别结果的影响。要做到这一点，关键在于提高风险识别的水平。

（3）复杂性 建设工程所涉及的风险因素和风险事件均很多，而且关系复杂、相互影响，这给风险识别带来很强的复杂性。因此，建设工程风险识别对风险管理人员要求很高，并且需要准确、详细的依据，尤其是定量的资料和数据。

（4）不确定性 这一特点可以说是主观性和复杂性的结果。在实践中，可能因为风险识别的结果与实际不符而造成损失，这往往是由于风险识别结论错误导致风险对策决策错误而造成的。由风险的定义可知，风险识别本身也是风险。因而避免和减少风险识别的风险也是风险管理的内容。

2. 风险识别的原则

在风险识别过程中应遵循以下原则：

（1）由粗及细，再由细及粗 由粗及细是指对风险因素进行全面分析，并通过多种途径对工程风险进行分解，逐渐细化，以获得对工程风险的广泛认识，从而得到工程初始风险清单。而由细及粗是指从工程初始风险清单的众多风险中，根据同类建设工程的经验以及对拟建建设工程具体情况的分析和风险调查，确定那些对建设工程目标实现有较大影响的工程风险作为主要风险，即作为风险评价以及风险对策决策的主要对象。

（2）严格界定风险内涵并考虑风险因素之间的相关性 对各种风险的内涵要严格加以界定，不要出现重复和交叉现象。另外，还要尽可能考虑各种风险因素之间的相关性，如主次关系、因果关系、互斥关系、正相关关系、负相关关系等。应当说，在风险识别阶段考虑风险因素之间的相关性有一定的难度，但至少要做到严格界定风险内涵。

（3）先怀疑，后排除 对于所遇到的问题都要考虑其是否存在不确定性，不要轻易否定或排除某些风险，要通过认真的分析进行确认或排除。

（4）排除与确认并重 对于肯定可以排除和肯定可以确认的风险应尽早予以排除和确认。对于一时既不能排除又不能确认的风险要作进一步的分析来排除或确认。最后，对于肯定不能排除但又不能肯定予以确认的风险按确认考虑。

（5）必要时，可作试验论证 对于某些按常规方式难以判定其是否存在，也难以确定其对建设工程目标影响程度的风险，尤其是技术方面的风险，必要时可作试验论证，如抗震试验、风洞试验等。这样做的结论可靠，但要以付出费用为代价。

3. 风险识别的过程

建设工程自身及其外部环境的复杂性，给人们全面地、系统地识别工程风险带来了许多具体的困难，同时也要求明确建设工程风险识别的过程。

由于建设工程风险识别的方法与风险管理理论中提出的一般的风险识别方法有所不同，因而其风险识别的过程也有所不同。建设工程的风险识别往往是通过对经验数据的分析、风险调查、专家咨询以及实验论证等方式，在对建设工程风险进行多维分解的过程中，认识工程风险，建立工程风险清单。

建设工程风险识别的过程如图 5-2 所示。由图 5-2 可知，风险识别的结果是建立建设工程风险清单。在建设工程风险识别过程中，核心工作是“建设工程风险分解”和“识别建设工程风险因素、风险事件及后果”。

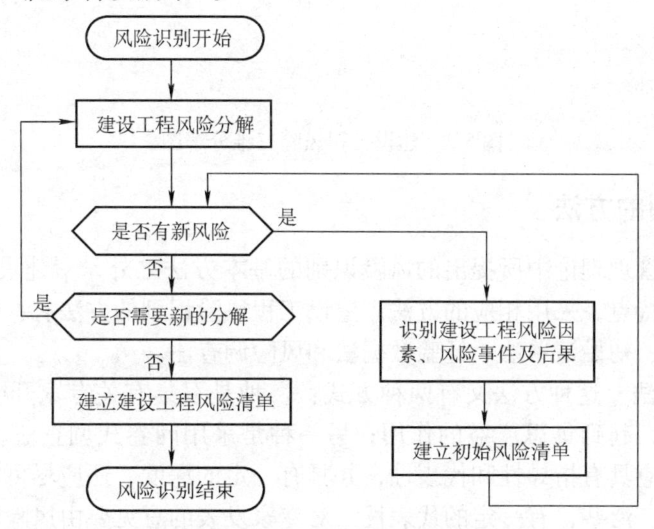

图 5-2　建设工程风险识别过程

4. 建设工程风险的分解

建设工程风险的分解是根据工程风险的相互关系将其分解成若干个子系统，其分解的程度要足以使人们较容易地识别出建设工程的风险，使风险识别具有较好的准确性、完整性和系统性。

根据建设工程的特点，建设工程风险的分解可以按以下途径进行：

1）目标维：即按建设工程目标进行分解，也就是考虑影响建设工程投资、进度、质量和安全目标实现的各种风险。

2）时间维：即按建设工程实施的各个阶段进行分解，也就是考虑建设工程实施不同阶段的不同风险。

3）结构维：即按建设工程组成内容进行分解，也就是考虑不同单项工程、单位工程的不同风险。

4）因素维：即按建设工程风险因素的分类分解，如政治、社会、经济、自然、技术等方面的风险。

在风险分析过程中，有时并不仅仅是采用一种方法就能达到目的的，而需要几种方法组合。例如，常用的组合分解方式是由时间维、目标维和因素维三方面从总体上进行建设工程风险的分解，如图 5-3 所示。

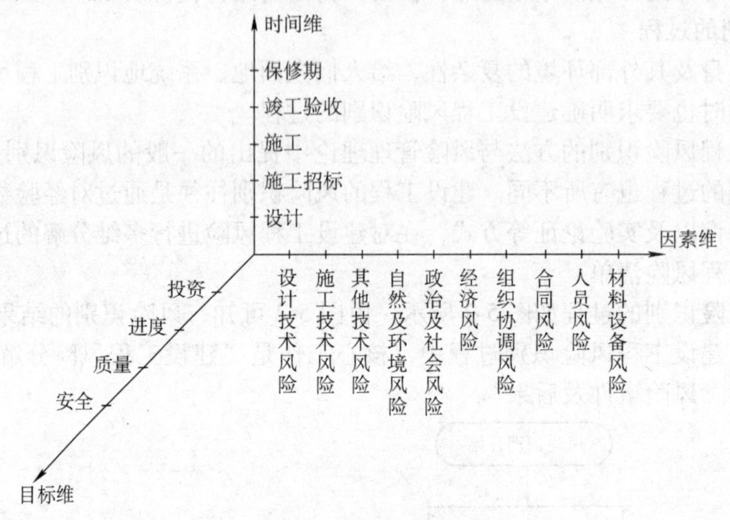

图 5-3　建设工程风险三维分解图

5.2.2　风险识别的方法

除了采用风险管理理论中所提出的风险识别的基本方法之外，对建设工程风险的识别，还可以根据其自身特点，采用相应的方法。建设工程风险识别的方法有：专家调查法、财务报表法、流程图法、初始清单法、经验数据法和风险调查法。

（1）专家调查法　这种方法又有两种方式：一种是召集有关专家开会，让专家各抒己见，充分发表意见，起到集思广益的作用；另一种是采用问卷式调查法。采用专家调查法时，所提出的问题应具有指导性和代表性，并具有一定的深度，还应尽可能具体些。专家所涉及的面应尽可能广泛些，有一定的代表性。对专家发表的意见要由风险管理人员加以归纳分类、整理分析，有时可能要排除个别专家的个别意见。

（2）财务报表法　财务报表有助于确定一个特定企业或特定的建设工程可能遭受哪些损失以及在何种情况下遭受这些损失。通过分析资产负债表、现金流量表、营业报表及有关补充资料，可以识别企业当前的所有资产、责任及人身损失风险。将这些报表与财务预测、预算结合起来，可以发现企业或建设工程未来的风险。

采用财务报表法进行风险识别，要对财务报表中所列的各项会计科目作深入的分析和研究，并提出分析研究报告，以确定可能产生的损失，还应通过一些实地调查以及其他信息资料来补充财务记录。由于工程财务报表与企业财务报表不尽相同，因而需要结合工程财务报表的特点来识别建设工程风险。

（3）流程图法　将一项特定的生产或经营活动按步骤或阶段顺序以若干个模块形式组成一个流程图系列，在每个模块中都标出各种潜在的风险因素或风险事件，从而给决策者一个清晰的总体印象。一般来说，对流程图中各步骤或阶段的划分比较容易，关键在于找出各步骤或各阶段不同的风险因素或风险事件。

这种方法实际上是将图 5-3 中的时间维与因素维相结合。由于建设工程实施的各个阶段是确定的，因而关键在于对各阶段风险因素或风险事件的识别。

由于流程图的篇幅限制，采用这种方法所得到的风险识别结果较粗。

（4）初始清单法 如果对每一个建设工程风险的识别都从头做起，至少有以下三方面缺陷：

1）耗费时间和精力多，风险识别工作的效率低。

2）由于风险识别的主观性，可能导致风险识别的随意性，其结果缺乏规范性。

3）风险识别成果资料不便积累，对今后的风险识别工作缺乏指导作用。

因此，为了避免以上缺陷，有必要建立初始风险清单。建立建设工程的初始风险清单有两种途径：

1）常规途径是采用保险公司或风险管理学会（或协会）公布的潜在损失一览表，即任何企业或工程都可能发生的所有损失一览表。以此为基础，风险管理人员再结合本企业或某项工程所面临的潜在损失对一览表中的损失予以具体化，从而建立特定工程的风险一览表。我国至今尚没有这类一览表，即使在发达国家，一般也都是对企业风险公布潜在损失一览表，对建设工程风险则没有这类一览表。因此，这种潜在损失一览表对建设工程风险的识别作用不大。

2）通过适当的风险分解方式来识别风险是建立建设工程初始风险清单的有效途径。对于大型、复杂的建设工程，首先将其按单项工程、单位工程分解，再对各单项工程、单位工程分别从时间维、目标维和因素维进行分解，可以较容易地识别出建设工程主要的、常见的风险。从初始风险清单的作用来看，因素维仅分解到各种不同的风险因素是不够的，还应进一步将各风险因素分解到风险事件。表5-2为建设工程初始风险清单示例。

表5-2 建设工程初始风险清单

风险因素		典型风险事件
技术风险	设计	设计内容不全，设计有缺陷、错误和遗漏，应用规范不恰当，未考虑地质条件，未考虑施工可能性等
	施工	施工工艺落后，施工技术和方案不合理，施工安全措施不当，应用新技术新方案失败，未考虑场地情况等
	其他	工艺设计未达到先进性指标，工艺流程不合理，未考虑操作安全性等
非技术风险	自然与环境	洪水、地震、火灾、台风、雷电等不可抗拒的自然力，不明的水文气象条件，复杂的工程地质条件，恶劣的气候，施工对环境的影响等
	政治法律	法律及规章的变化，战争和骚乱、罢工、经济制裁或禁运等
	经济	通货膨胀或紧缩，汇率变动，市场动荡，社会各种摊派和征费的变化，资金不到位，资金短缺等
	组织协调	业主和上级主管部门的协调，业主和设计方、施工方以及监理方的协调，业主内部的组织协调等
	合同	合同条款有遗漏、表达有误，合同类型选择不当，承发包模式选择不当，索赔管理不力，合同纠纷等
	人员	业主人员、设计人员、监理人员、一般工人、技术员、管理人员的素质（能力、效率、责任心、品德）不高
	材料设备	原材料、半成品、成品或设备供货不足或拖延，数量差错或质量规格问题，特殊材料和新材料的使用问题，过度损耗和浪费，施工设备供应不足、类型不配套、故障、安装失误、选型不当等

初始风险清单只是为了便于人们较全面地认识风险的存在，而不至于遗漏重要的工程风险，但并不是风险识别的最终结论。在初始风险清单建立后，还需要结合特定建设工程的具体情况进一步识别风险，从而对初始风险清单作一些必要的补充和修正。为此，需要参照同

类建设工程风险的经验数据（若无现成的资料，则要多方收集）或针对具体建设工程的特点进行风险调查。

(5) 经验数据法　经验数据法也称为统计资料法，即根据已建各类建设工程与风险有关的统计资料来识别拟建建设工程的风险。不同的风险管理主体都应有自己关于建设工程风险的经验数据或统计资料。在工程建设领域，可能有工程风险经验数据或统计资料的风险管理主体包括咨询公司（含设计单位）、承包商以及长期有工程项目的业主（如房地产开发商）。由于这些不同的风险管理主体的角度不同、数据或资料来源不同，其各自的初始风险清单一般多少有些差异。但是，建设工程风险本身是客观事实，有客观的规律性，当经验数据或统计资料足够多时，这种差异性就会大大地减小。而且，风险识别只是对建设工程风险的初步认识，还是一种定性分析，因此，这种基于经验数据或统计资料的初始风险清单可以满足对建设工程风险识别的需要。

例如，根据建设工程的经验数据或统计资料可以得知，减少投资风险的关键在设计阶段，尤其是初步设计以前的阶段。因此，方案设计和初步设计阶段的投资风险应当作为重点进行详细的风险分析；设计阶段和施工阶段的质量风险最大，需要对这两个阶段的质量风险作进一步的分析；施工阶段存在较大的进度风险，需要作重点分析。由于施工活动是由一个个分部分项工程按一定的逻辑关系组织实施的，因此，进一步分析各分部分项工程对施工进度或工期的影响，更有利于风险管理人员识别建设工程进度风险。图 5-4 是某风险管理主体根据房屋建筑工程各主要分部分项工程对工期影响的统计资料绘制的。

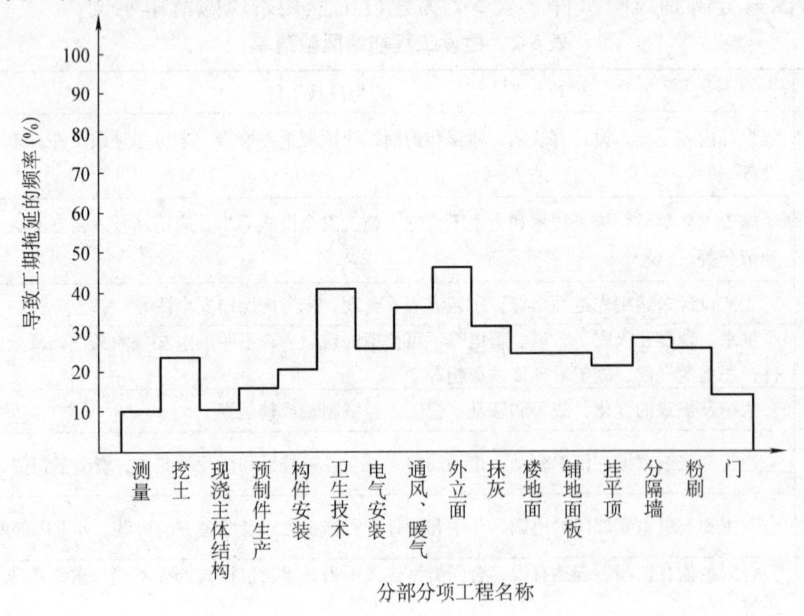

图 5-4　各主要分部分项工程对工期的影响

(6) 风险调查法　由风险识别的个别性可知，两个不同的建设工程不可能有完全一致的工程风险。因此，在建设工程风险识别的过程中，花费人力、物力、财力进行风险调查是必不可少的，这既是一项非常重要的工作，也是建设工程风险识别的重要方法。

风险调查应当从分析具体建设工程的特点入手：一方面对通过其他方法已识别出的风险（如初始风险清单所列出的风险）进行鉴别和确认；另一方面，通过风险调查有可能发现此前尚未识别出的重要的工程风险。

通常，风险调查可以从组织、技术、自然及环境、经济、合同等方面分析拟建建设工程的特点以及相应的潜在风险。

风险调查并不是一次性的。由于风险管理是一个系统的、完整的循环过程，因而风险调查也应该在建设工程实施全过程中不断地进行，这样才能了解不断变化的条件对工程风险状态的影响。当然，随着工程实施的进展，不确定性因素越来越少，风险调查的内容亦将相应减少，风险调查的重点有可能不同。

对于建设工程的风险识别来说，仅仅采用一种风险识别方法是远远不够的，一般都应综合采用两种或多种风险识别方法，才能取得较为满意的结果。而且，不论采用何种风险识别方法组合，都必须包含风险调查法。从某种意义上讲，前五种风险识别方法的主要作用在于建立初始风险清单，而风险调查法的作用则在于建立最终的风险清单。

5.3　建设工程风险评价

系统而全面地识别建设工程风险只是风险管理的第一步，对认识到的工程风险还要作进一步的分析，也就是风险评价。风险评价可以采用定性和定量两大类方法。定性风险评价方法有专家打分法、层次分析法等，其作用在于区分出不同风险的相对严重程度以及根据预先确定的可接受的风险水平（也称“风险度”）做出相应的决策。由于从方法上讲，专家打分法和层次分析法有广泛的适用性，但并不是风险评价专用的，所以本节不予介绍。从广义上讲，定量风险评价方法也有许多种，如敏感性分析、盈亏平衡分析、决策树、随机网络等，但是，这些方法大多有较为确定的适用范围，如敏感性分析用于项目财务评价，随机网络用于进度计划，且与本章风险管理的有关内容联系不密切，所以本节也不予介绍。本节将以风险量函数理论为出发点，说明如何定量评价建设工程风险。

5.3.1　风险评价的作用

通过定量方法进行风险评价的作用主要表现在：

1. 更准确地认识风险

风险识别的作用仅仅在于找出建设工程所可能面临的风险因素和风险事件，其对风险的认识还是相当肤浅的。通过定量方法进行风险评价，可以定量地确定建设工程各种风险因素和风险事件发生的概率大小或概率分布，及其发生后对建设工程目标影响的严重程度或损失严重程度。其中，损失严重程度又可以从两个不同的方面来反映：一方面是不同风险的相对严重程度，据此可以区分主要风险和次要风险；另一方面是各种风险的绝对严重程度，据此可以了解各种风险所造成的损失后果。

2. 保证目标规划的合理性和计划的可行性

在第3章关于建设工程目标规划的内容中，主要是突出了建设工程数据库在施工图设计完成之前对目标规划的作用及其运用。建设工程数据库中的数据都是历史数据，是包含了各种风险作用于建设工程实施全过程的实际结果。但是，建设工程数据库中通常没有具体反映工程风险的信息，只有关于重大工程风险的简单说明。也就是说，建设工程数据库只能反映各种风险综合作用的后果，而不能反映各种风险各自作用的后果。由于建设工程风险的个别性，只有对特定建设工程的风险进行定量评价，才能正确反映各种风险对建设工程目标的不同影响，才能使目标规划的结果更合理、更可靠，使在此基础上制定的计划具有现实的可行性。

3. 合理选择风险对策，形成最佳风险对策组合

如前所述，不同风险对策的适用对象各不相同。风险对策的适用性需从效果和代价两个方面考虑。风险对策的效果表现在降低风险发生概率和（或）降低损失严重程度的幅度，有些风险对策（如损失控制）在这一点上较难准确地量度。风险对策一般都要付出一定的代价，如采取损失控制时的措施费，投保工程险时的保险费等，这些代价一般都可准确地量度；而定量风险评价的结果是各种风险的发生概率及其损失严重程度。因此，在选择风险对策时，应将不同风险对策的适用性与不同风险的后果结合起来考虑，对不同的风险选择最适宜的风险对策，从而形成最佳的风险对策组合。

5.3.2 风险量函数

在定量评价建设工程风险时，首要工作是将各种风险的发生概率及其潜在损失定量化，这一工作也称为风险衡量。因此，需要引入风险量的概念。所谓风险量，是指各种风险的量化结果，其数值大小取决于各种风险的发生概率及其潜在损失。如果以 R 表示风险量，p 表示风险发生概率，q 表示潜在损失，则 R 可以表示为 p 和 q 的函数，即

$$R = f(p,q) \tag{5-1}$$

式（5-1）反映的是风险量的基本原理，具有一定的通用性，其应用前提是能通过适当的方式建立关于 p 和 q 的连续性函数；但是，有一定的难度。在风险管理理论和方法中，多数情况下是以离散形式来定量表示风险的发生概率及其损失，因而风险量 R 相应地表示为

$$R = \sum p_i q_i \tag{5-2}$$

式中，$i=1, 2, \cdots, n$，表示风险事件的数量。

与风险量有关的另一个概念是等风险量曲线，就是由风险量相同的风险事件所形成的曲线，如图 5-5 所示。在图 5-5 中，R_1、R_2、R_3 为三条不同的等风险量曲线。不同等风险量曲线所表示的风险量大小与其与风险坐标原点的距离成正比，即距原点越近，风险量越小；反之，则风险量越大。因此，$R_1 < R_2 < R_3$。

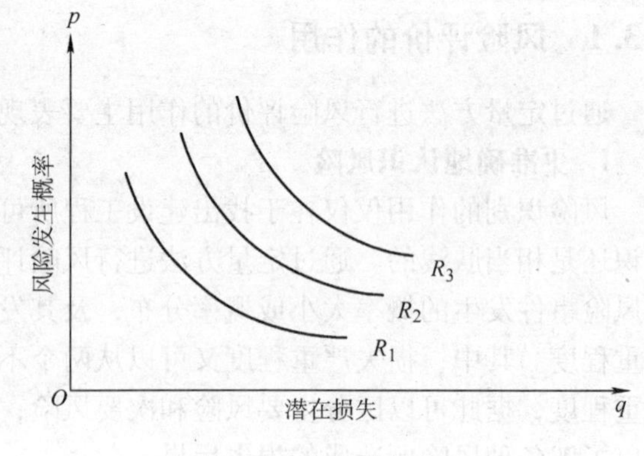

图 5-5 等风险量曲线

5.3.3 风险损失的衡量

风险损失的衡量就是定量确定风险损失值的大小。建设工程风险损失包括以下几方面：

1. 投资风险

投资风险导致的损失可以直接用货币形式来表现，即法规、价格、汇率和利率等的变化或资金使用安排不当等风险事件引起的实际投资超出计划投资的数额。

2. 进度风险

进度风险导致的损失由以下部分组成：

1）货币的时间价值。进度风险的发生可能会对现金流动造成影响，在利率的作用下，引起经济损失。

2）为赶上计划进度所需的额外费用。包括加班的人工费、机械使用费和管理费等一切因追赶进度所发生的非计划费用。

3）延期投入使用的收入损失。这方面损失的计算相当复杂，不仅仅是延误期间内的收入损失，还可能由于产品投入市场过迟而失去商机，从而大大降低市场份额，因而这方面的损失有时是相当巨大的。

3. 质量风险

质量风险导致的损失包括事故引起的直接经济损失，以及修复和补救等措施发生的费用以及第三者责任损失等，可分为以下几个方面：

1）建筑物、构筑物或其他结构倒塌所造成的直接经济损失。

2）复位纠偏、加固补强等补救措施和返工的费用。

3）造成的工期延误的损失。

4）永久性缺陷对于建设工程使用造成的损失。

5）第三者责任的损失。

4. 安全风险

安全风险导致的损失包括：

1）受伤人员的医疗费用和补偿费。

2）财产损失，包括材料、设备等财产的损毁或被盗。

3）因引起工期延误带来的损失。

4）为恢复建设工程正常实施所发生的费用。

5）第三者责任损失。

在此，第三者责任损失为建设工程实施期间，因意外事故可能导致的第三者的人身伤亡和财产损失所作的经济赔偿以及必须承担的法律责任。

由以上四方面风险的内容可知，投资增加可以直接用货币来衡量；进度的拖延则属于时间范畴，同时也会导致经济损失；而质量事故和安全事故既会产生经济影响又可能导致工期延误和第三者责任，因此显得更加的复杂。而第三者责任除了法律责任之外，一般都是以经济赔偿的形式来实现的。因此，这四方面的风险最终都可以归纳为经济损失。

需要指出，在建设工程实施过程中，某一风险事件的发生往往会同时导致一系列损失。例如，地基的坍塌引起塔吊的倒塌，并进一步造成人员伤亡和建筑物的损坏，以及施工被迫停止等。这表明，这一地基坍塌事故影响了建设工程所有的目标——投资、进度、质量和安全，从而造成了相当大的经济损失。

5.3.4 风险概率的衡量

衡量建设工程风险概率有两种方法：相对比较法和概率分布法。一般而言，相对比较法主要是依据主观概率，而概率分布法的结果则接近于客观概率。

1. 相对比较法

相对比较法由美国风险管理专家 Richard Prouty 提出，表示如下：

1）“几乎是 0”：这种风险事件可认为不会发生。

2）“很小的”：这种风险事件虽有可能发生，但现在没有发生并且将来发生的可能性也不大。

3）“中等的”：即这种风险事件偶尔会发生，并且能预期将来有时会发生。

4）“一定的”：即这种风险事件一直在有规律地发生，并且能够预期未来也是有规律地发生。在这种情况下，可以认为风险事件发生的概率较大。

在采用相对比较法时，建设工程风险导致的损失也将相应划分成重大损失、中等损失和轻度损失，从而在风险坐标上对建设工程风险定位，反映出风险量的大小。

2. 概率分布法

概率分布法可以较为全面地衡量建设工程风险。因为通过潜在损失的概率分布，有助于确定在一定情况下哪种风险对策或对策组合最佳。

概率分布法的常见表现形式是建立概率分布表。为此，需参考外界资料和本企业历史资料。外界资料主要是保险公司、行业协会、统计部门等的资料。但是，这些资料通常反映的是平均数字，且综合了众多企业或众多建设工程的损失经历，因而在许多方面不一定与本企业或本建设工程的情况相吻合，运用时需作客观分析。本企业的历史资料虽然更有针对性，更能反映建设工程风险的个别性，但往往数量不够多，有时还缺乏连续性，不能满足概率分析的基本要求。另外，即使本企业历史资料的数量、连续性均满足要求，其反映的也只是本企业的平均水平，在运用时还应当充分考虑资料的背景和拟建工程的特点。由此可见，概率分布表中的数字可能是因工程而异的。

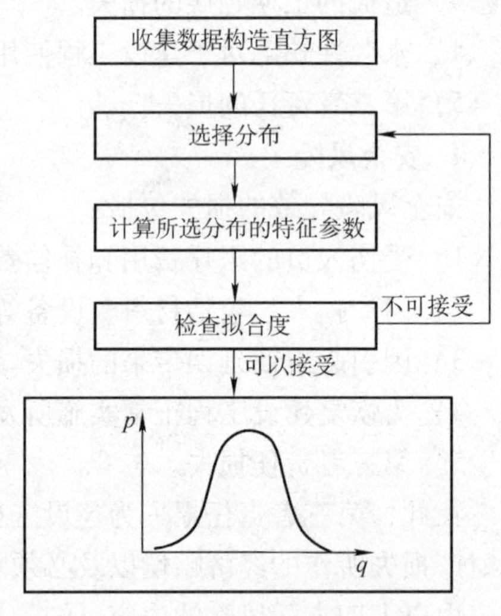

图 5-6 模拟理论概率分布过程

理论概率分布也是风险衡量中所经常采用的一种估计方法。即根据建设工程风险的性质分析大量的统计数据，当损失值符合一定的理论概率分布或与其近似吻合时，可由特定的几个参数来确定损失值的概率分布。理论概率分布的模拟过程如图 5-6 所示。

5.3.5 风险评价

在风险衡量过程中，建设工程风险被量化为关于风险发生概率和损失严重性的函数，但在选择对策之前，还需要对建设工程风险量做出相对比较，以确定建设工程风险的相对严重性。

等风险量曲线（图 5-5）指出，在风险坐标图上，离原点位置越近则风险量越小。据此，可以将风险发生概率（p）和潜在损失（q）分别分为 L（小）、M（中）、H（大）三个区间，从而将等风险量图分为 LL、ML、HL、LM、MM、HM、LH、MH、HH 九个区域。在这九个不同区域中，有些区域的风险量是大致相等的。如图 5-7 所示，可以将风险量的大小分成五个等级：①VL（很小）；②L（小）；③M（中等）；④H（大）；⑤VH（很大）。

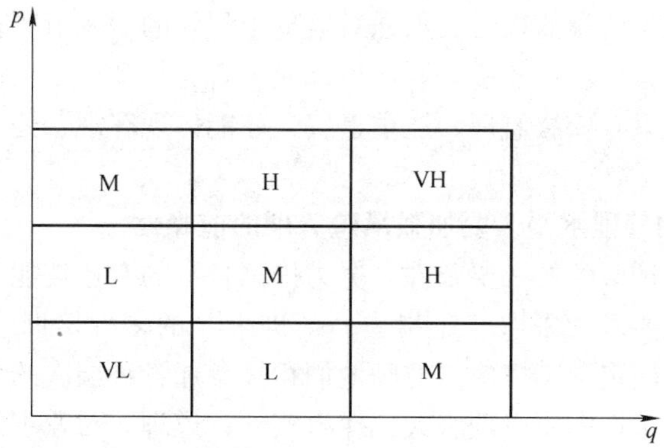

p

M	H	VH
L	M	H
VL	L	M

q

图5-7　风险等级图

5.4　建设工程风险规避策略

监理必须加强风险意识，提高对风险的警觉和防范，减少和控制责任风险。防范措施最根本的是树立一种自觉的防范观念，是一种主动意识行动。针对上述监理风险的来源，考虑从以下四个方面着手：

1. 业主、承包商引发的风险回避

只有等到监理体制十分完备之后，业主、承包商都按法规规章办事，这种风险才会自然消失。目前这类风险会使监理单位、监理人员蒙受损失，要完全回避，条件尚不具备，因此应设法降低其风险程度。监理单位、监理人员应避开业主、承包商的不良影响，始终坚持监理原则，是回避风险的最好方法。如对违章施工行为，予以口头制止，如制止无效，应向承包商发出书面停工指令并呈报业主，以规避风险。自然风险的回避，按“雇主的风险”来处理，不可抗力引发的风险应由业主承担，而业主的风险可通过参加保险的形式来回避或降低。我国也有相关的法律和保险险种维护业主、承包商的利益。

2. 加快现代企业制度建设，营造良好的企业文化氛围，提高管理水平

监理单位工作中需要注意：①从市场运行机制的需要出发，借鉴发达国家咨询企业的先进管理模式，健全机构设置，引进现代先进管理系统，建立现代企业制度，完成“脱钩”和自立，积极推广股份制改造工作，完善监理工作的各项组织结构和制度，制定工作标准程序；②做好监理队伍培养和使用工作，建立有效的激励奖惩制度，严禁吃“大锅饭”，搞平均主义，把合适的人才放到合适的位置上，明确责任，做到才职相称，人尽其才，才尽其用；必须建立价值共享，公平公正的职业道德观念和强化主人翁责任感，充分激发参与管理的积极性；③注重监理单位的形象、信誉，坚持为业主、承包商提供良好服务的宗旨，树立品牌意识，统一标识和服务，培养企业精神文化；④充分利用计算机网络管理、传递信息等科学的管理手段和工具。

3. 严格执行合同，加强职业道德约束，树立法律意识

严格执行合同是防范监理行为风险的基础。监理工程师必须树立牢固的合同意识，对自身的责任和义务要有清醒的认识，既要不折不扣地履行自身的责任和义务，又要注意在自身的职责范围内开展工作，随时随地以合同为处理问题的依据。在业主委托的范围内，正确地行使监理委托合同中赋予自身的权力。加强对监理工程师的职业道德教育，发挥监理行业协会的积极作用，健全监督机制，使遵守职业道德成为自觉行动；用法律法规维护自己的合法权利。在监理工作中，只有依法监理，注重事实，才能体现客观、公正、科学，同时才能规避风险。

4. 提高专业技能和管理水平，要加强风险管理的前瞻性

专业技能是提供监理服务的必要条件。努力提高自身的专业技能是监理工程师所从事的职业对自身提出的客观要求。采取“走出去，请进来”的多种培训形式，为在岗人员创造较多的学习深造机会，制定激励措施，鼓励他们积极参加各种层次的专业培训。监理工程师要处理好三方的关系，工作中要以理服人，摆事实、讲道理，对业主的不规范介入要进行耐心地沟通，说明利害，提出合理化建议，取得业主的支持和理解。监理工程师既要对承包商的违规施工进行制止，也要维护承包商的合法利益，做到公平合理，处理好与业主、承包商之间的关系。在监理工作开展中，要加强风险管理的前瞻性，合理分析和预测风险因素，采取主动控制的办法，正确处理风险事件。

综上所述，作为监理工程师，必须对监理风险有一个全面、清晰的认识。在监理服务中，认真负责、积极进取，谨慎工作，重视和加强工程项目的风险管理，增强监理责任的防范意识，将其纳入到工程项目管理之中。只有这样，才可能有效地避免承担监理责任。针对监理的工作特征和风险因素分析，学会灵活运用控制风险的方法和规避策略，具有十分重要的意义和价值。

5.5 建设工程风险对策

风险对策也称为风险防范手段或风险管理技术。本节将介绍风险对策的具体内容。

5.5.1 风险回避

风险回避就是以一定的方式中断风险源，使其不发生或不再发展，从而避免可能产生的潜在损失。例如，某建设工程的可行性研究报告表明，虽然从净现值、内部收益率指标看是可行的，但敏感性分析的结论是对投资额、产品价格、经营成本均很敏感，这意味着该建设工程的不确定性很大，亦即风险很大，因而决定不投资建造该建设工程。

采用风险回避这一对策时，有时需要做出一些牺牲，但这些牺牲比风险真正发生时可能造成的损失要小得多。例如，某投资人因选址不慎原决定在河谷建造某工厂，而保险公司又不愿为其承担保险责任，当投资人意识到在河谷建厂将不可避免地受到洪水威胁，且又别无防范措施时，只好决定放弃该计划。虽然在建厂准备阶段耗费了不少投资，但与其厂房建成后被洪水冲毁，不如及早改变计划，另谋理想的厂址。又如，某承包商参与某建设工程的投标，开标后发现自己的报价远远低于其他承包商的报价，经仔细分析发现，自己的报价存在严重的误算和漏算，因而拒绝与业主签订施工合同。虽然这样做将被没收投标保证金或投标保函，但比承包后严重亏损的损失要小得多。从以上分析可知，在某些情况下，风险回避是最佳对策。

在采用风险回避对策时需要注意以下问题：

1）回避一种风险可能会产生另一种新的风险。在建设工程实施过程中，绝对没有风险的情况几乎不存在。就技术风险而言，即使是相当成熟的技术也存在一定的风险。例如，在地铁工程建设中，采用明挖法施工有支撑失败、顶板坍塌等风险。如果为了回避这种风险而采用盾构法施工方案的话，又会产生地下连续墙失败等其他新的风险。

2）回避风险的同时也失去了从风险中获益的可能性。由投机风险的特征可知，它具有损失和获益的两重性。例如，在涉外工程中，由于缺乏有关外汇市场的知识和信息，为避免承担由此而带来的经济风险，决策者决定选择本国货币作为结算货币，从而也就失去了从汇率变化中获益的可能性。

3）回避风险可能不实际或不可能。这一点与建设工程风险的定义或分解有关。建设工程风险定义的范围越广或分解得越粗，回避风险就越不可能。例如，如果将建设工程的风险仅分解到风险因素这个层次，那么任何建设工程都必然会发生经济风险、自然风险和技术风险，根本无法回避。又如，从承包商的角度看，投标总是有风险的，但决不会为了回避投标风险而不参加任何建设工程的投标。建设工程的几乎每一个活动都存在大小不一的风险，过多地回避风险就等于不采取行动，而这可能是最大的风险所在。由此，可以得出结论：不可能回避所有的风险。因此，才需要其他不同的风险对策。

总之，虽然风险回避是一种必要的、有时甚至是最佳的风险对策，但这是一种消极的风险对策。如果处处回避，事事回避，其结果只能是停止发展，直至停止生存。因此，应当勇敢地面对风险，这时就需要适当地运用风险回避以外的其他风险对策。

5.5.2 损失控制

1. 损失控制的概念

损失控制是一种主动、积极的风险对策。损失控制可分为预防损失和减少损失两方面工作。预防损失措施的主要作用在于降低或消除（通常只能做到减少）损失发生的概率，而减少损失措施的作用在于降低损失的严重性或遏制损失的进一步发展，使损失最小化。一般来说，损失控制方案都应当是预防损失措施和减少损失措施的有机结合。

2. 制定损失控制措施的依据和代价

制定损失控制措施必须以定量风险评价的结果为依据，才能确保损失控制措施具有针对性，取得预期的控制效果。风险评价时特别要注意间接损失和隐蔽损失。

制定损失控制措施还必须考虑其付出的代价，包括费用和时间两方面的代价，而时间方面的代价往往还会引起费用方面的代价。损失控制措施的最终确定，需要综合考虑损失控制措施的效果及其相应的代价。由此可见，损失控制措施的选择也应当进行多方案的技术经济分析和比较。

3. 损失控制计划系统

在采用损失控制这一风险对策时，所制定的损失控制措施应当形成一个周密的、完整的损失控制计划系统。就施工阶段而言，该计划系统一般应由预防计划（也称“安全计划”）、灾难计划和应急计划三部分组成。

（1）预防计划　预防计划的目的在于有针对性地预防损失的发生，其主要作用是降低损失发生的概率，在许多情况下也能在一定程度上降低损失的严重性。在损失控制计划系统中，预防计划的内容最广泛，具体措施最多，包括组织措施、管理措施、合同措施、技术措施。

组织措施的首要任务是明确各部门和人员在损失控制方面的职责分工，以使各方人员都能为实施预防计划而有效地配合；还需要建立相应的工作制度和会议制度；必要时，还应对有关人员（尤其是现场工人）进行安全培训等。

采取管理措施，既可采取风险分隔措施，将不同的风险单位分离间隔开来，将风险局限在尽可能小的范围内，以避免在某一风险发生时，产生连锁反应或互相牵连，如在施工现场将易发生火灾的木工加工场尽可能设在远离现场办公用房的位置；也可采取风险分散措施，通过增加风险单位以减轻总体风险的压力，达到共同分摊总体风险的目的，如在涉外工程结算中采用多种货币组合的方式付款，从而分散汇率风险。

合同措施除了要保证整个建设工程总体合同结构合理、不同合同之间不出现矛盾之外，还要注意合同具体条款的严密性，并做出与特定风险相应的规定，如要求承包商提供履约保证和预付款保证等。

技术措施是在建设工程施工过程中常用的预防损失措施，如地基加固、周围建筑物防护、材料检测等。与其他几方面措施相比，技术措施的显著特征是必须付出费用和时间两方面的代价，应当慎重比较后选择。

（2）灾难计划　灾难计划是一组事先编制好的、目的明确的工作程序和具体措施。它为现场人员提供明确的行动指南，使其在各种严重的、恶性的紧急事件发生后，不至于惊慌失措，也不需要临时讨论研究应对措施，可以做到从容不迫、及时、妥善地处理，从而减少人员伤亡以及财产和经济损失。

灾难计划是针对严重风险事件制定的，其内容应满足以下要求：

1）安全撤离现场人员。

2）援救及处理伤亡人员。

3）控制事故的进一步发展，最大限度地减少资产和环境损害。

4）保证受影响区域的安全尽快恢复正常。

灾难计划在严重风险事件发生或即将发生时付诸实施。

（3）应急计划　应急计划是在风险损失基本确定后的处理计划，其宗旨是使因严重风险事件而中断的工程实施过程尽快全面恢复，并减少进一步的损失，使其影响程度减至最小。应急计划不仅要制定所要采取的相应措施，而且要规定不同工作部门相应的职责。

应急计划应包括的内容有：调整整个建设工程的施工进度计划，并要求各承包商相应调整各自的施工进度计划；调整材料、设备的采购计划，并及时与材料、设备供应商联系，必要时，可能要签订补充协议；准备保险索赔依据，确定保险索赔的额度，起草保险索赔报告；全面审查可使用的资金情况，必要时需调整筹资计划等。

三种损失控制计划之间的关系如图 5-8 所示。

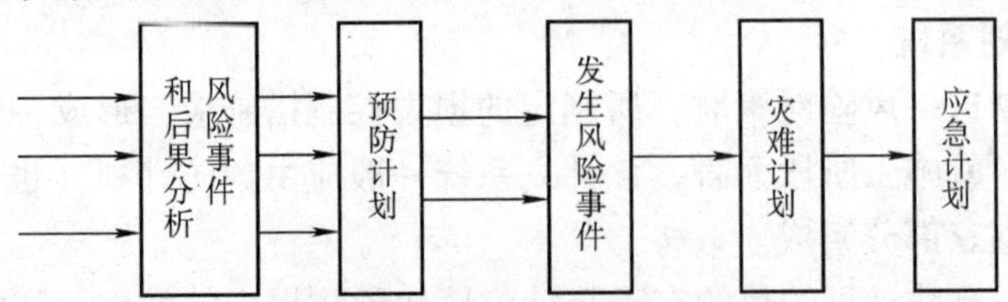

图 5-8　损失控制计划之间的关系

5.5.3 风险自留

风险自留，顾名思义就是将风险留给自己承担，是从企业内部财务的角度应对风险。风险自留与其他风险对策的根本区别在于，它不改变建设工程风险的客观性质，即既不改变工程风险的发生概率，也不改变工程风险潜在损失的严重性。

1. 风险自留的类型

风险自留可分为非计划性风险自留和计划性风险自留两种类型。

（1）非计划性风险自留　由于风险管理人员没有意识到建设工程某些风险的存在，或者不曾有意识地采取有效措施，以致风险发生后只好由自己承担。这样的风险自留就是非计划性的和被动的。导致非计划性风险自留的主要原因有：

1）缺乏风险意识。这往往是由于建设资金来源与建设工程业主的直接利益无关所造成的。这是我国过去和现在许多由政府提供建设资金的建设工程不自觉地采用非计划性风险自留的主要原因。此外，也可能是由于缺乏风险管理理论的基本知识而造成的。

2）风险识别失误。由于所采用的风险识别方法过于简单和一般化，没有针对建设工程风险的特点，或者缺乏建设工程风险的经验数据或统计资料，或者没有针对特定建设工程进行风险调查等，都可能导致风险识别失误，从而使风险管理人员未能意识到建设工程某些风险的存在，而这些风险一旦发生就成为自留风险。

3）风险评价失误。在风险识别正确的情况下，风险评价的方法不当可能导致风险评价结论错误，如仅采用定性风险评价方法。即使是采用定量风险评价方法，也可能由于风险衡量的结果出现严重误差而导致风险评价失误，结果将不该忽略的风险忽略了。

4）风险决策延误。在风险识别和风险评价均正确的情况下，可能由于迟迟没有作出相应的风险对策决策，而某些风险已经发生，使得根据风险评价结果本不会作出风险自留选择的那些风险成为自留风险。

5）风险决策实施延误。风险决策实施延误包括两种情况：一种是主观原因，即行动迟缓，对已作出的风险对策迟迟不付诸实施或实施工作进展缓慢；另一种是客观原因，某些风险对策的实施需要时间，如损失控制的技术措施需要较长时间才能完成，保险合同的谈判也需要较长时间等，而在这些风险对策实施尚未完成之前却已发生了相应的风险，成为事实上的自留风险。

事实上，对于大型、复杂的建设工程来说，风险管理人员几乎不可能识别出所有的工程风险。从这个意义上讲，非计划性风险自留有时是无可厚非的，因而也是一种适用的风险处理策略。但是，风险管理人员应当尽量减少风险识别和风险评价的失误，要及时作出风险对策决策，并及时实施决策，从而避免被迫承担重大和较大的工程风险。总之，虽然非计划性风险自留不可能不用，但应尽可能少用。

（2）计划性风险自留　计划性风险自留是主动的、有意识的、有计划的选择，是风险管理人员在经过正确的风险识别和风险评价后作出的风险对策决策，是整个建设工程风险对策计划的一个组成部分。也就是说，风险自留绝不可能单独运用，而应与其他风险对策结合使用。

在实行风险自留时，应保证重大和较大的建设工程风险已经进行了工程保险或实施了损失控制计划。计划性风险自留的计划性主要体现在风险自留水平和损失支付方式两方面。所谓风险自留水平，是指选择哪些风险事件作为风险自留的对象。

确定风险自留水平可以从风险量数值大小的角度考虑，一般应选择风险量小或较小的风险事件作为风险自留的对象。计划性风险自留还应从费用、期望损失、机会成本、服务质量和税收等方面与工程保险比较后才能得出结论。损失支付方式的含义比较明确，即在风险事件发生后，对所造成的损失通过什么方式或渠道来支付。

2. 损失支付方式

计划性风险自留应预先制定损失支付计划，常见的损失支付方式有以下几种：

（1）从现金净收入中支出　采用这种方式时，在财务上并不对自留风险作特别的安排，在损失发生后从现金净收入中支出，或将损失费用记入当期成本。实际上，非计划性风险自留通常都是采用这种方式。因此，这种方式不能体现计划性风险自留的“计划性”。

（2）建立非基金储备　这种方式是设立了一定数量的备用金，但其用途并不是专门针对自留的风险，而其他原因引起的额外费用也在其中支出，例如，本属于损失控制对策范围内的风险实际损失费用，甚至一些不属于风险管理范畴的额外费用。

（3）自我保险　这种方式是设立一项专项基金（亦称为自我基金），专门用于自留风险所造成的损失。该基金的设立不是一次性的，而是每期支出，相当于定期支付保险费，因而称为自我保险。这种方式若用于建设工程风险自留，需作适当的变通，如将自我基金（或风险费）在施工开工前一次性设立。

（4）母公司保险　这种方式只适用于存在总公司与子公司关系的集团公司，往往是在难以投保或自保较为有利的情况下运用。从子公司的角度来看，与一般的投保无异，收支较为稳定，可能得益（是否按保险处理，取决于该国的规定）；从母公司的角度，可采用适当的方式进行资金运作，使这笔基金增值，也可再以母公司的名义向保险公司投保。对于建设工程风险自留来说，这种方式可用于特大型建设工程（有众多的单项工程和单位工程），或长期有较多建设工程的业主，如房地产开发（集团）公司。

3. 风险自留的适用条件

计划性风险自留至少要符合以下条件之一才应予以考虑：

1）别无选择。有些风险既不能回避，又不可能预防，且没有转移的可能性，只能自留，这是一种无奈的选择。

2）期望损失不严重。风险管理人员对期望损失的估计低于保险公司的估计，而且根据自己多年的经验和有关资料，风险管理人员确信自己的估计正确。

3）损失可准确预测。在此，仅考虑风险的客观性。这一点实际上是要求建设工程有较多的单项工程和单位工程，满足概率分布的基本条件。

4）企业有短期内承受最大潜在损失的能力。由于风险的不确定性，可能在短期内发生最大的潜在损失，这时，即使设立了自我基金或向母公司保险，已有的专项基金仍不足以弥补损失，需要企业从现金收入中支付。如果企业没有这种能力，则可能因此摧毁企业。对于建设工程的业主来说，与此相应的是要具有短期内筹措大笔资金的能力。

5）投资机会很好（或机会成本很大）。如果市场投资前景很好，则保险费的机会成本就显得很大，不如采取风险自留，将保险费作为投资，以取得较多的投资回报。即使今后自留风险事件发生，也足以弥补其造成的损失。

6）内部服务优良。如果保险公司所能提供的多数服务完全可以由风险管理人员在内部完成，且由于他们直接参与工程的建设和管理活动，从而使服务更方便，质量在某些方面也更高，在这种情况下，风险自留是合理的选择。

5.5.4　风险转移

风险转移是建设工程风险管理中非常重要而且广泛应用的一项对策，其分为非保险转移和保险转移两种形式。

根据风险管理的基本理论，建设工程的风险应由有关各方分担，而风险分担的原则是：任何一种风险都应由最适宜承担该风险或最有能力进行损失控制的一方承担。符合这一原则的风险转移是合理的，可以取得双赢或多赢的结果。例如，项目决策风险应由业主承担，设计风险应由设计方承担，而施工技术风险应由承包商承担等。否则，风险转移就可能付出较高的代价。

1. 非保险转移

非保险转移又称为合同转移，因为这种风险转移一般是通过签订合同的方式将工程风险转移给非保险人的对方当事人。建设工程风险最常见的非保险转移有以下三种情况：

（1）业主将合同责任和风险转移给对方当事人　在这种情况下，被转移者多数是承包商。例如，在合同条款中规定，业主对场地条件不承担责任；又如，采用固定总价合同将涨价风险转移给承包商等。

（2）承包商进行合同转让或工程分包　承包商中标承接某工程后，可能由于资源安排出现困难而将合同转让给其他承包商，以避免由于自己无力按合同规定时间建成工程而遭受违约罚款；或将该工程中专业技术要求很强而自己缺乏相应技术的工程内容分包给专业分包商，从而更好地保证工程质量。

（3）第三方担保　合同当事人的一方要求另一方为其履约行为提供第三方担保。担保方所承担的风险仅限于合同责任，即由于委托方不履行或不适当履行合同以及违约所产生的责任。第三方担保的主要表现是业主要求承包商提供履约保证和预付款保证（在投标阶段还有投标保证）。从国际承包市场的发展来看，20世纪末出现了要求业主向承包商提供付款保证的新趋向，但尚未得到广泛应用。我国施工合同（示范文本）也有发包人和承包人互相提供履约担保的规定。

与其他的风险对策相比，非保险转移的优点主要体现在：一是可以转移某些不可保的潜在损失，如物价上涨、法规变化、设计变更等引起的投资增加；二是被转移者往往能较好地进行损失控制，如承包商相对于业主能更好地把握施工技术风险，专业分包商相对于总包商能更好地完成专业性强的工程内容。

但是，非保险转移的媒介是合同，这就可能因为双方当事人对合同条款的理解发生分歧而导致转移失效。另外，在某些情况下，可能因被转移者无力承担实际发生的重大损失而导致仍然由转移者来承担损失。例如，在采用固定总价合同的条件下，如果承包商报价中所考虑的涨价风险费很低，而实际的通货膨胀率很高，从而导致承包商亏损破产，最终只能由业主自己来承担涨价造成的损失。还需指出的是，非保险转移一般都要付出一定的代价，有时转移代价可能超过实际发生的损失，从而对转移者不利。仍以固定总价合同为例，在这种情况下，如果实际涨价所造成的损失小于承包商报价中的涨价风险费，这两者的差额就成为承包商的额外利润，业主则因此遭受损失。

2. 保险转移

保险转移通常直接称为保险，对于建设工程风险来说，则为工程保险。通过购买保险，建设工程业主或承包商作为投保人将本应由自己承担的工程风险（包括第三方责任）转移给保险公司，从而使自己免受风险损失。保险这种风险转移形式之所以能得到越来越广泛的运用，原因在于其符合风险分担的基本原则，即保险人较投保人更适宜承担有关的风险。对于投保人来说，某些风险的不确定性很大（即风险很大），但是对于保险人来说，这种风险的发生则趋近于客观概率，不确定性降低，即风险降低。

在进行工程保险的情况下，建设工程在发生重大损失后可以从保险公司及时得到赔偿，使建设工程实施能不中断地、稳定地进行，从而最终保证建设工程的进度和质量，也不致因重大损失而增加投资。通过保险还可以使决策者和风险管理人员对建设工程风险的担忧减少，从而可以集中精力研究和处理建设工程实施中的其他问题，提高目标控制的效果。而且，保险公司可向业主和承包商提供较为全面的风险管理服务，从而提高整个建设工程风险管理的水平。

保险这一风险对策的缺点首先表现在机会成本增加。其次，工程保险合同的内容较为复杂，保险费没有统一固定的费率，需根据特定建设工程的类型、建设地点的自然条件（包括气候、地质、水文等条件）、保险范围、免赔额的大小等加以综合考虑，因而保险合同谈判常常要耗费较多的时间和精力。在进行工程保险后，投保人可能产生心理麻痹而疏于损失控制计划，以致增加实际损失和未投保损失。

在做出进行工程保险这一决策之后，还需考虑与保险有关的几个具体问题：一是保险的安排方式，即究竟是由承包商安排保险计划还是由业主安排保险计划；二是选择保险类别和保险人，一般是通过多家比选后确定，也可委托保险经纪人或保险咨询公司代为选择；三是可能要进行保险合同谈判，这项工作最好委托保险经纪人或保险咨询公司完成，但免赔额的数额或比例要由投保人自己确定。

需要说明的是，工程保险并不能转移建设工程的所有风险，一方面是因为存在不可保风险，另一方面则是因为有些风险不宜保险。因此，对于建设工程风险，应将工程保险与风险回避、损失控制和风险自留结合起来运用。对于不可保风险，必须采取损失控制措施。即使对于可保风险，也应当采取一定的损失控制措施，这有利于改变风险性质，达到降低风险量的目的，从而改善工程保险条件，节省保险费。

5.5.5 风险对策决策过程

风险管理人员在选择风险对策时，要根据建设工程的自身特点，从系统的观点出发，从整体上考虑风险管理的思路和步骤，从而制定一个与建设工程总体目标相一致的风险管理原则。这种原则需要指出风险管理各基本对策之间的联系，为风险管理人员进行风险对策决策提供参考。图 5-9 描述了风险对策决策过程以及这些风险对策之间的选择关系。

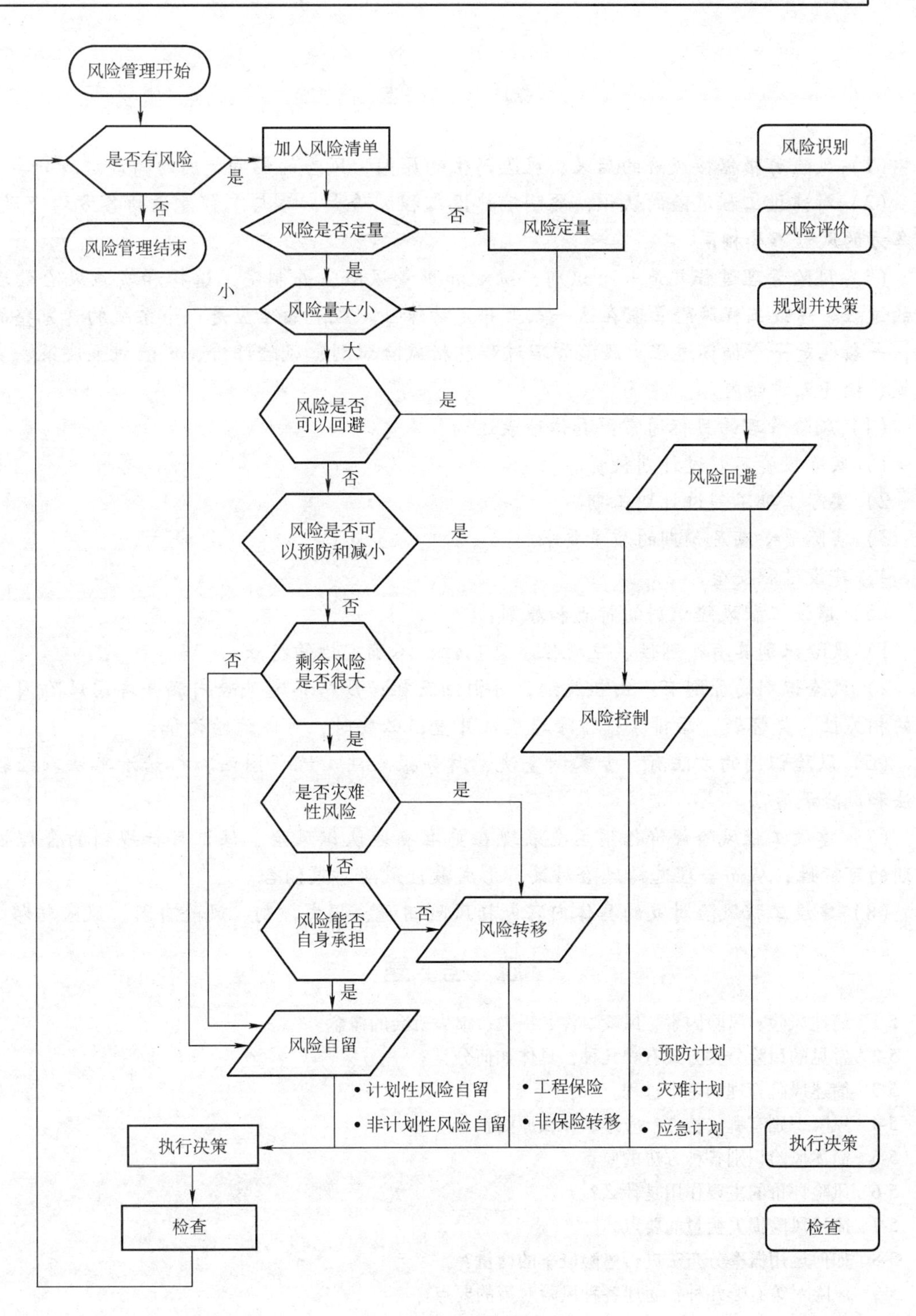

图 5-9　风险对策决策过程

小　　结

(1) 风险可根据按风险的后果、风险产生的原因、风险的影响范围的角度进行分类。

(2) 对建设工程风险的认识，要明确建设工程风险大，参与工程建设的各方均有风险，但各方的风险不尽相同。

(3) 风险管理过程就是一个识别、确定和度量风险，并制定、选择和实施风险处理方案的过程。建设工程风险管理在这一点上并无特殊性。风险管理应是一个系统的、完整的过程，一般也是一个循环过程。风险管理过程包括风险识别、风险评价、风险对策决策、实施决策、检查五方面内容。

(4) 风险管理的目标通常更具体地表述为：

1) 实际投资不超过计划投资。

2) 实际工期不超过计划工期。

3) 实际质量满足预期的质量要求。

4) 建设过程安全。

(5) 建设工程风险识别的特点和原则：

1) 风险识别具有个别性、主观性、复杂性、不确定性的特点。

2) 风险识别的原则有：由粗及细，再由细及粗；严格界定风险内涵并考虑风险因素之间的相关性；先怀疑，后排除；排除与确认并重；必要时，可做试验论证。

(6) 风险识别的方法有：专家调查法、财务报表法、流程图法、初始清单法、经验数据法和风险调查法。

(7) 建设工程风险评价作用主要表现在更准确地认识风险、保证目标规划的合理性和计划的可行性，从而合理选择风险对策，形成最佳风险对策组合。

(8) 建设工程风险对策的具体内容包括风险回避、损失控制、风险自留、风险转移。

思 考 题

5-1　简述风险、风险因素、风险事件、损失、损失机会的概念。

5-2　常见的风险分类方式有哪几种？具体如何分类？

5-3　简述风险管理的基本过程。

5-4　风险识别有哪些特点？应遵循什么原则？

5-5　简述风险识别各种方法的要点。

5-6　风险评价的主要作用是什么？

5-7　简述风险损失衡量的要点。

5-8　如何运用概率分布法进行风险概率的衡量？

5-9　风险对策有哪几种？简述各种风险对策的要点。

第6章　建设工程监理组织

学习目标

掌握建设工程监理组织的概念、原理，承发包的模式与监理委托模式，以及监理组织人员的配备与职责等有关问题。

6.1　组织的基本原理

组织是管理中的一项重要职能。建立精干、高效的项目监理机构并使之正常运行，是实现建设工程监理目标的前提条件。因此，组织的基本原理是监理工程师必备的基础知识。

组织理论的研究分为两个相互联系的分支学科，即组织结构学和组织行为学。组织结构学侧重于组织的静态研究，即组织是什么，其研究目的是建立一种精干、合理、高效的组织结构；组织行为学则侧重组织的动态研究，即组织如何才能够达到其最佳效果，其研究目的是建立良好的组织关系。

6.1.1　组织和组织结构

1. 组织

所谓组织，就是为了使系统达到它特定的目标，使全体参加者经分工与协作以及设置不同层次的权力和责任制度而构成的一种人的组合体。它含有三层意思：①目标是组织存在的前提；②没有分工与协作就不是组织；③没有不同层次的权力和责任制度就不能实现组织活动和组织目标。

作为生产要素之一，组织有如下特点：其他要素可以相互替代，如增加机器设备可以替代劳动力，而组织不能替代其他要素，也不能被其他要素所替代；但是，组织可以使其他要素合理配合而增值，即可以提高其他要素的使用效益。随着现代化社会大生产的发展，随着其他生产要素复杂程度的提高，组织在提高经济效益方面的作用也日益显著。

2. 组织结构

组织内部构成和各部分间所确立的较为稳定的相互关系和联系方式，称为组织结构。以下几种提法反映了组织结构的基本内涵：①确定正式关系与职责的形式；②向组织各个部门或个人分派任务和各种活动的方式；③协调各个分离活动和任务的方式；④组织中权力、地位和等级关系。

（1）组织结构与职权的关系　组织结构与职权形态之间存在着一种直接的相互关系，这是因为组织结构与职位，以及职位间关系的确立密切相关，因而组织结构为职权关系提供了一定的格局。组织中的职权指的就是组织中成员间的关系，而不是某一个人的属性。职权的概念是与合法地行使某一职位的权力紧密相关的，而且是以下级服从上级的命令为基础的。

（2）组织结构与职责的关系　组织结构与组织中各部门、各成员的职责的分派直接有关。在组织中，只要有职位就有职权，而只要有职权也就有职责。组织结构为职责的分配和确定奠定了基础，而组织的管理则是以机构和人员职责的分派和确定为基础的，利用组织结构可以评价组织各个成员的功绩与过错，从而使组织中的各项活动有效地开展起来。

（3）组织结构图　组织结构图是组织结构简化了的抽象模型。但是，它不能准确、完整地表达组织结构，如它不能说明一个上级对其下级所具有的职权的程度以及平级职位之间相互作用的横向关系。

6.1.2 组织设计

组织设计就是对组织活动和组织结构的设计过程，有效地组织设计在提高组织活动效能方面起着重大的作用。组织设计有以下要点：①组织设计是管理者在系统中建立最有效相互关系的一种合理化的、有意识的过程；②该过程既要考虑系统的外部要素，又要考虑系统的内部要素；③组织设计的结果是形成组织结构。

1. 组织构成因素

组织构成一般是上小下大的形式，由管理层次、管理跨度、管理部门、管理职能四大因素组成。各因素是密切相关、相互制约的。

（1）管理层次　管理层次是指从组织的最高管理者到最基层的实际工作人员之间的等级层次的数量。

管理层次可分为四层个层次，即决策层、协调层、执行层和操作层。决策层的任务是确定管理组织的目标和政策方针以及实施计划，它必须精干、高效；协调层的任务主要是参谋、咨询职能，其人员应有较高的业务工作能力；执行层的任务是直接调动和组织人力、财力、物力等具体活动内容，其人员应有实干精神并能坚决贯彻管理指令；操作层的任务是从事操作和完成具体任务，其人员应有熟练的作业技能。这三个层次的职能和要求不同，标志着不同的职责和权限，同时也反映出组织机构中的人数变化规律。

组织的最高管理者到最基层的实际工作人员权责逐层递减，而人数却逐层递增。如果组织缺乏足够的管理层次将使其运行陷于无序的状态。因此，组织必须形成必要的管理层次。但是，管理层次也不宜过多，否则会造成资源和人力的浪费，也会使信息传递慢、指令走样、协调困难。

（2）管理跨度　管理跨度是指一名上级管理人员所直接管理的下级人数。在组织中，某级管理人员的管理跨度的大小直接取决于这一级管理人员所需要协调的工作量。管理跨度越大，领导者需要协调的工作量越大，管理的难度也越大。因此，为了使组织能够高效地运行，必须确定合理的管理跨度。

管理跨度的大小受很多因素影响，它与管理人员性格、才能、个人精力、授权程度以及被管理者的素质有关。此外，还与职能的难易程度、工作的相似程度、工作制度和程序等客观因素有关。确定适当的管理跨度，需积累经验并在实践中进行必要的调整。

（3）管理部门　组织中各部门的合理划分对发挥组织效应是十分重要的。如果部门划分不合理，会造成控制、协调困难，也会造成人浮于事，浪费人力、物力、财力。管理部门的划分要根据组织目标与工作内容确定，形成既有相互分工又有相互配合的组织机构。

（4）管理职能　组织设计确定各部门的职能，应使纵向的领导、检查、指挥灵活，达到指令传递快、信息反馈及时；使横向各部门间相互联系、协调一致；使各部门有职有责、尽职尽责。

2. 组织设计原则

项目监理机构的组织设计一般需考虑以下几项基本原则：

（1）集权与分权统一的原则　在任何组织中都不存在绝对的集权和分权。在项目监理机构设计中，所谓集权，就是总监理工程师掌握所有监理大权，各专业监理工程师只是其命令的执行者；所谓分权，是指在总监理工程师的授权下，各专业监理工程师在各自管理的范围内有足够的决策权，总监理工程师主要起协调作用。

项目监理机构是采取集权形式还是分权形式，要根据建设工程的特点，监理工作的重要性，总监理工程师的能力、精力及各专业监理工程师的工作经验、工作能力、工作态度等因素进行综合考虑。

（2）专业分工与协作统一的原则　对于项目监理机构来说，分工就是将监理目标，特别是投资控制、进度控制、质量控制三大目标分成各部门以及各监理工作人员的目标、任务，明确干什么、怎么干。在分工中特别要注意以下三点：

1）尽可能按照专业化的要求来设置组织机构。

2）工作上要有严密分工，每个人所承担的工作，应力求达到较熟悉的程度。

3）注意分工的经济效益。

在组织机构中还必须强调协作。所谓协作，就是明确组织机构内部各部门之间和各部门内部的协调关系与配合方法。在协作中应该特别注意以下两点：

1）主动协作。要明确各部门之间的工作关系，找出易出矛盾之点，加以协调。

2）有具体可行的协作配合办法。对协作中的各项关系，应逐步规范化、程序化。

（3）管理跨度与管理层次统一的原则　在组织机构的设计过程中，管理跨度与管理层次成反比例关系。这就是说，当组织机构中的人数一定时，如果管理跨度加大，管理层次就可以适当减少；反之，如果管理跨度缩小，管理层次肯定就会增多。一般来说，项目监理机构的设计过程中，应该在考虑影响管理跨度的各种因素后，在实际运用中根据具体情况确定管理层次。

（4）权责一致的原则　在项目监理机构中应明确划分职责、权力范围，做到责任和权力相一致。从组织结构的规律来看，一定的人总是在一定的岗位上担任一定的职务，这样就产生了与岗位职务相适应的权力和责任，只有做到有职、有权、有责，才能使组织机构正常运行。由此可见，组织的权责是相对预定的岗位职务来说的，不同的岗位职务应有不同的权责。权责不一致对组织的效能损害是很大的。权大于责就容易产生瞎指挥、滥用权力的官僚主义；责大于权就会影响管理人员的积极性、主动性、创造性，使组织缺乏活力。

（5）才职相称的原则　每项工作都应该确定为完成该工作所需要的知识和技能。可以对每个人通过考察其学历与经历，进行测验及面谈等，了解其知识、经验、才能、兴趣等，并进行评审比较。职务设计和人员评审都可以采用科学的方法，使每个人现有的和可能有的才能与其职务上的要求相适应，做到才职相称、人尽其才、才得其用、用得其所。

（6）经济效率原则　项目监理机构设计必须将经济性和高效率放在重要地位。组织结构中的每个部门、每个人为了一个统一的目标，应组合成最适宜的结构形式，实行最有效的内部协调，使事情办得简洁而正确，减少重复和扯皮。

（7）弹性原则　组织机构既要有相对的稳定性，不要轻易变动，又要随组织内部和外部条件的变化，根据长远目标作出相应的调整与变化，使组织机构具有一定的适应性。

6.1.3 组织机构活动基本原理

组织机构的目标必须通过组织机构活动来实现。组织活动应遵循如下基本原理：

1. 要素有用性原理

一个组织机构中的基本要素有人力、物力、财力、信息、时间等。运用要素有用性原理，首先应看到人力、物力、财力等要素在组织活动中的有用性，充分发挥各要素的作用，根据各要素作用的大小、主次、好坏进行合理安排、组合和使用，做到人尽其才、财尽其利、物尽其用，尽最大可能提高各要素的有用率。

一切要素都有作用，这是要素的共性，然而要素不仅有共性，而且还有个性。例如，同样是监理工程师，由于专业、知识、能力、经验等水平的差异，所起的作用也就不同。因此，管理者在组织活动过程中不但要看到一切要素都有作用，还要具体分析各要素的特殊性，以便充分发挥每一要素的作用。

2. 动态相关性原理

组织机构处在静止状态是相对的，处在运动状态则是绝对的。组织机构内部各要素之间既相互联系，又相互制约；既相互依存，又相互排斥，这种相互作用推动组织活动的进行与发展。这种相互作用的因子，叫做相关因子。充分发挥相关因子的作用，是提高组织管理效应的有效途径。事物在组合过程中，由于相关因子的作用，可以发生质变。整体效应不等于其各局部效应的简单相加，这就是动态相关性原理。组织管理者的重要任务就在于使组织机构活动的整体效应大于其局部效应之和，否则，组织就失去了存在的意义。

3. 主观能动性原理

人和宇宙中的各种事物，运动是其共有的根本属性，它们都是客观存在的物质，不同的是，人是有生命、有思想，有感情、有创造力的。人会制造工具，并使用工具进行劳动；在劳动中改造世界，同时也改造自己；能继承并在劳动中运用和发展前人的知识。人是生产力中最活跃的因素，组织管理者的重要任务就是要把人的主观能动性发挥出来。

4. 规律效应性原理

组织管理者在管理过程中要掌握规律，按规律办事，把注意力放在抓事物内部的、本质的、必然的联系上，以达到预期的目标，取得良好的效应。规律与效应的关系非常密切，一个成功的管理者懂得只有努力揭示规律，才有取得效应的可能，而要取得好的效应，就要主动研究规律，坚决按规律办事。

6.2 建设工程组织管理的基本模式

建设工程组织管理模式对建设工程的规划、控制、协调起着重要作用。不同的组织管理模式有不同的合同体系和管理特点。本节介绍建设工程组织管理的基本模式。

6.2.1 平行承发包模式

1. 平行承发包模式特点

所谓平行承发包，是指业主将建设工程的设计、施工以及材料设备采购的任务经过分解分别发包给若干个设计单位、施工单位和材料设备供应单位，并分别与各方签订合同。各设计单位之间的关系是平行的，各施工单位之间的关系、各材料设备供应单位之间的关系也是平行的，如图6-1所示。

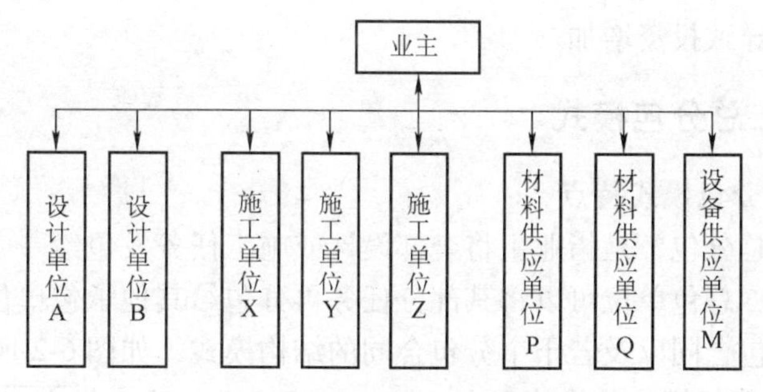

图6-1　平行承发包模式

采用这种模式首先应合理地进行工程建设任务的分解，然后进行分类综合，确定每个合同的发包内容，以便选择适当的承建单位。

进行任务分解与确定合同数量、内容时应考虑以下因素：

1）工程情况。建设工程的性质、规模、结构等是决定合同数量和内容的重要因素。规模大、范围广、专业多的建设工程往往比规模小、范围窄、专业单一的建设工程合同数量要多。建设工程实施时间的长短、计划的安排也对合同数量有影响。例如，对分期建设的两个单项工程，就可以考虑分成两个合同分别发包。

2）市场情况。首先，由于各类承建单位的专业性质、规模大小在不同市场的分布状况不同，建设工程的分解发包应力求使其与市场结构相适应。其次，合同任务和内容要对市场具有吸引力。中小合同对中小型承建单位有吸引力，又不妨碍大型承建单位参与竞争。另外，还应按市场惯例做法、市场范围和有关规定来决定合同内容和大小。

3）贷款协议要求。对两个以上贷款人的情况，可能贷款人对贷款使用范围、承包人资格等有不同要求，因此，需要在确定合同结构时予以考虑。

2. 平行承发包模式的优缺点

（1）优点

1）有利于缩短工期。由于设计和施工任务经过分解分别发包，设计阶段与施工阶段有可能形成搭接关系，从而缩短整个建设工程工期。

2）有利于质量控制。整个工程经过分解分别发包给各承建单位，合同约束与相互制约使每一部分能够较好地实现质量要求。如主体工程与装修工程分别由两个施工单位承包，当主体工程不合格时，装修单位不会在不合格的主体工程上进行装修，这相当于有了他人控制，比自己控制更有约束力。

3）有利于业主选择承建单位。在大多数国家的建筑市场中，专业性强、规模小的承建单位一般占较大的比例。这种模式的合同内容比较单一、合同价值小、风险小，使它们有可能参与竞争。因此，无论是大型承建单位还是中小型承建单位都有机会竞争。业主可以在很大范围内选择承建单位，为提高择优性创造了条件。

（2）缺点

1）合同数量多，会造成合同管理困难。合同关系复杂，使建设工程系统内结合部位数量增加，组织协调工作量大。因此，应加强合同管理的力度，加强各承建单位之间的横向协调工作，沟通各种渠道，使工程有条不紊地进行。

2）投资控制难度大。这主要表现在：一是总合同价不易确定，影响投资控制实施；二是工程招标任务量大，需控制多项合同价格，增加了投资控制难度；三是在施工过程中设计变更和修改较多，易导致投资增加。

6.2.2 设计或施工总分包模式

1. 设计或施工总分包模式特点

所谓设计或施工总分包，是指业主将全部设计或施工任务发包给一个设计单位或一个施工单位作为总包单位，总包单位可以将其部分任务再分包给其他承包单位，形成一个设计总包合同或一个施工总包合同以及若干个分包合同的结构模式，如图 6-2 所示。

2. 设计或施工总分包模式的优缺点

（1）优点

1）有利于建设工程的组织管理。由于业主只与一个设计总包单位或一个施工总包单位签订合同，工程合同数量比平行承发包模式要少很多，这样有利于业主的合同管理，也使业主协调工作量减少，可发挥监理与总包单位多层次协调的积极性。

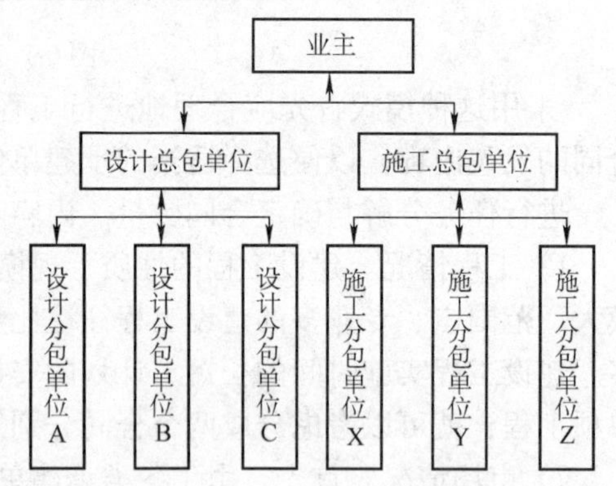

图 6-2 设计或施工总分包模式

2）有利于投资控制。总包合同价格可以较早确定，并且监理单位也易于控制。

3）有利于质量控制。在质量方面，既有分包单位的自控，又有总包单位的监督，还有工程监理单位的检查认可，对质量控制有利。

4）有利于工期控制。总包单位具有控制的积极性，分包单位之间也有相互制约的作用，有利于总体进度的协调控制，也有利于监理工程师控制进度。

（2）缺点

1）建设周期较长。由于设计图样全部完成后才能进行施工总包的招标，不仅不能将设计阶段与施工阶段搭接，而且施工招标需要的时间也较长。

2）总包报价可能较高。对于规模较大的建设工程来说，通常只有大型承建单位才具有总包的资格和能力，所以竞争相对不甚激烈；另一方面，对于分包出去的工程内容，总包单位都要在分包报价的基础上加收管理费向业主报价。

6.2.3 项目总承包模式

1. 项目总承包模式的特点

所谓项目总承包模式是指业主将工程设计、施工、材料和设备采购等工作全部发包给一家承包公司，由其进行实质性设计、施工和采购工作，最后向业主交出一个已达到动用条件的工程。按这种模式发包的工程也称“交钥匙工程”。这种模式如图 6-3 所示。

2. 项目总承包模式的优缺点

（1）优点

1）合同关系简单，组织协调工作量小。业主只与项目总承包单位签订一个合同，合同关系大大简化。监理工程师主要与项目总承包单位进行协调。许多协调工作量转移到项目总承包单位内部及其与分包单位之间，这就使建设工程监理的协调量大为减少。

2）缩短建设周期。由于设计与施工由一个单位统筹安排，使两个阶段能够有机地融合，一般都能做到设计阶段与施工阶段相互搭接，因此对进度目标控制有利。

3）利于投资控制。通过设计与施工的统筹考虑可以提高项目的经济性，从价值工程或全寿命费用的角度可以取得明显的经济效果，但这并不意味着项目总承包的价格低。

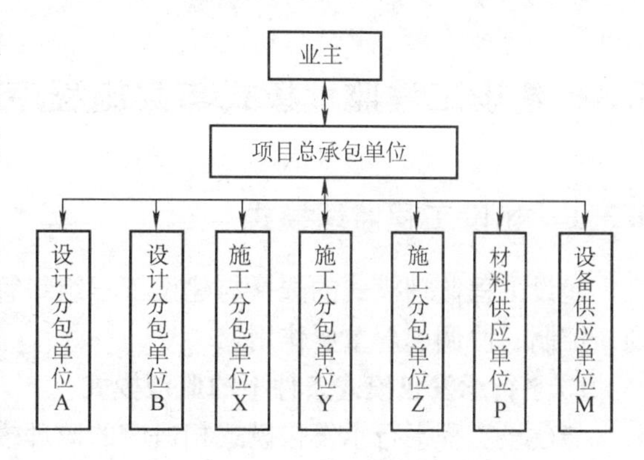

图6-3　项目总承包模式

（2）缺点

1）招标发包工作难度大。合同条款不易准确确定，容易造成较多的合同争议。因此，虽然合同量最少，但是合同管理的难度一般较大。

2）业主择优选择承包方范围小。由于承包范围大、介入项目时间早、工程信息未知数多，因此承包方要承担较大的风险，而有此能力的承包单位数量相对较少，这往往导致合同价格较高。

3）质量控制难度大。其原因一是质量标准和功能要求不易做到全面、具体、准确，质量控制标准制约性受到影响；二是“他人控制”机制薄弱。

6.2.4　项目总承包管理模式

1. 项目总承包管理模式的特点

所谓项目总承包管理是指业主将工程建设任务发包给专门从事项目组织管理的单位，再由它分包给若干设计、施工和材料设备供应单位，并在实施中进行项目管理。

项目总承包管理与项目总承包的不同之处在于：前者不直接进行设计与施工，没有自己的设计和施工力量，而是将承接的设计与施工任务全部分包出去，他们专心致力于建设工程管理；而后者有自己的设计、施工实体，是设计、施工、材料和设备采购的主要力量。项目总承包管理模式如图6-4所示。

2. 项目总承包管理模式的优缺点

（1）优点　合同关系简单、组织协调比较有利，进度控制也有利。

（2）缺点

1）由于项目总承包管理单位与设计、施工单位是总包与分包关系，后者才是项目实施的基本力量，所以监理工程师对分包的确认工作就成了十分关键的问题。

2）项目总承包管理单位自身经济实力一般比较弱，而承担的风险相对较大，因此建设工程采用这种承发包模式应持慎重态度。

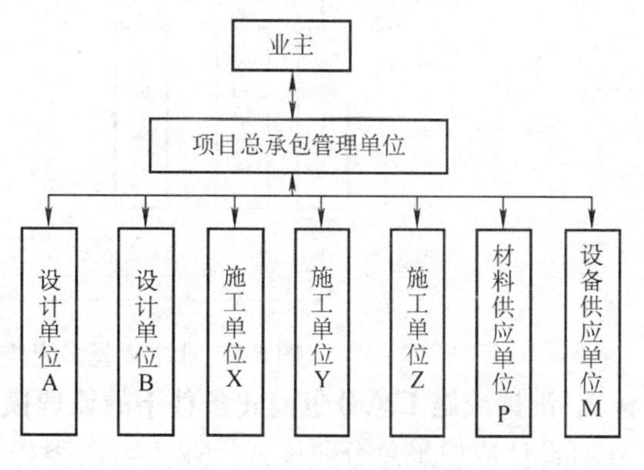

图6-4　项目总承包管理模式

6.3 建设工程监理模式与实施程序

6.3.1 建设工程监理模式

建设工程监理模式的选择与建设工程组织管理模式密切相关，监理模式对建设工程的规划、控制、协调起着重要作用。

1. 平行承发包模式条件下的监理模式

与建设工程平行承发包模式相适应的监理模式有以下两种主要形式：

（1）业主委托一家监理单位监理　这种监理委托模式是指业主只委托一家监理单位为其进行监理服务。这种模式要求被委托的监理单位应该具有较强的合同管理与组织协调能力，并能做好全面的规划工作。监理单位的项目监理机构可以组建多个监理分支机构对各承建单位分别实施监理。在具体的监理过程中，项目总监理工程师应重点做好总体协调工作，加强横向联系，保证建设工程监理工作的有效运行。这种模式如图6-5所示（图中实线代表合同关系，虚线代表非合同关系，下同）。

（2）业主委托多家监理单位监理　这种监理委托模式是指业主委托多家监理单位为其进行监理服务。采用这种模式，业主分别委托几家监理单位针对不同的承建单位实施监理。由于业主分别与多个监理单位签订委托监理合同，所以各监理单位之间的相互协作与配合需要业主进行协调。采用这种模式，监理单位对象相对单一，便于管理；但建设工程监理工作被肢解，各监理单位各负其责，缺少一个对建设工程进行总体规划与协调控制的监理单位。这种模式如图6-6所示。

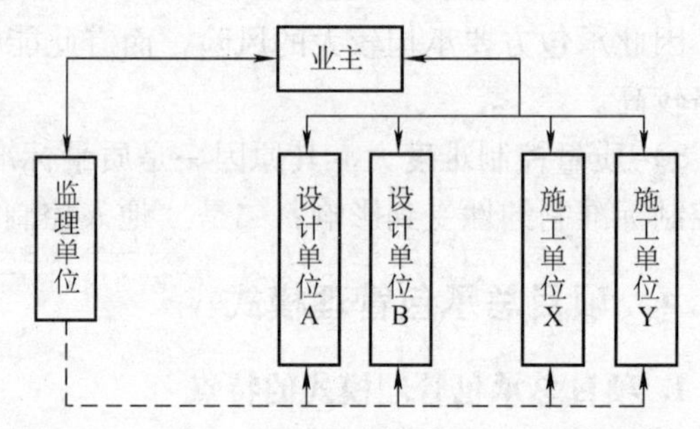

图6-5　业主委托一家监理单位进行监理的模式

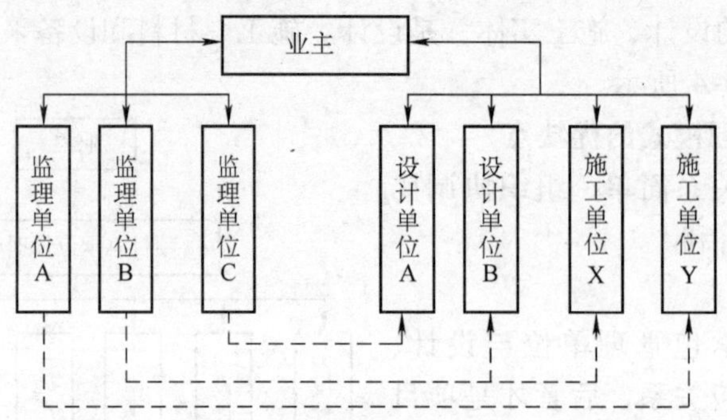

图6-6　业主委托多家监理单位进行监理的模式

2. 设计或施工总分包模式条件下的监理模式

对设计或施工总分包模式，业主可以委托一家监理单位进行实施阶段全过程的监理，也可以分别按照设计阶段和施工阶段委托监理单位。前者的优点是监理单位可以对设计阶段和施工阶段的工程投资、进度、质量控制统筹考虑，合理地进行总体规划协调，更可使监理工程师掌握设计思路与设计意图，有利于施工阶段的监理工作。

虽然总包单位对承包合同承担乙方的最终责任，但分包单位的资质、能力直接影响着工程质量、进度等目标的实现，所以，监理工程师必须做好对分包单位资质的审查、确认工作。这种监理模式如图6-7、图6-8所示。

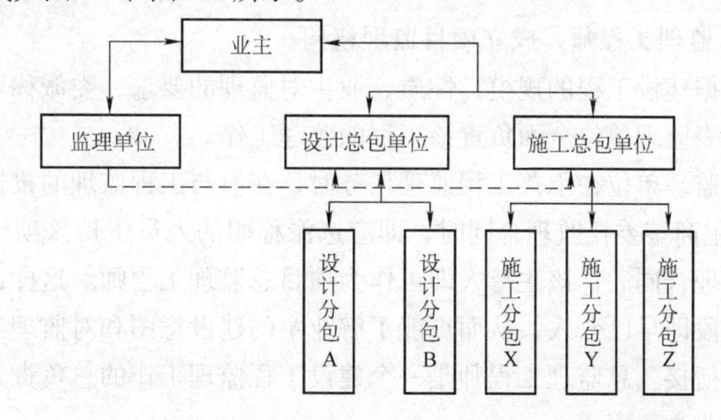

图6-7 业主委托一家监理单位的模式

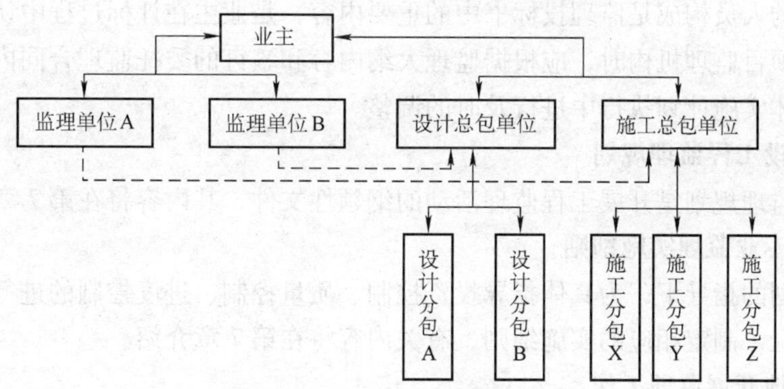

图6-8 按阶段委托模式

3. 项目总承包模式条件下的监理模式

在项目总承包模式下，一般宜委托一家监理单位进行监理。在这种模式下，监理工程师需具备较全面的知识，做好合同管理工作，如图6-9所示。

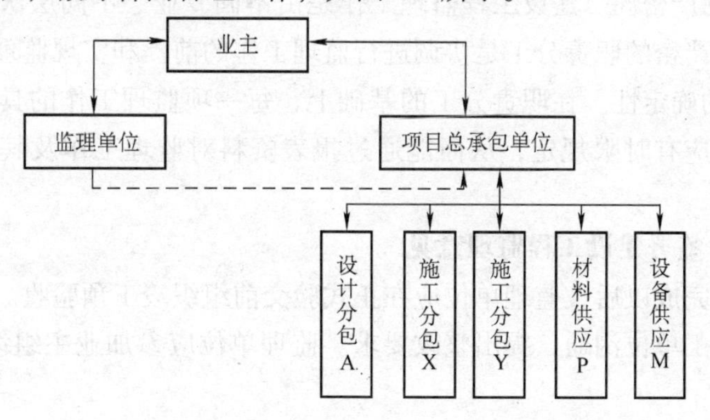

图6-9 项目总承包模式条件下的监理模式

4. 项目总承包管理模式条件下的监理模式

在项目总承包管理模式下，一般宜委托一家监理单位进行监理，这样便于监理工程师对项目总承包管理合同和项目总承包管理单位进行分包等活动的监理。

6.3.2 建设工程监理实施程序

1. 确定项目总监理工程师，成立项目监理机构

监理单位应根据建设工程的规模、性质、业主对监理的要求，委派称职的人员担任项目总监理工程师，代表监理单位全面负责该工程的监理工作。

一般情况下，监理单位在承接工程监理任务时，在参与工程监理的投标、拟定监理方案（大纲）以及与业主商签委托监理合同时，即应选派称职的人员主持该项工作。在监理任务确定并签订委托监理合同后，该主持人即可作为项目总监理工程师。这样，项目的总监理工程师在承接任务阶段即早已介入，从而更能了解业主的建设意图和对监理工作的要求，并与后续工作能更好地衔接。总监理工程师是一个建设工程监理工作的总负责人，他对内向监理单位负责，对外向业主负责。

监理机构的人员构成是监理投标书中的重要内容，是业主在评标过程中认可的。总监理工程师在组建项目监理机构时，应根据监理大纲内容和签订的委托监理合同内容组建，并在监理规划和具体实施计划执行中进行及时的调整。

2. 编制建设工程监理规划

建设工程监理规划是开展工程监理活动的纲领性文件，其内容将在第 7 章介绍。

3. 制定各专业监理实施细则

在监理规划的指导下，为具体指导投资控制、质量控制、进度控制的进行，还需结合建设工程实际情况，制定相应的实施细则，有关内容将在第 7 章介绍。

4. 规范化地开展监理工作

监理工作的规范化体现在：

1）工作的时序性。这是指监理的各项工作都应按一定的逻辑顺序先后展开，从而使监理工作能有效地达到目标而不致造成工作状态的无序和混乱。

2）职责分工的严密性。建设工程监理工作是由不同专业、不同层次的专家群体共同来完成的，他们之间严密的职责分工是协调进行监理工作的前提和实现监理目标的重要保证。

3）工作目标的确定性。在职责分工的基础上，每一项监理工作的具体目标都应是确定的，完成的时间也应有时限规定，从而能通过报表资料对监理工作及其效果进行检查和考核。

5. 参与验收，签署建设工程监理意见

建设工程施工完成以后，监理单位应在正式验交前组织竣工预验收。在预验收中发现的问题，应及时与施工单位沟通，提出整改要求。监理单位应参加业主组织的工程竣工验收，签署监理单位意见。

6. 向业主提交建设工程监理档案资料

建设工程监理工作完成后，监理单位向业主提交的监理档案资料应在委托监理合同文件中约定。如在合同中没有作出明确规定，监理单位一般应提交：设计变更、工程变更资料，监理指令性文件，各种签证资料等档案资料。

7. 监理工作总结

监理工作完成后，项目监理机构应及时从两方面进行监理工作总结：

1）向业主提交的监理工作总结，其主要内容包括委托监理合同履行情况概述，监理任务或监理目标完成情况的评价，由业主提供的供监理活动使用的办公用房、车辆、试验设施等的清单，表明监理工作终结的说明等。

2）向监理单位提交的监理工作总结，其主要内容包括：

① 监理工作的经验，可以是采用某种监理技术、方法的经验，也可以是采用某种经济措施、组织措施的经验，以及委托监理合同执行方面的经验或如何处理好与业主、承包单位关系的经验等。

② 监理工作中存在的问题及改进的建议。

6.3.3 建设工程监理实施原则

监理单位受业主委托对建设工程实施监理时，应遵守以下基本原则：

1. 公正、独立、自主的原则

监理工程师在建设工程监理中必须尊重科学、尊重事实，组织各方协同配合，维护有关各方的合法权益。因此，必须坚持公正、独立、自主的原则。业主与承建单位虽然都是独立运行的经济主体，但他们追求的经济目标有差异，监理工程师应在按合同约定的权、责、利关系的基础上，协调双方的一致性。只有按合同的约定建成工程，业主才能实现投资的目的，承建单位也才能实现自己生产的产品的价值，取得工程款和实现盈利。

2. 权责一致的原则

监理工程师承担的职责应与业主授予的权限相一致。监理工程师的监理职权，依赖于业主的授权。这种权力的授予，除体现在业主与监理单位之间签订的委托监理合同之中，而且还应作为业主与承建单位之间建设工程合同的合同条件。因此，监理工程师在明确业主提出的监理目标和监理工作内容要求后，应与业主协商，明确相应的授权，达成共识后明确反映在委托监理合同中及建设工程合同中。据此，监理工程师才能开展监理活动。

总监理工程师代表监理单位全面履行建设工程委托监理合同，承担合同中确定的监理方向业主方所承担的义务和责任。因此，在委托监理合同实施中，监理单位应给总监理工程师充分授权，体现权责一致的原则。

3. 总监理工程师负责制的原则

总监理工程师是工程监理全部工作的负责人。要建立和健全总监理工程师负责制，就要明确权、责、利关系，健全项目监理机构，具有科学的运行制度、现代化的管理手段，形成以总监理工程师为首的高效能的决策指挥体系。

总监理工程师负责制的内涵包括：

1）总监理工程师是工程监理的责任主体。责任是总监理工程师负责制的核心，它构成了对总监理工程师的工作压力与动力，也是确定总监理工程师权力和利益的依据。所以总监理工程师应是向业主和监理单位所负责任的承担者。

2）总监理工程师是工程监理的权力主体。根据总监理工程师承担责任的要求，总监理工程师全面领导建设工程的监理工作，包括组建项目监理机构，主持编制建设工程监理规划，组织实施监理活动，对监理工作总结、监督、评价。

4. 严格监理、热情服务的原则

严格监理，就是各级监理人员严格按照国家政策、法规、规范、标准和合同控制建设工程的目标，依照既定的程序和制度，认真履行职责，对承建单位进行严格监理。

监理工程师还应为业主提供热情的服务，应运用合理的技能，谨慎而勤奋地工作。由于业主一般不熟悉建设工程管理与技术业务，监理工程师应按照委托监理合同的要求多方位、多层次地为业主提供良好的服务，维护业主的正当权益。但是，不能因此而一味地向各承建单位转嫁风险，从而损害承建单位的正当经济利益。

5. 综合效益的原则

建设工程监理活动既要考虑业主的经济效益，也必须考虑与社会效益和环境效益的有机统一。建设工程监理活动虽经业主的委托和授权才得以进行，但监理工程师应首先严格遵守国家的建设管理法律、法规、标准等，以高度负责的态度和责任感，既对业主负责，谋求最大的经济效益，又要对国家和社会负责，取得最佳的综合效益。只有在符合宏观经济效益、社会效益和环境效益的条件下，业主投资项目的微观经济效益才能得以实现。

6.4 项目监理机构

监理单位与业主签订委托监理合同后，在实施建设工程监理之前，应建立项目监理机构。项目监理机构的组织形式和规模，应根据委托监理合同规定的服务内容、服务期限、工程类别、工程规模、技术复杂程度、工程环境等因素确定。

6.4.1 建立项目监理机构的步骤

监理单位在组建项目监理机构时，一般按以下步骤进行：

1. 确定项目监理机构目标

建设工程监理目标是项目监理机构建立的前提，项目监理机构的建立应根据委托监理合同中确定的监理目标，制定总目标并明确划分监理机构的分解目标。

2. 确定监理工作内容

根据监理目标和委托监理合同中规定的监理任务，明确列出监理工作内容，并进行分类归并及组合。监理工作的归并及组合应便于监理目标控制，并综合考虑监理工程的组织管理模式、工程结构特点、合同工期要求、工程复杂程度、工程管理及技术特点；还应考虑监理单位自身组织管理水平、监理人员数量、技术业务特点等。

如果建设工程进行实施阶段全过程监理，监理工作划分可按设计阶段和施工阶段分别归并和组合，如图6-10所示。

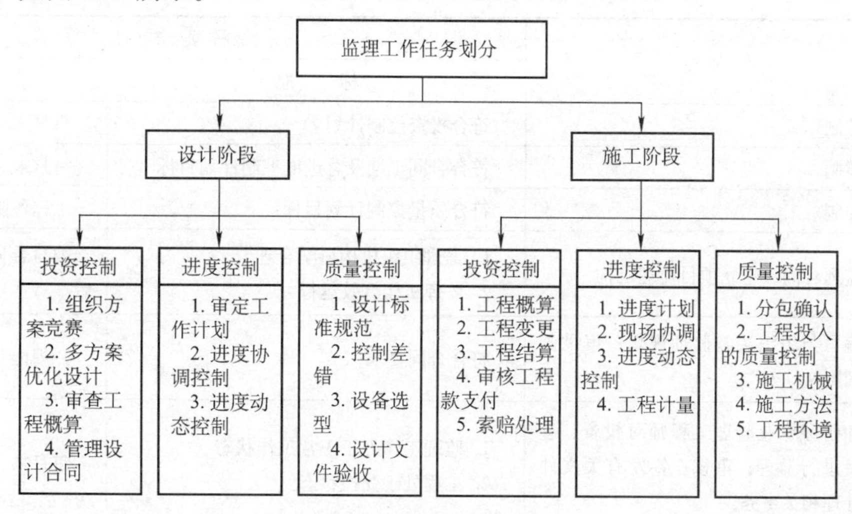

图6-10 实施阶段监理工作划分

3. 项目监理机构的组织结构设计

（1）选择组织结构形式 由于建设工程规模、性质、建设阶段等的不同，设计项目监理机构的组织结构时应选择适宜的组织结构形式以适应监理工作的需要。组织结构形式选择的基本原则是：有利于工程合同管理，有利于监理目标控制，有利于决策指挥，有利于信息沟通。

（2）确定管理层次和管理跨度 项目监理机构中一般应有三个层次：

1）决策层。由总监理工程师和其他助手组成，主要根据建设工程委托监理合同的要求和监理活动内容进行科学化、程序化决策与管理。

2）中间控制层（协调层和执行层）。由各专业监理工程师组成，具体负责监理规划的落实，监理目标控制及合同实施的管理。

3）作业层（操作层）。主要由监理员、检查员等组成，具体负责监理活动的操作实施。项目监理机构中管理跨度的确定应考虑监理人员的素质、管理活动的复杂性和相似性、监理业务的标准化程度、各项规章制度的建立健全情况、建设工程的集中或分散情况等，按监理工作实际需要确定。

（3）划分项目监理机构部门 项目监理机构中合理划分各职能部门，应依据监理机构目标、监理机构可利用的人力和物力资源以及合同结构情况，将投资控制、进度控制、质量控制、合同管理、组织协调等监理工作内容按不同的职能活动或按子项分解形成相应的管理部门。

（4）制定岗位职责和考核标准 岗位职务及职责的确定，要有明确的目的性，不可因人设事。根据责权一致的原则，应进行适当的授权，以承担相应的职责；并应确定考核标准，对监理人员的工作进行定期考核，包括考核内容、考核标准及考核时间。表6-1和表6-2分别为项目总监理工程师和专业监理工程师岗位职责考核标准。

表 6-1　项目总监理工程师岗位职责标准表

项目	职责内容	考核要求	
		标　　准	时　　间
工作目标	投资控制	符合投资控制计划	每月末
	进度控制	符合合同工期及总进度控制计划目标	每月末
	质量控制	符合质量控制计划目标	工程各阶段末
基本职责	根据监理合同，建立项目监理机构	1. 监理组织机构科学合理 2. 监理机构有效运行	编写合同审核完成后
	主持编写与组织实施监理规划；审批监理实施细则	符合合同要求	一周内
	监督和指导专业监理工程师对投资、进度、质量进行监理；审核、签发有关文件资料；处理相关事务	1. 监理工作处于正常工作状态 2. 工程处于受控状态	每月末
	做好监理工程中有关各方的协调工作	工程处于受控状态	每月末
	主持整理建筑工程的监理资料	及时、正确、完整	按合同约定

表 6-2　专业监理工程师岗位职责标准

项目	职责内容	考核要求	
		标　　准	时　　间
工作目标	投资控制	符合投资控制分解目标	每周末
	进度控制	符合合同工期及总进度控制分解目标	每周末
	质量控制	符合质量控制分解目标	工程各阶段末
基本职责	熟悉工程情况，制定本专业监理工作计划和监理实施细则	反映专业特点，具有可操作性	实施前 1 个月
	具体负责本专业的监理工作	监理工作各负其责，相互配合	每周末
	处理与本专业有关的问题；对投资、进度、质量有重大影响的监理问题应及时报告总监	1. 工程处于受控状态 2. 及时、真实	每周末
	做好监理工程中有关各方的协调工作	及时、正确、准确	每周末
	主持整理建筑工程的监理资料	及时、正确、完整	按合同约定

(5) 选派监理人员　根据监理工作的任务，选择适当的监理人员，包括总监理工程师、专业监理工程师和监理员，必要时可配备总监理工程师代表。监理人员的选择除应考虑个人素质外，还应考虑人员总体构成的合理性与协调性。

我国《建设工程监理规范》规定，项目总监理工程师应由具有 3 年以上同类工程监理工作经验的人员担任；总监理工程师代表应由具有 2 年以上同类工程监理工作经验的人员担任；专业监理工程师应由具有 1 年以上同类工程监理工作经验的人员担任。并且项目监理机构的监理人员应专业配套、数量满足建设工程监理工作的需要。

4. 制定工作流程和信息流程

为使监理工作科学、有序进行，应按监理工作的客观规律制定工作流程和信息流程，规范化地开展监理工作，图 6-11 所示为施工阶段监理工作流程。

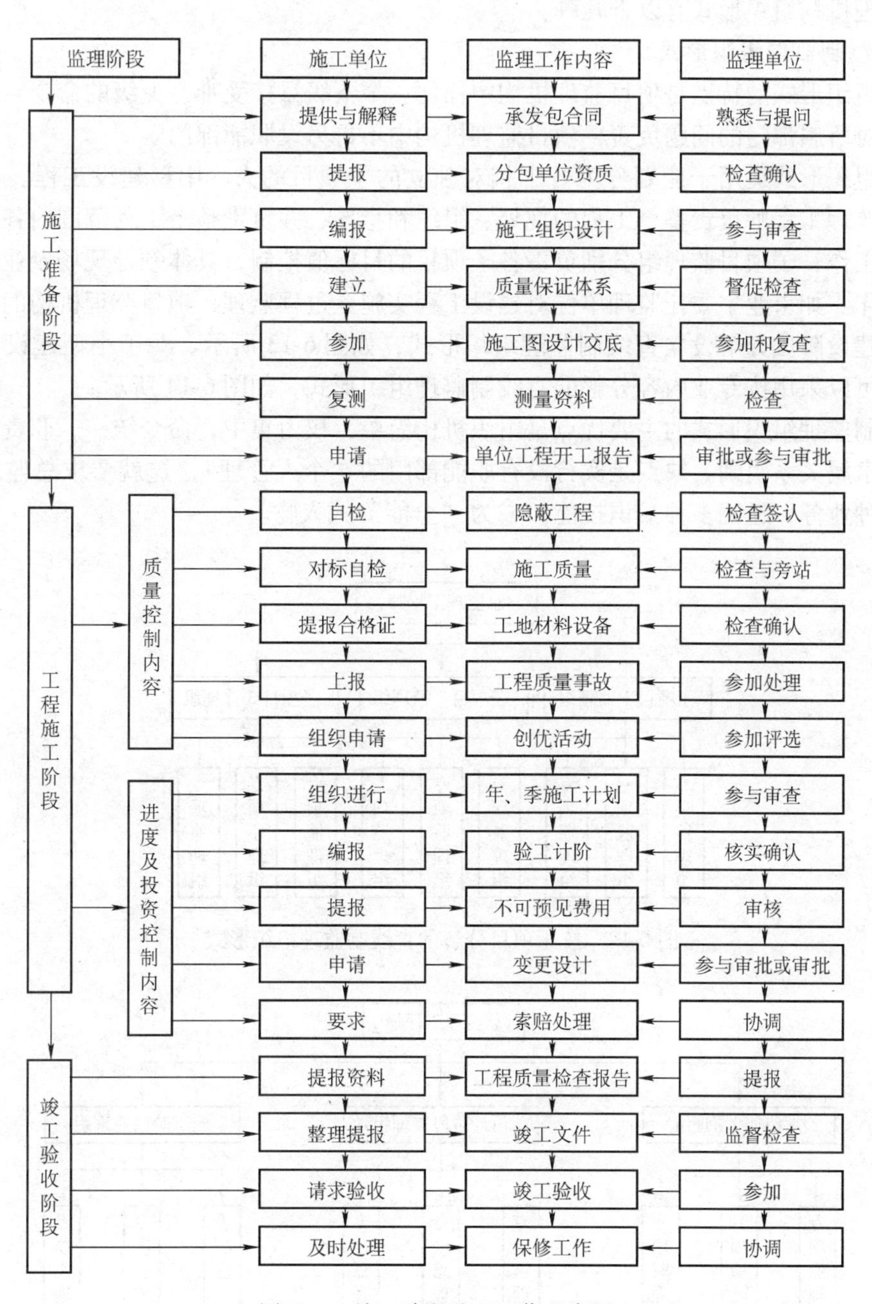

图 6-11　施工阶段监理工作程序图

6.4.2 项目监理机构的组织形式

项目监理机构的组织形式是指项目监理机构具体采用的管理组织结构，应根据建设工程的特点、建设工程组织管理模式、业主委托的监理任务以及监理单位自身情况而确定。常用的项目监理机构组织形式有以下几种：

1. 直线制监理组织形式

这种组织形式的特点是项目监理机构中任何一个下级只接受唯一上级的命令。各级部门主管人员对所属部门的问题负责，项目监理机构中不再另设职能部门。

这种组织形式适用于能划分为若干相对独立的子项目的大、中型建设工程。如图 6-12 所示，总监理工程师负责整个工程的规划、组织和指导，并负责整个工程范围内各方面的指挥、协调工作；子项目监理组分别负责各子项目的目标值控制，具体领导现场专业或专项监理组的工作。如果业主委托监理单位对建设工程实施全过程监理，项目监理机构的部门还可按不同的建设阶段分解设立直线制监理组织形式，如图 6-13 所示。对于小型建设工程，监理单位也可以采用按专业内容分解的直线制监理组织形式，如图 6-14 所示。

直线制监理组织形式的主要优点是组织机构简单，权力集中，命令统一，职责分明，决策迅速，隶属关系明确。缺点是实行没有职能部门的“个人管理”，这就要求总监理工程师要了解各种业务，通晓多种知识技能，成为“全能”式人物。

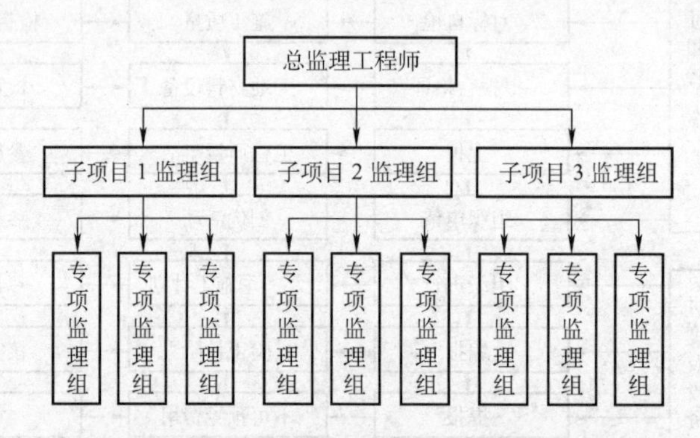

图 6-12 按子项目分解的直线制监理组织形式

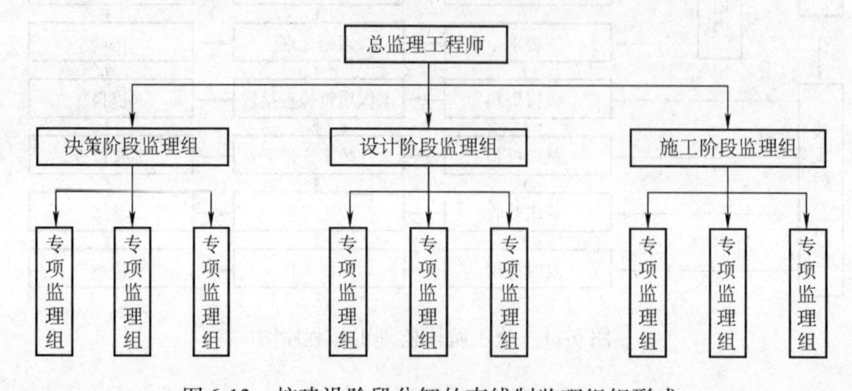

图 6-13 按建设阶段分解的直线制监理组织形式

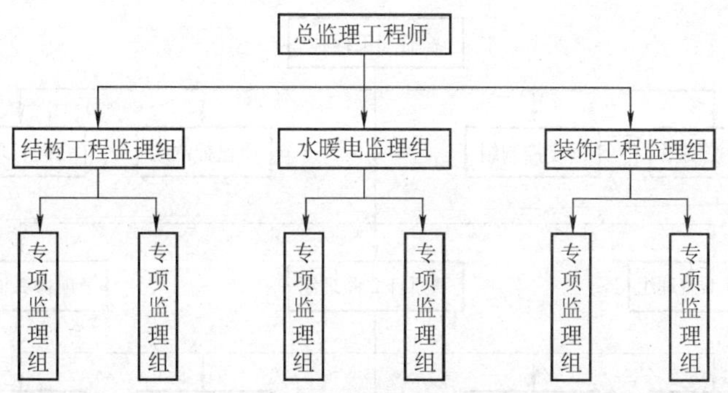

图 6-14　按专业内容分解的直线制监理组织形式

2. 职能制监理组织形式

职能制监理组织形式，是在监理机构内设立一些职能部门，把相应的监理职责和权力交给职能部门，各职能部门在本职能范围内有权直接指挥下级，如图 6-15 所示。此种组织形式一般适用于大、中型建设工程。

这种组织形式的主要优点是加强了项目监理目标控制的职能化分工，能够发挥职能机构的专业管理作用，提高管理效率，减轻总监理工程师负担。但由于下级人员受多头领导，如果上级指令相互矛盾，将使下级在工作中无所适从。

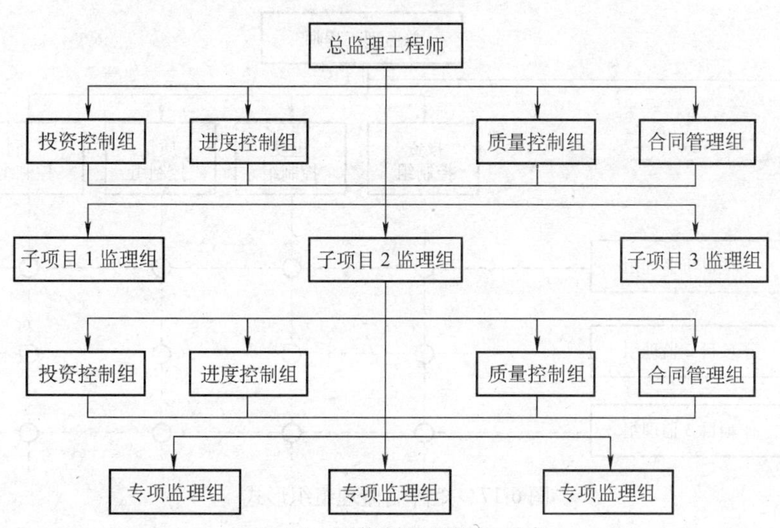

图 6-15　职能制监理组织形式

3. 直线职能制监理组织形式

直线职能制监理组织形式是吸收了直线制监理组织形式和职能制监理组织形式的优点而形成的一种组织形式。这种组织形式把管理部门和人员分为两类：一类是直线指挥部门的人员，他们拥有对下级实行指挥和发布命令的权力，并对该部门的工作全面负责；另一类是职能部门和人员，他们是直线指挥人员的参谋，只能对下级部门进行业务指导，而不能对下级部门直接进行指挥和发布命令，如图 6-16 所示。

这种形式保持了直线制组织实行直线领导、统一指挥、职责清楚的优点，另一方面又保持了职能制组织目标管理专业化的优点；其缺点是职能部门与指挥部门易产生矛盾，信息传递路线长，不利于互通情报。

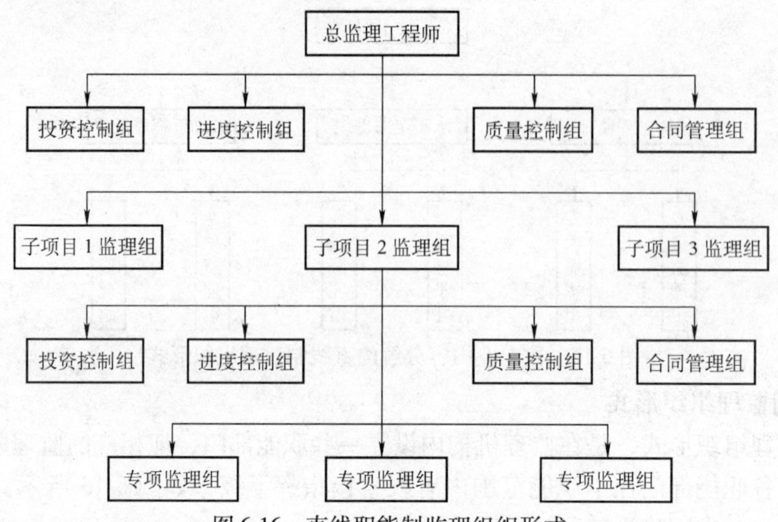

图 6-16 直线职能制监理组织形式

4. 矩阵制监理组织形式

矩阵制监理组织形式是由纵横两套管理系统组成的矩阵性组织结构，一套是纵向的职能系统，另一套是横向的子项目系统，如图 6-17 所示。

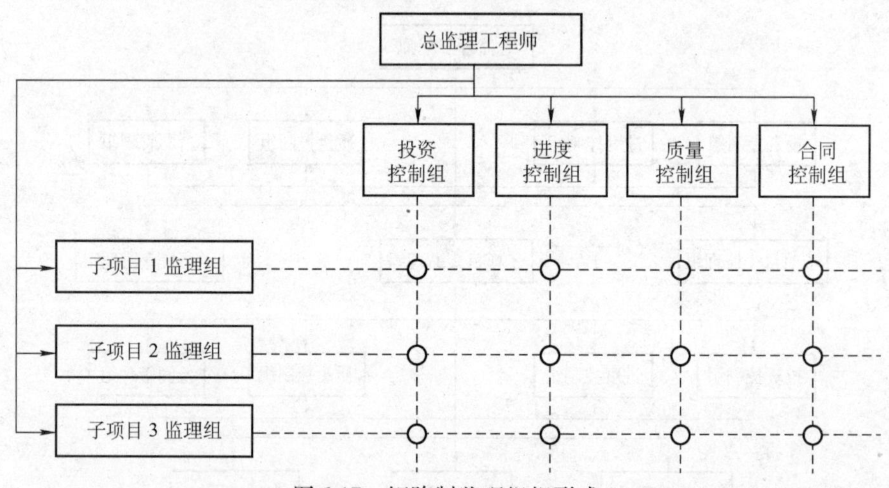

图 6-17 矩阵制监理组织形式

这种形式的优点是加强了各职能部门的横向联系，具有较大的机动性和适应性，能把上下左右集权与分权实行最优的结合，有利于解决复杂难题，有利于监理人员业务能力的培养。缺点是纵横向协调工作量大，处理不当会造成扯皮现象，产生矛盾。

6.4.3 项目监理机构的人员配备及职责分工

1. 项目监理机构的人员配备

项目监理机构中配备监理人员的数量和专业应根据监理的任务范围、内容、期限以及工程的类别、规模、技术复杂程度、工程环境等因素综合考虑，并应符合委托监理合同中对监理深度和密度的要求，能体现项目监理机构的整体素质，满足监理目标控制的要求。

（1）项目监理机构的人员结构　项目监理机构应具有合理的人员结构，包括以下两方面的内容：

1）合理的专业结构。即项目监理机构应由与监理工程的性质（是民用项目或是专业性强的生产项目）及业主对工程监理的要求（是全过程监理，或是某一阶段如设计或施工阶段的监理，是投资、质量、进度的多目标控制或是某一目标的控制）相适应的各专业人员组成，也就是各专业人员要配套。

一般来说，项目监理机构应具备与所承担的监理任务相适应的专业人员。但是，当监理工程局部有某些特殊性，或业主提出某些特殊的监理要求而需要采用某种特殊的监控手段时，如局部的钢结构、网架、罐体等质量监控需采用无损探伤、X射线及超声探测仪，水下及地下混凝土桩基需采用遥测仪器探测等，此时，将这些局部的专业性强的监控工作另行委托给有相应资质的咨询机构来承担，也应视为保证了人员合理的专业结构。

2）合理的技术职务、职称结构。为了提高管理效率和经济性，项目监理机构的监理人员应根据建设工程的特点和建设工程监理工作的需要确定其技术职称、职务结构。合理的技术职称结构表现在高级职称、中级职称和初级职称有与监理工作要求相称的比例。一般来说，决策阶段、设计阶段的监理，具有高级职称及中级职称的人员在整个监理人员构成中应占绝大多数。施工阶段的监理，可有较多的初级职称人员从事实际操作，如旁站、填记日志、现场检查、计量等。这里说的初级职称指助理工程师、助理经济师、技术员、经济员，还可包括具有相应能力的实践经验丰富的工人（应能看懂图样、正确填报有关原始凭证）。施工阶段项目监理机构监理人员要求的技术职称结构见表6-3。

表6-3 施工阶段项目监理机构监理人员要求的技术职称结构

层 次	人 员	职 能	职称职务最低要求
决策层	总监理工程师、总监理工程师代表、专业监理工程师	项目监理的策划、规划；组织、协调、监控、评价等	高级职称
执行层/协调层	专业监理工程师	项目监理实施的具体组织、指挥、控制/协调	中级职称
作业层/操作层	监理员	具体业务的执行	初级职称

（2）项目监理机构监理人员数量的确定

1）影响项目监理机构人员数量的主要因素

① 工程建设强度。工程建设强度是指单位时间内投入的建设工程资金的数量，用下式表示：

$$工程建设强度=投资/工期$$

其中，投资和工期是指由监理单位所承担的那部分工程的建设投资和工期。一般投资费用可按工程估算、概算或合同价计算，工期是根据进度总目标及其分目标计算。

显然，工程建设强度越大，需投入的项目监理人数越多。

② 建设工程复杂程度。根据一般工程的情况，工程复杂程度涉及以下各项因素：设计活动多少、工程地点位置、气候条件、地形条件、工程地质、施工方法、工程性质、工期要求、材料供应、工程分散程度等。

根据上述各项因素的具体情况，可将工程分为若干工程复杂程度等级。不同等级的工程需要配备的项目监理人员数量有所不同。例如，可将工程复杂程度按五级划分：简单、一般、一般复杂、复杂、很复杂。工程复杂程度定级可采用定量办法：对构成工程复杂程度的每一因素通过专家评估，根据工程实际情况给出相应权重，将各影响因素的评分加权平均后根据其值的大小确定该工程的复杂程度等级。例如，将工程复杂程度按 10 分制计评，则平均分值 1～3 分、3～5 分、5～7 分、7～9 分者依次为简单工程、一般工程、一般复杂工程和复杂工程，9 分以上为很复杂工程。

显然，简单工程需要的项目监理人员较少，而复杂工程需要的项目监理人员较多。

③ 监理单位的业务水平。每个监理单位的业务水平和对某类工程的熟悉程度不完全相同，在监理人员素质、管理水平和监理的设备手段等方面也存在差异，这都会直接影响到监理效率的高低。高水平的监理单位可以投入较少的监理人力来完成一个建设工程的监理工作，而一个经验不多或管理水平不高的监理单位则需投入较多的监理人力。因此，各监理单位应当根据自己的实际情况制定监理人员需要量定额。

④ 项目监理机构的组织结构和任务职能分工。项目监理机构的组织结构情况关系到具体的监理人员配备，务必使项目监理机构任务职能分工的要求得到满足。必要时，还需要根据项目监理机构的职能分工对监理人员的配备作进一步的调整。

有时监理工作需要委托专业咨询机构或专业监测、检验机构进行，当然，项目监理机构的监理人员数量可适当地减少。

2）项目监理机构人员数量的确定方法。项目监理机构人员数量的确定方法可按如下步骤进行：

① 项目监理机构人员需要量定额。根据监理工程师的监理工作内容和工程复杂程度等级，测定、编制项目监理机构监理人员需要量定额，见表 6-4。

表 6-4 监理人员需要量定额 （单位：人·年/百万美元）

工程复杂程度	监理工程师	监 理 员	行政、文秘人员
简单工程	0.2	0.75	0.10
一般工程	0.25	1.00	0.10
一般复杂工程	0.35	1.10	0.25
很复杂工程	>0.50	>1.50	>0.35

② 确定工程建设强度。根据监理单位承担的监理工程，确定工程建设强度。

例如：某工程分为 2 个子项目，合同总价为 3900 万美元，其中子项目 1 合同价为 2100 万美元，子项目 2 合同价为 1800 万美元，合同工期为 30 个月。

$$工程建设强度 = 3900 \div 30 \times 12 = 1560（万美元/年）= 15.6（百万美元/年）$$

③ 确定工程复杂程度。按构成工程复杂程度的 10 个因素考虑，根据本工程实际情况分别按 10 分制打分。具体结果见表 6-5。

表 6-5 工程复杂程度等级评定表

项 次	影 响 因 素	子项目 1	子项目 2
1	设计活动	5	6
2	工程位置	9	5
3	气候条件	5	5
4	地形条件	7	5

（续）

项　次	影响因素	子项目1	子项目2
5	工程地质	4	7
6	施工方法	4	6
7	工期要求	5	5
8	工程性质	6	6
9	材料供应	4	5
10	分散程度	5	5
平均分值		5.4	5.5

根据计算结果，此工程为一般复杂工程等级。

④ 根据工程复杂程度和工程建设强度套用监理人员需要量定额。从定额中可查到相应项目监理机构监理人员需要量如下（人·年/百万美元）：

监理工程师：0.35；监理员1.1；行政文秘人员0.25。

各类监理人员数量如下：

监理工程师：　　　　　$0.35\times15.6=5.46$（人），按6人考虑。

监理员：　　　　　　　$1.10\times15.6=17.16$（人），按17人考虑。

行政文秘人员：　　　　$0.25\times15.6=3.9$（人），按4人考虑。

⑤ 根据实际情况确定监理人员数量。本建设工程的项目监理机构的直线制组织结构如图6-18所示。

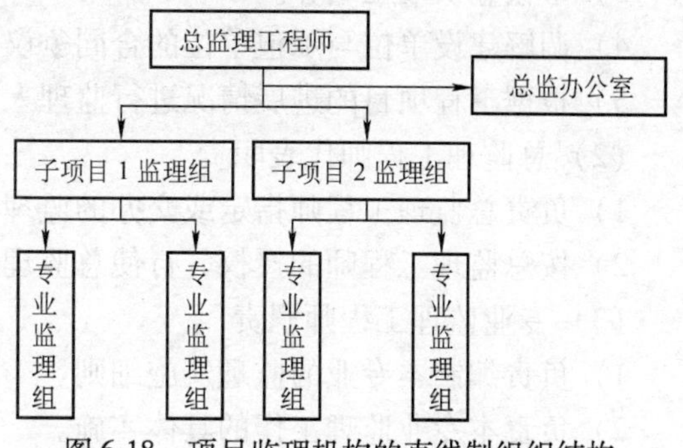

图6-18　项目监理机构的直线制组织结构

根据项目监理机构情况决定每个部门各类监理人员如下：

监理总部（包括总监理工程师，总监理工程师代表和总监理工程师办公室）：总监理工程师1人，总监理工程师代表1人，行政文秘人员2人。

子项目1监理组：专业监理工程师2人，监理员9人，行政文秘人员1人。

子项目2监理组：专业监理工程师2人，监理员8人，行政文秘人员1人。

施工阶段项目监理机构的监理人员数量一般不少于3人。

项目监理机构的监理人员数量和专业配备应随工程施工进展情况作相应的调整，从而满足不同阶段监理工作的需要。

2. 项目监理机构各类人员的基本职责

监理人员的基本职责应按照工程建设阶段和建设工程的情况确定。施工阶段，按照《建设工程监理规范》的规定，项目总监理工程师、总监理工程师代表、专业监理工程师和监理员应分别履行以下职责：

（1）总监理工程师职责

1）确定项目监理机构人员的分工和岗位职责。

2）主持编写项目监理规划、审批项目监理实施细则，并负责管理项目监理机构的日常工作。

3）审查分包单位的资质，并提出审查意见。

4）检查和监督监理人员的工作，根据工程项目的进展情况可进行人员调配，对不称职的人员应调换其工作。

5）主持监理工作会议，签发项目监理机构的文件和指令。

6）审定承包单位提交的开工报告、施工组织设计、技术方案、进度计划。

7）审核签署承包单位的申请、支付证书和竣工结算。

8）审查和处理工程变更。

9）主持或参与工程质量事故的调查。

10）调解建设单位与承包单位的合同争议、处理索赔、审批工程延期。

11）组织编写并签发监理月报、监理工作阶段报告、专题报告和项目监理工作总结。

12）审核签认分部工程和单位工程的质量检验评定资料，审查承包单位的竣工申请，组织监理人员对待验收的工程项目进行质量检查，参与工程项目的竣工验收。

13）主持整理工程项目的监理资料。

总监理工程师不得将下列工作委托总监理工程师代表：

1）主持编写项目监理规划、审批项目监理实施细则。

2）签发工程开工/复工报审表、工程暂停令、工程款支付证书、工程竣工报验单。

3）审核签认竣工结算。

4）调解建设单位与承包单位的合同争议、处理索赔。

5）根据工程项目的进展情况进行监理人员的调配，调换不称职的监理人员。

（2）总监理工程师代表职责

1）负责总监理工程师指定或交办的监理工作。

2）按总监理工程师的授权，行使总监理工程师的部分职责和权力。

（3）专业监理工程师职责

1）负责编制本专业的监理实施细则。

2）负责本专业监理工作的具体实施。

3）组织、指导、检查和监督本专业监理员的工作，当人员需要调整时，向总监理工程师提出建议。

4）审查承包单位提交的涉及本专业的计划、方案、申请、变更，并向总监理工程师提出报告。

5）负责本专业分项工程验收及隐蔽工程验收。

6）定期向总监理工程师提交本专业监理工作实施情况报告，对重大问题及时向总监理工程师汇报和请示。

7）根据本专业监理工作实施情况做好监理日记。

8）负责本专业监理资料的收集、汇总及整理，参与编写监理月报。

9）核查进场材料、设备、构配件的原始凭证、检测报告等质量证明文件及其质量情况，根据实际情况认为有必要时对进场材料、设备、构配件进行平行检验，合格时予以签认。

10）负责本专业的工程计量工作，审核工程计量的数据和原始凭证。

（4）监理员职责

1）在专业监理工程师的指导下开展现场监理工作。

2）检查承包单位投入工程项目的人力、材料、主要设备及其使用、运行状况，并做好检查记录。

3）复核或从施工现场直接获取工程计量的有关数据，并签署原始凭证。

4）按设计图及有关标准，对承包单位的工艺过程或施工工序进行检查和记录，对加工制作及工序施工质量检查结果进行记录。

5）担任旁站工作，发现问题及时指出并向专业监理工程师报告。

6）做好监理日记和有关的监理记录。

6.5　建设工程监理的组织协调

建设工程监理目标的实现，需要监理工程师扎实的专业知识和对监理程序的有效执行，此外，还要求监理工程师有较强的组织协调能力。通过组织协调，使影响监理目标实现的各方主体有机配合，使监理工作实施和运行过程顺利。

6.5.1　建设工程监理组织协调概述

1. 组织协调的概念

协调就是联结、联合、调和所有的活动及力量，使各方配合得适当，其目的是促使各方协同一致，以实现预定目标。协调工作应贯穿于整个建设工程实施及其管理过程中。

建设工程系统就是一个由人员、物质、信息等构成的人为组织系统。用系统方法分析，建设工程的协调一般有三大类：一是“人员/人员界面”；二是“系统/系统界面”；三是“系统/环境界面”。

1）建设工程组织是由各类人员组成的工作班子，由于每个人的性格、习惯、能力、岗位、任务、作用的不同，即使只有两个人在一起工作，也有潜在的人员矛盾或危机。这种人和人之间的间隔，就是所谓的“人员/人员界面”。

2）建设工程系统是由若干个子项目组成的完整体系，子项目即子系统。由于子系统的功能、目标不同，容易产生各自为政的趋势和相互推诿的现象。这种子系统和子系统之间的间隔，就是所谓的“系统/系统界面”。

3）建设工程系统是一个典型的开放系统。它具有环境适应性，能主动从外部世界取得必要的能量、物质和信息。在取得的过程中，不可能没有障碍和阻力。这种系统与环境之间的间隔，就是所谓的“系统/环境界面”。

项目监理机构的协调管理就是在“人员/人员界面”、“系统/系统界面”、“系统/环境界面”之间，对所有的活动及力量进行联结、联合、调和的工作。系统方法强调，要把系统作为一个整体来研究和处理，因为总体的作用规模要比各子系统的作用规模之和大。为了顺利实现建设工程系统目标，必须重视协调管理，发挥系统整体功能。在建设工程监理中，要保证项目的参与各方围绕建设工程开展工作，使项目目标顺利实现。组织协调工作最为重要，也最为困难，是监理工作能否成功的关键，只有通过积极的组织协调才能实现整个系统全面协调控制的目的。

2. 组织协调的范围和层次

从系统方法的角度看，项目监理机构协调的范围分为系统内部的协调和系统外部的协调，系统外部协调又分为近外层协调和远外层协调。近外层和远外层的主要区别是，建设工程与近外层关联单位一般有合同关系，与远外层关联单位一般没有合同关系。

6.5.2 项目监理机构组织协调的工作内容

1. 项目监理机构内部的协调

（1）项目监理机构内部人际关系的协调　项目监理机构是由人组成的工作体系，工作效率很大程度上取决于人际关系的协调程度，总监理工程师应首先抓好人际关系的协调，激励项目监理机构成员。

1）在人员安排上要量才录用。对项目监理机构各种人员，要根据每个人的专长进行安排，做到人尽其才。人员的搭配应注意能力互补和性格互补，人员配置应尽可能少而精，防止力不胜任和忙闲不均现象。

2）在工作委任上要职责分明。对项目监理机构内的每一个岗位，都应订立明确的目标和岗位责任制，应通过职能清理，使管理职能不重不漏，做到事事有人管，人人有专责，同时明确岗位职权。

3）在成绩评价上要实事求是。谁都希望自己的工作做出成绩，并得到肯定。但工作成绩的取得，不仅需要主观努力，而且需要一定的工作条件和相互配合。要发扬民主作风，实事求是评价，以免人员无功自傲或有功受屈，使每个人热爱自己的工作，并对工作充满信心和希望。

4）在矛盾调解上要恰到好处。人员之间的矛盾总是存在的，一旦出现矛盾就应进行调解，要多听取项目监理机构成员的意见和建议，及时沟通，使人员始终处于团结、和谐、热情高涨的工作气氛之中。

（2）项目监理机构内部组织关系的协调　项目监理机构是由若干部门（专业组）组成的工作体系。每个专业组都有自己的目标和任务。如果每个子系统都从建设工程的整体利益出发，理解和履行自己的职责，则整个系统就会处于有序的良性状态，否则，整个系统便处于无序的紊乱状态，导致功能失调，效率下降。

项目监理机构内部组织关系的协调可从以下几方面进行：

1）在职能划分的基础上设置组织机构，根据工程对象及委托监理合同所规定的工作内容，确定职能划分，并相应设置配套的组织机构。

2）明确规定每个部门的目标、职责和权限，最好以规章制度的形式作出明文规定。

3）事先约定各个部门在工作中的相互关系。在工程建设中许多工作是由多个部门共同完成的，其中有主办、牵头和协作、配合之分，事先约定，才不至于出现误事、脱节等贻误工作的现象。

4）建立信息沟通制度，如采用工作例会、业务碰头会、发会议纪要、工作流程图或信息传递卡等方式来沟通信息，这样可使局部了解全局，服从并适应全局需要。

5）及时消除工作中的矛盾或冲突。总监理工程师应采用民主的作风，注意从心理学、行为科学的角度激励各个成员的工作积极性；采用公开的信息政策，让大家了解建设工程实施情况、遇到的问题或危机；经常性地指导工作，和成员一起商讨遇到的问题，多倾听他们的意见、建议，鼓励大家同舟共济。

（3）项目监理机构内部需求关系的协调　建设工程监理实施中有人员需求、试验设备需求、材料需求等，而资源是有限的，因此，内部需求平衡至关重要。需求关系的协调可从以下环节进行：

1）对监理设备、材料的平衡。建设工程监理开始时，要做好监理规划和监理实施细则的编写工作，提出合理的监理资源配置，要注意抓住期限上的及时性、规格上的明确性、数量上的准确性、质量上的规定性。

2）对监理人员的平衡。要抓住调度环节，注意各专业监理工程师的配合。一个工程包括多个分部分项工程，复杂性和技术要求各不相同，这就存在监理人员配备、衔接和调度问题。如土建工程的主体阶段，主要是钢筋混凝土工程或预应力钢筋混凝土工程；设备安装阶段，则是材料、工艺和测试手段的不同；还有配套、辅助工程等。监理力量的安排必须考虑到工程进展情况，作出合理的安排，以保证工程监理目标的实现。

2. 与业主的协调

监理实践证明，监理目标的顺利实现和与业主协调的好坏有很大的关系。我国长期的计划经济体制使得业主合同意识差、随意性大，主要体现在：一是沿袭计划经济时期的基建管理模式，搞“大业主，小监理”，在一个建设工程上，业主的管理人员要比监理人员多或管理层次多，对监理工作干涉多，并插手监理人员应做的具体工作；二是不把合同中规定的权力交给监理单位，致使监理工程师有职无权，发挥不了作用；三是科学管理意识差，在建设工程目标确定上压工期、压造价，在建设工程实施过程中变更多或时效不按要求，给监理工作的质量、进度、投资控制带来困难。因此，与业主的协调是监理工作的重点和难点。监理工程师应从以下几方面加强与业主的协调：

1）监理工程师首先要理解建设工程总目标、理解业主的意图。对于未能参加项目决策过程的监理工程师，必须了解项目构思的基础、起因、出发点，否则可能对监理目标及完成任务有不完整的理解，会给其工作造成很大的困难。

2）利用工作之便做好监理宣传工作，增进业主对监理工作的理解，特别是对建设工程管理各方职责及监理程序的理解；主动帮助业主处理建设工程中的事务性工作，以自己规范化、标准化、制度化的工作去影响和促进双方工作的协调一致。

3）尊重业主，让业主一起投入建设工程全过程。尽管有预定的目标，但建设工程实施必须执行业主的指令，使业主满意。对业主提出的某些不适当的要求，只要不属于原则问题，都可先执行，然后利用适当时机、采取适当方式加以说明或解释；对于原则性问题，可采取书面报告等方式说明原委，尽量避免发生误解，以使建设工程顺利实施。

3. 与承包商的协调

监理工程师对质量、进度和投资的控制都是通过承包商的工作来实现的，所以做好与承包商的协调工作是监理工程师组织协调工作的重要内容。

（1）坚持原则，实事求是，严格按规范、规程办事，讲究科学态度　监理工程师在监理工作中应强调各方面利益的一致性和建设工程总目标；监理工程师应鼓励承包商将建设工程实施状况、实施结果和遇到的困难和意见向他汇报，以寻找对目标控制可能的干扰。双方了解得越多越深刻，监理工作中的对抗和争执就越少。

（2）协调不仅是方法、技术问题，更多的是语言艺术、感情交流和用权适度问题　有时尽管协调意见是正确的，但由于方式或表达不妥，反而会激化矛盾。而高超的协调能力则往往能起到事半功倍的效果，令各方面都满意。

（3）施工阶段的协调工作内容　施工阶段协调工作的主要内容如下：

1）与承包商项目经理关系的协调。从承包商项目经理及其工地工程师的角度来说，他们最希望监理工程师是公正、通情达理并容易理解别人的；希望从监理工程师处得到明确而不是含糊的指示，并且能够对他们所询问的问题给予及时的答复；希望监理工程师的指示能够在他们工作之前发出。这些心理现象，作为监理工程师来说，应该非常清楚。一个既懂得坚持原则，又善于理解承包商项目经理的意见，工作方法灵活，随时可能提出或愿意接受变通办法的监理工程师肯定是受欢迎的。

2）进度问题的协调。由于影响进度的因素错综复杂，因而进度问题的协调工作也十分复杂。实践证明，有两项协调工作很有效：一是业主和承包商双方共同商定一级网络计划，并由双方主要负责人签字，作为工程施工合同的附件；二是设立提前竣工奖，由监理工程师按一级网络计划节点考核，分期支付阶段工期奖，如果整个工程最终不能保证工期，由业主从工程款中将已付的阶段工期奖扣回并按合同规定予以罚款。

3）质量问题的协调。在质量控制方面应实行监理工程师质量签字认可制度。对没有出厂证明、不符合使用要求的原材料、设备和构件，不准使用；对工序交接实行报验签证；对不合格的工程部位不予验收签字，也不予计算工程量，不予支付工程款。在建设工程实施过程中，设计变更或工程内容的增减是经常出现的，有些是合同签订时无法预料和明确规定的。对于这种变更，监理工程师要认真研究，合理计算价格，与有关方面充分协商，达成一致意见，并实行监理工程师签证制度。

4）对承包商违约行为的处理。在施工过程中，监理工程师对承包商的某些违约行为进行处理是一件很慎重而又难免的事情。当发现承包商采用一种不适当的方法进行施工，或是用了不符合合同规定的材料时，监理工程师除了立即制止外，可能还要采取相应的处理措施。遇到这种情况，监理工程师应该考虑的是自己的处理意见是否是在监理权限以内的，根据合同要求，自己应该怎么做等。在发现质量缺陷并需要采取措施时，监理工程师必须立即通知承包商。监理工程师要有时间期限的概念，否则承包商有权认为监理工程师对已完成的工程内容是满意或认可的。

监理工程师最担心的可能是工程总进度和质量受到影响。有时，监理工程师会发现，承包商的项目经理或某个工地工程师不称职。此时明智的做法是继续观察一段时间，待掌握足够的证据时，总监理工程师可以正式向承包商发出警告。关键时刻，总监理工程师有权要求撤换承包商的项目经理或工地工程师。

5）合同争议的协调。对于工程中的合同争议，监理工程师应首先采用协商解决的方式，协商不成时才由当事人向合同管理机关申请调解。只有当对方严重违约而使自己的利益受到重大损失且不能得到补偿时才采用仲裁或诉讼手段。如果遇到非常棘手的合同争议问题，不妨暂时搁置等待时机，另谋良策。

6）对分包单位的管理。主要是对分包单位明确合同管理范围，分层次管理。将总包合同作为一个独立的合同单元进行投资、进度、质量控制和合同管理，不直接和分包合同发生关系。对分包合同中的工程质量、进度进行直接跟踪监控，通过总包商进行调控、纠偏。分包商在施工中发生的问题，由总包商负责协调处理，必要时，监理工程师帮助协调。当分包合同条款与总包合同发生抵触，以总包合同条款为准。此外，分包合同不能解除总包商对总包合同所承担的任何责任和义务。分包合同发生的索赔问题，一般由总包商负责，涉及总包合同中业主义务和责任时，由总包商通过监理工程师向业主提出索赔，由监理工程师进行协调。

7）处理好人际关系。在监理过程中，监理工程师处于一种十分特殊的位置。业主希望得到独立、专业的高质量服务，而承包商则希望监理单位能对合同条件有一个公正的解释。因此，监理工程师必须善于处理各种人际关系，既要严格遵守职业道德，礼貌而坚决地拒收任何礼物，以保证行为的公正性，也要利用各种机会增进与各方面人员的友谊与合作，以利于工程的进展。否则，便有可能引起业主或承包商对其可信赖程度的怀疑。

4. 与设计单位的协调

监理单位必须协调与设计单位的工作，以加快工程进度、确保质量、降低消耗。

1）真诚尊重设计单位的意见。例如，组织设计单位向承包商介绍工程概况、设计意图、技术要求、施工难点等，把标准过高、设计遗漏、图纸差错等问题解决在施工之前；施工阶段，严格按图施工；结构工程验收、专业工程验收、竣工验收等工作，邀请设计代表参加；若发生质量事故，认真听取设计单位的处理意见等。

2）施工中发现设计问题，应及时向设计单位提出，以免造成大的直接损失；若监理单位掌握比原设计更先进的新技术、新工艺、新材料、新结构、新设备时，可主动向设计单位推荐。为使设计单位有修改设计的余地而不影响施工进度，可与设计单位达成协议，限定一个期限，争取设计单位、承包商的理解和配合。

3）注意信息传递的及时性和程序性。监理工程师联系单、设计单位申报表或设计变更通知单传递，要按设计单位（经业主同意）→监理单位→承包商之间的程序进行。

这里要注意的是，在施工监理的条件下，监理单位与设计单位都是受业主委托进行工作的，两者之间并没有合同关系，所以监理单位主要是和设计单位做好交流工作，协调要靠业主的支持。设计单位应就其设计质量对建设单位负责，因此《建筑法》指出：工程监理人员发现工程设计不符合建筑工程质量标准或者合同约定的质量要求的，应当报告建设单位要求设计单位改正。

5. 与政府部门及其他单位的协调

一个建设工程的开展还存在政府部门及其他单位的影响，如政府部门、金融组织、社会团体、新闻媒介等，它们对建设工程起着一定的控制、监督、支持、帮助作用，这些关系若协调不好，建设工程实施也可能严重受阻。

（1）与政府部门的协调

1）工程质量监督站是由政府授权的工程质量监督的实施机构。对委托监理的工程，质量监督站主要是核查勘察设计、施工单位的资质和工程质量检查。监理单位在进行工程质量控制和质量问题处理时，要做好与工程质量监督站的交流和协调。

2）重大质量事故，在承包商采取急救、补救措施的同时，应敦促承包商立即向政府有关部门报告情况，接受检查和处理。

3）建设工程合同应送公证机关公证，并报政府建设管理部门备案；征地、拆迁、移民要争取政府有关部门支持和协作；现场消防设施的配置，宜请消防部门检查认可；要敦促承包商在施工中注意防止环境污染，坚持做到文明施工。

（2）协调与社会团体的关系　一些大中型建设工程建成后，不仅会给业主带来效益，还会给该地区的经济发展带来好处，同时给当地人民生活带来方便，因此必然会引起社会各界的关注。业主和监理单位应把握机会，争取社会各界对建设工程的关心和支持。这是一种争取良好社会环境的协调。

对本部分的协调工作，从组织协调的范围看是属于远外层的管理，监理单位有组织协调的主持权，但重要协调事项应事先向业主报告。根据目前的工程监理实践，对外部环境的协调，应由业主主持，监理单位主要是协调一些技术性工作。如业主和监理单位对此有分歧，可在委托监理合同中详细注明。

6.5.3 建设工程监理组织协调的方法

监理工程师组织协调可采用如下方法：

1. 会议协调法

会议协调法是建设工程监理中最常用的一种协调方法，实践中常用的会议协调法包括第一次工地会议、监理例会、专业性监理会议等。

（1）第一次工地会议　第一次工地会议是建设工程尚未全面展开前，履约各方相互认识、确定联络方式的会议，也是检查开工前各项准备工作是否就绪并明确监理程序的会议。第一次工地会议应在项目总监理工程师下达开工令之前举行，会议由建设单位主持召开，监理单位、总承包单位的授权代表参加，也可邀请分包单位参加，必要时邀请有关设计单位人员参加。

（2）监理例会

1）监理例会是由监理工程师组织与主持，按一定程序召开的，研究施工中出现的计划、进度、质量及工程款支付等问题的工地会议。监理工程师将会议讨论的问题和决定记录下来，形成会议纪要，供与会者确认和落实。

2）监理例会应当定期召开，宜每周召开一次。

3）参加人包括：项目总监理工程师（也可为总监理工程师代表）、其他有关监理人员、承包商项目经理、承包单位其他有关人员。需要时，还可邀请其他有关单位代表参加。

4）会议的主要议题如下：①对上次会议存在问题的解决和纪要的执行情况进行检查；②工程进展情况；③对下月（或下周）的进度预测；④施工单位投入的人力、设备情况；⑤施工质量、加工订货、材料的质量与供应情况；⑥有关技术问题；⑦索赔工程款支付；⑧业主对施工单位提出的违约罚款要求。

5）会议记录（或会议纪要）。会议记录由监理工程师形成纪要，经与会各方认可，然后分发给有关单位。会议纪要内容如下：①会议地点及时间；②出席者姓名、职务及他们代表的单位；③会议中发言者的姓名及所发表的主要内容；④决定事项；⑤诸事项分别由何人何时执行。

（3）专业性监理会议　除定期召开工地监理例会以外，还应根据需要组织召开一些专业性协调会议，例如加工订货会、业主直接分包的工程内容承包单位与总包单位之间的协调会、专业性较强的分包单位进场协调会等，均由监理工程师主持会议。

2. 交谈协调法

在实践中，并不是所有问题都需要开会来解决，有时可采用“交谈”这一方法。交谈包括面对面的交谈和电话交谈两种形式。

无论是内部协调还是外部协调，这种方法使用频率都是相当高的。其原因在于：

1）它是一条保持信息畅通的最好渠道。由于交谈本身没有合同效力及其方便性和及时性，所以建设工程参与各方之间及监理机构内部都愿意采用这一方法进行。

2）它是寻求协作和帮助的最好方法。在寻求别人帮助和协作时，往往要及时了解对方的反应和意见，以便采取相应的对策。另外，相对于书面寻求协作，人们更难于拒绝面对面的请求。因此，采用交谈方式请求协作和帮助比采用书面方法实现的可能性要大。

3）它是正确及时地发布工程指令的有效方法。在实践中，监理工程师一般都采用交谈方式先发布口头指令，这样，一方面可以使对方及时地执行指令，另一方面可以和对方进行交流，了解对方是否正确理解了指令。随后，再以书面形式加以确认。

3. 书面协调法

当会议或者交谈不方便或不需要时，或者需要精确地表达自己的意见时，就会用到书面协调的方法。书面协调方法的特点是具有合同效力，一般常用于以下几方面：

1）不需双方直接交流的书面报告、报表、指令和通知等。

2）需要以书面形式向各方提供详细信息和情况通报的报告、信函和备忘录等。

3）事后对会议记录、交谈内容或口头指令的书面确认。

4. 访问协调法

访问法主要用于外部协调中，其有走访和邀访两种形式。走访是指监理工程师在建设工程施工前或施工过程中，对与工程施工有关的各政府部门、公共事业机构、新闻媒介或工程毗邻单位等进行访问，向他们解释工程的情况，了解他们的意见。邀访是指监理工程师邀请上述各单位（包括业主）代表到施工现场对工程进行指导性巡视，了解现场工作。因为在多数情况下，这些有关方面并不了解工程，不清楚现场的实际情况，如果进行一些不恰当的干预，会对工程产生不利影响。这个时候，采用访问法可能是一个相当有效的协调方法。

5. 情况介绍法

情况介绍法通常是与其他协调方法紧密结合在一起的，它可能是在一次会议前，或是一次交谈前，或是一次走访或邀访前向对方进行的情况介绍。形式上主要是口头的，有时也伴有书面的。介绍往往作为其他协调的引导，目的是使别人首先了解情况。因此，监理工程师应重视任何场合下的每一次介绍，要使别人能够理解所介绍的内容、问题和困难，想得到的协助等。

总之，组织协调是一种管理艺术和技巧，监理工程师尤其是总监理工程师需要掌握领导科学、心理学、行为科学方面的知识和技能，如激励、交际、表扬和批评的艺术、开会的艺术、谈话的艺术、谈判的技巧等。只有这样，监理工程师才能进行有效的协调。

小　结

建设工程监理组织是为了达到建设项目而设立的、既有分工又有协作的、按照一定原则确立的组织机构，它的构成受多种因素的影响。建设工程项目常见的监理组织形成有直线式项目监理组织、职能式项目监理组织、直线职能式项目监理组织、矩阵式项目监理组织。不同的承包方式适合不同的监理委托方式。平行承包条件下可以采取独家或多家监理企业进行监理的形式；设计施工总分包条件下可以委托一家监理企业，也可按照不同的建设阶段进行监理业务的委托；在工程项目总承包方式、工程项目总承包管理方式及设计施工联合体承发包方式下，一般适宜委托独家监理企业进行全面监理。项目监理组织确立的关键在于按照工程项目的具体情况合理划分监理组织机构中各部门的职能，并确定各类监理人员的数量及分工。

思考题

6-1 什么是组织和组织结构？

6-2 组织设计应该遵循什么样的原则？

6-3 组织活动的基本原理是什么？

6-4 建设工程监理实施的程序是什么？

6-5 建设工程监理实施的基本原则有哪些？

6-6 简述建立项目监理机构的步骤。

6-7 项目监理机构中的人员如何配备？

6-8 项目监理机构中各类人员的基本职责是什么？

6-9 项目监理机构协调的工作内容有哪些？

6-10 建设工程监理组织协调的常用方法有哪些？

第 7 章　建设工程监理规划

学习目标

掌握建设工程监理规划的作用；理解监理大纲、监理规划与监理实施细则的联系与区别；掌握监理规划编写要求和依据；了解监理规划的主要内容。

7.1　建设工程监理规划概述

7.1.1　建设工程监理工作文件的构成

建设工程监理工作文件是指监理单位投标时编制的监理大纲、监理合同签订以后编制的监理规划和专业监理工程师编制的监理实施细则。

1. 监理大纲

监理大纲又称监理方案，它是监理单位在业主开始委托监理的过程中，特别是在业主进行监理招标过程中，为承揽到监理业务而编写的监理方案性文件。

监理单位编制监理大纲有以下两个作用：一是使业主认可监理大纲中的监理方案，从而承揽到监理业务；二是为项目监理机构今后开展监理工作制定基本的方案。为使监理大纲的内容和监理实施过程紧密结合，监理大纲的编制人员应当是监理单位经营部门或技术管理部门人员，也应包括拟定的总监理工程师。总监理工程师参与编制监理大纲有利于监理规划的编制。监理大纲的内容应当根据业主所发布的监理招标文件的要求而制定，一般来说，应该包括如下主要内容：

1）拟派往项目监理机构的监理人员情况介绍。在监理大纲中，监理单位需要介绍拟派往所承揽或投标工程的项目监理机构的主要监理人员，并对他们的资格情况进行说明。其中，应该重点介绍拟派往投标工程的项目总监理工程师的情况，这往往决定承揽监理业务的成败。

2）拟采用的监理方案。监理单位应当根据业主所提供的工程信息，并结合自己为投标所初步掌握的工程资料，制定出拟采用的监理方案。监理方案的具体内容包括：项目监理机构的方案、建设工程三大目标的具体控制方案、工程建设各种合同的管理方案、项目监理机构在监理过程中进行组织协调的方案等。

3）将提供给业主的阶段性监理文件。在监理大纲中，监理单位还应该明确未来工程监理工作中向业主提供的阶段性的监理文件，这将有助于满足业主掌握工程建设过程的需要，有利于监理单位顺利承揽该建设工程的监理业务。

2. 监理规划

监理规划是监理单位接受业主委托并签订委托监理合同之后，在项目总监理工程师的主持下，根据委托监理合同，在监理大纲的基础上，结合工程的具体情况，广泛收集工程信息和资料的情况下制定，经监理单位技术负责人批准，用来指导项目监理机构全面开展监理工作的指导性文件。

从内容范围上讲，监理大纲与监理规划都是围绕着整个项目监理机构所开展的监理工作来编写的，但监理规划的内容要比监理大纲更详实、更全面。

3. 监理实施细则

监理实施细则又简称监理细则，其与监理规划的关系可以比作施工图设计与初步设计的关系。也就是说，监理实施细则是在监理规划的基础上，由项目监理机构的专业监理工程师针对建设工程中某一专业或某一方面的监理工作编写，并经总监理工程师批准实施的操作性文件。

监理实施细则的作用是指导本专业或本子项目具体监理业务的开展。

4. 三者之间的关系

监理大纲、监理规划、监理实施细则是相互关联的，都是建设工程监理工作文件的组成部分，它们之间存在着明显的依据性关系：在编写监理规划时，一定要严格根据监理大纲的有关内容来编写；在制定监理实施细则时，一定要在监理规划的指导下进行。

一般来说，监理单位开展监理活动应当编制以上工作文件。但这并不是一成不变的。对于简单的监理活动只编写监理实施细则就可以了，而有些建设工程也可以制定较详细的监理规划，而不再编写监理实施细则。

7.1.2 建设工程监理规划的作用

1. 指导项目监理机构全面开展监理工作

监理规划的基本作用就是指导项目监理机构全面开展监理工作。建设工程监理的中心目的是协助业主实现建设工程的总目标。实现建设工程总目标是一个系统的过程。它需要制定计划，建立组织，配备合适的监理人员，进行有效的领导，实施工程的目标控制。只有系统地做好上述工作，才能完成建设工程监理的任务，实施目标控制。在实施建设监理的过程中，监理单位要集中精力做好目标控制工作。因此，监理规划需要对项目监理机构开展的各项监理工作做出全面、系统的组织和安排。它包括确定监理工作目标，制定监理工作程序，确定目标控制、合同管理、信息管理、组织协调等各项措施和确定各项工作的方法和手段。

2. 监理规划是建设监理主管机构对监理单位监督管理的依据

政府建设监理主管机构对建设工程监理单位要实施监督、管理和指导，对其人员素质、专业配套和建设工程监理业绩要进行核查和考评以确认其资质和资质等级，以使我国整个建设工程监理行业能够达到应有的水平。要做到这一点，除了进行一般性的资质管理工作之外，更为重要的是通过监理单位的实际监理工作来认定它的水平。而监理单位的实际水平可从监理规划和它的实施中充分地表现出来。因此，政府建设监理主管机构对监理单位进行考核时，应当十分重视对监理规划的检查，也就是说，监理规划是政府建设监理主管机构监督、管理和指导监理单位开展监理活动的重要依据。

3. 监理规划是业主确认监理单位履行合同的主要依据

监理单位如何履行监理合同，如何落实业主委托监理单位所承担的各项监理服务工作，作为监理的委托方，业主不但需要而且应当了解和确认监理单位的工作。同时，业主有权监督监理单位全面、认真执行监理合同。而监理规划正是业主了解和确认这些问题的最好资料，是业主确认监理单位是否履行监理合同的主要说明性文件。监理规划应当能够全面而详细地为业主监督监理合同的履行提供依据。

实际上，监理规划的前期文件，即监理大纲，是监理规划的框架性文件。而且，经由谈判确定的监理大纲应当纳入监理合同的附件之中，成为监理合同文件的组成部分。

4. 监理规划是监理单位内部考核的依据和重要的存档资料

从监理单位内部管理制度化、规范化、科学化的要求出发，需要对各项目监理机构（包括总监理工程师和专业监理工程师）的工作进行考核，其主要依据就是经过内部主管负责人审批的监理规划。通过考核，可以对有关监理人员的监理工作水平和能力作出客观、正确的评价，从而有利于今后在其他工程上更加合理地安排监理人员，提高监理工作效率。

从建设工程监理控制的过程可知，监理规划的内容必然随着工程的进展而逐步调整、补充和完善。它在一定程度上真实地反映了一个建设工程监理工作的全貌，是最好的监理工作过程记录。因此，它是每一家工程监理单位的重要存档资料。

7.2 建设工程监理规划的编写

监理规划是在项目总监理工程师和项目监理机构充分分析和研究建设工程的目标、技术、管理、环境以及参与工程建设的各方等方面的情况后制定的。监理规划要真正能起到指导项目监理机构进行监理工作的作用，监理规划中就应当有明确具体的、符合该工程要求的工作内容、工作方法、监理措施、工作程序和工作制度，并应具有可操作性。

7.2.1 建设工程监理规划编写的依据

1. 工程建设方面的法律、法规

工程建设方面的法律、法规具体包括三个方面：

1）国家颁布的有关工程建设的法律、法规和政策。这是工程建设相关法律、法规的最高层次。在任何地区或任何部门进行工程建设，都必须遵守国家颁布的工程建设方面的法律、法规、政策。

2）工程所在地或所属部门颁布的工程建设相关的法规、规定和政策。一项建设工程必然是在某一地区实施的，也必然是归属于某一部门的，这就要求工程建设必须遵守建设工程所在地颁布的工程建设相关的法规、规定和政策，同时也必须遵守工程所属部门颁布的工程建设相关规定和政策。

3）工程建设的各种标准、规范。工程建设的各种标准、规范也具有法律地位，也必须遵守和执行。

2. 建设工程外部环境调查研究资料

1）自然条件方面的资料。自然条件方面的资料包括：建设工程所在地点的地质、水文、气象、地形以及自然灾害发生情况等方面的资料。

2）社会和经济条件方面的资料。社会和经济条件方面的资料包括：建设工程所在地政治局势、社会治安、建筑市场状况、相关单位（勘察和设计单位、施工单位、材料和设备供应单位、工程咨询和建设工程监理单位）、基础设施（交通设施、通信设施、公用设施、能源设施）、金融市场情况等方面的资料。

3. 政府批准的工程建设文件

政府批准的工程建设文件包括两个方面：

1）政府工程建设主管部门批准的可行性研究报告、立项批文。

2）政府规划部门确定的规划条件、土地使用条件、环境保护要求、市政管理规定。

4. 建设工程监理合同

在编写监理规划时，必须依据建设工程监理合同。其包括以下内容：监理单位和监理工程师的权利和义务，监理工作范围和内容，有关建设工程监理规划方面的要求。

5. 其他建设工程合同

在编写监理规划时，也要考虑其他建设工程合同关于业主和承建单位权利和义务的内容。

6. 业主的正当要求

根据监理单位应竭诚为客户服务的宗旨，在不超出合同职责范围的前提下，监理单位应最大限度地满足业主的正当要求。

7. 监理大纲

监理大纲中的监理组织计划，拟投入的主要监理人员，投资、进度、质量控制方案，合同管理方案，信息管理方案，定期提交给业主的监理工作阶段性成果等内容都是监理规划编写的依据。

8. 工程实施过程输出的有关工程信息

这方面的内容包括：方案设计、初步设计、施工图设计文件，工程招标投标情况，工程实施状况，重大工程变更，外部环境变化等。

7.2.2 建设工程监理规划编写的要求

1. 基本构成内容应当力求统一

监理规划在总体内容组成上应力求做到统一。这是监理工作规范化、制度化、科学化的要求。

监理规划基本构成内容的确定，首先要考虑整个建设监理制度对建设工程监理的内容要求。建设工程监理的主要内容是控制建设工程的投资、工期和质量，进行建设工程合同管理，协调有关单位间的工作关系。这些内容无疑是构成监理规划的基本内容。如前所述，监理规划的基本作用是指导项目监理机构全面开展监理工作。因此，对整个监理工作的组织、控制、方法、措施等将成为监理规划必不可少的内容。这样，监理规划构成的基本内容就可以确定下来。对于某一个具体建设工程的监理规划，则要根据监理单位与业主签订的监理合同所确定的监理实际范围和深度来加以取舍。

归纳起来，监理规划基本构成内容应当包括：目标规划、项目组织、监理组织、目标控制、合同管理和信息管理。施工阶段监理规划统一的内容要求应当在建设监理法规文件或监理合同中明确下来。

2. 具体内容应具有针对性

监理规划基本构成内容应当统一，但各项具体的内容则要有针对性。因为，监理规划是指导某一个特定建设工程监理工作的技术组织文件，它的具体内容应与这个建设工程相适应。由于所有建设工程都具有单件性和一次性的特点，也就是说每个建设工程都有自身的特点，而且，每一个监理单位和每一位总监理工程师对某一个具体建设工程在监理思想、监理方法和监理手段等方面都会有自己的独到之处，因此，不同的监理单位和不同的监理工程师在编写监理规划的具体内容时，必然会体现出自己鲜明的特色。由于建设工程监理的目的就是协助业主实现其投资目的，因此，某一个建设工程监理规划只要能够对有效实施该工程监理做好指导工作，能够圆满地完成所承担的建设工程监理业务，就是一个合格的建设工程监理规划。

每一个监理规划都是针对某一个具体建设工程的监理工作计划，都必然有它自己的投资目标、进度目标、质量目标，项目组织形式，监理组织机构，目标控制措施、方法和手段，信息管理制度，合同管理措施。只有具有针对性，建设工程监理规划才能真正起到指导具体监理工作的作用。

3. 监理规划应当遵循建设工程的运行规律

监理规划是针对一个具体建设工程编写的，而不同的建设工程具有不同的工程特点、工程条件和运行方式。这也决定了建设工程监理规划必然与工程运行客观规律具有一致性，必须把握、遵循建设工程运行的规律。只有把握建设工程运行的客观规律，监理规划的运行才是有效的，才能实施对这项工程的有效监理。

此外，监理规划要随着建设工程的展开进行不断的补充、修改和完善。它由开始的"粗线条"或"近细远粗"逐步变得完整、完善起来。在建设工程的运行过程中，内外因素和条件不可避免地要发生变化，造成工程的实施情况偏离计划，这时往往需要调整计划或目标，必然就会造成监理规划在内容上也要作出相应的调整。其目的是使建设工程能够在监理规划的有效控制之下。

监理规划要把握建设工程运行的客观规律，就需要不断地收集大量的编写信息。如果掌握的工程信息很少，就不可能对监理工作进行详尽的规划。例如，随着设计的不断进展、工程招标方案的出台和实施，工程信息量越来越多，监理规划的内容也就越来越趋于完整。

4. 项目总监理工程师是监理规划编写的主持人

监理规划应当在项目总监理工程师主持下编写制定，这是建设工程监理实施项目总监理工程师负责制的必然要求。当然，编制好建设工程监理规划，还要充分调动整个项目监理机构中专业监理工程师的积极性，要广泛征求各专业监理工程师的意见和建议，并吸收其中水平比较高的专业监理工程师共同参与编写。

在监理规划编写的过程中，应当充分听取业主的意见，最大限度地满足他们的合理要求，为进一步搞好监理服务奠定基础。

作为监理单位的业务工作，在编写监理规划时还应当按照本单位的要求进行编写。

5. 监理规划一般要分阶段编写

如前所述，监理规划的内容与工程进展密切相关，没有规划信息也就没有规划内容。因此，监理规划的编写需要有一个过程，需要将编写的整个过程划分为若干个阶段。

监理规划编写阶段可按工程实施的各阶段来划分，这样，工程实施各阶段所输出的工程信息就成为相应的监理规划信息，例如，可划分为设计阶段、施工招标阶段和施工阶段。设计的前期阶段，即设计准备阶段应完成规划的总框架并将设计阶段的监理工作进行"近细远粗"的规划，使监理规划内容与已经掌握的工程信息紧密结合；设计阶段结束，大量的工程信息能够提供出来，所以施工招标阶段监理规划的大部分内容能够落实。随着施工招标的进展，各承包单位逐步确定下来，工程施工合同逐步签订，施工阶段监理规划所需的工程信息基本齐备，足以编写出完整的施工阶段监理规划。在施工阶段，有关监理规划的主要工作是根据工程进展情况进行调整、修改，使监理规划能够动态地控制整个建设工程的正常进行。

在监理规划的编写过程中需要进行审查和修改，所以，监理规划的编写还要留出必要的审查和修改的时间。为此，应当对监理规划的编写时间事先作出明确的规定，以免编写时间过长，从而耽误了监理规划对监理工作的指导，使监理工作陷于被动和无序。

6. 监理规划的表达方式应当格式化、标准化

现代科学管理应当讲究效率、效能和效益，其表现之一就是使控制活动的表达方式格式化、标准化，从而使控制的规划显得更明确、更简洁、更直观，因此，需要选择最有效的方式和方法来表示监理规划的各项内容。比较而言，图、表和简单的文字说明应当是采用的基本方法。我国的建设监理制度应当走规范化、标准化的道路，这是科学管理与粗放型管理在具体工作上的明显区别。可以这样说，规范化，标准化是科学管理的标志之一。所以，编写建设工程监理规划各项内容时应当采用什么表格、图示以及哪些内容需要采用简单的文字说明应当对此作出统一的规定。

7. 监理规划应该经过审核

监理规划在编写完成后需进行审核并经批准。监理单位的技术主管部门是内部审核单位，其负责人应当签认，同时，还应当按合同约定提交给业主，由业主确认并监督实施。

从监理规划编写的上述要求来看，它的编写既需要由主要负责者（项目总监理工程师）主持，又需要形成编写班子。同时，项目监理机构的各部门负责人也有相关的任务和责任。监理规划涉及建设工程监理工作的各方面，所以，有关部门和人员都应当关注它，使监理规划编制得科学、完备，真正地发挥全面指导监理工作的作用。

7.3 建设工程监理规划的内容及其审核

7.3.1 建设工程监理规划的内容

建设工程监理规划应将委托监理合同中规定的监理单位承担的责任及监理任务具体化，并在此基础上制定实施监理的具体措施。

建设工程监理规划通常包括以下内容：

1. 建设工程概况

建设工程的概况部分主要编写以下内容：

1）建设工程的名称。

2）建设工程的地点。

3）建设工程的组成及建筑规模。

4）主要的建筑结构类型。

5）预计工程投资总额。预计工程投资总额可以按以下两种费用编列：

① 建设工程投资总额。

② 建设工程投资组成简表。

6）建设工程的计划工期。可以以建设工程的计划持续时间或以建设工程开、竣工的具体日历时间表示：

① 以建设工程的计划持续时间表示：建设工程计划工期为“××个月”或“×××天”。

② 以建设工程的具体日历时间表示：建设工程计划工期由________年________月________日至________年________月________日。

7）工程的质量要求。应具体提出建设工程的质量目标要求。

8）建设工程的设计单位及施工单位名称。

9）建设工程的项目结构图与编码系统。

2. 监理工作范围

监理工作范围是指监理单位所承担的监理任务的工程范围。如果监理单位承担全部建设工程的监理任务，则监理范围为全部建设工程，否则应按监理单位所承担的建设工程的建设标段或子项目划分确定建设工程监理范围。

3. 监理工作内容

（1）建设工程立项阶段建设监理工作的主要内容

1）协助业主准备工程报建手续。

2）可行性研究咨询/监理。

3）技术经济论证。

4）编制建设工程投资匡算。

（2）设计阶段建设监理工作的主要内容

1）结合建设工程特点，收集设计所需的技术经济资料。

2）编写设计要求文件。

3）组织建设工程设计方案竞赛或设计招标，协助业主选择好勘察设计单位。

4）拟定和商谈设计委托合同内容。

5）向设计单位提供设计所需的基础资料。

6）配合设计单位开展技术经济分析，搞好设计方案的比选，优化设计。

7）配合设计进度，组织设计单位与有关部门，如消防、环保、土地、人防、防汛、园林以及供水、供电、供气、供热、电信等部门的协调工作。

8）组织各设计单位之间的协调工作。

9）参与主要设备、材料的选型。

10）审核工程估算、概算、施工图预算。

11）审核主要设备、材料清单。

12）审核工程设计图样。

13）检查和控制设计进度。

14）组织设计文件的报批。

（3）施工招标阶段建设监理工作的主要内容

1）拟定建设工程施工招标方案并征得业主同意。

2）准备建设工程施工招标条件。

3）办理施工招标申请。

4）编写施工招标文件。

5）标底经业主认可后，报送所在地方建设主管部门审核。

6）组织建设工程施工招标工作。

7）组织现场勘察与答疑会，回答投标人提出的问题。

8）组织开标、评标及定标工作。

9）协助业主与中标单位商签施工合同。

（4）材料、设备采购供应的建设监理工作主要内容　对于由业主负责采购供应的材料、设备等物资，监理工程师应负责制订计划，监督合同的执行和供应工作。具体内容包括：

1）制订材料、设备供应计划和相应的资金需求计划。

2）通过质量、价格、供货期、售后服务等条件的分析和比选，确定材料、设备等物资的供应单位。重要设备尚应访问现有使用用户，并考察生产单位的质量保证体系。

3）拟定并商签材料、设备的订货合同。

4）监督合同的实施，确保材料、设备的及时供应。

（5）施工准备阶段建设监理工作的主要内容

1）审查施工单位选择的分包单位的资质。

2）监督检查施工单位质量保证体系及安全技术措施，完善质量管理程序与制度。

3）检查设计文件是否符合设计规范及标准，检查施工图样是否能满足施工需要。

4）协助做好优化设计和改善设计工作。

5）参加设计单位向施工单位的技术交底。

6）审查施工单位上报的实施性施工组织设计，重点对施工方案、劳动力、材料、机械设备的组织及保证工程质量、安全、工期和控制造价等方面的措施进行监督，并向业主提出监理意见。

7）在单位工程开工前检查施工单位的复测资料，特别是两个相邻施工单位之间的测量资料。控制桩橛是否交接清楚，手续是否完善，质量有无问题，并对贯通测量、中线及水准桩的设置、固桩情况进行审查。

8）对重点工程部位的中线、水平控制进行复查。

9）监督落实各项施工条件，审批一般单项工程、单位工程的开工报告，并报业主备查。

（6）施工阶段建设监理工作的主要内容

1）施工阶段的质量控制

① 对所有的隐蔽工程在进行隐蔽以前进行检查和办理签证，对重点工程要派监理人员驻点跟踪监理，签署重要的分项工程、分部工程和单位工程质量评定表。

② 对施工测量、放样等进行检查，对发现的质量问题应及时通知施工单位纠正，并做好监理记录。

③ 检查确认运到现场的工程材料、构件和设备质量，并应查验试验、化验报告单。出厂合格证是否齐全、合格，监理工程师有权禁止不符合质量要求的材料、设备进入工地和投入使用。

④ 监督施工单位严格按照施工规范、设计图样要求进行施工，严格执行施工合同。

⑤ 对工程主要部位、主要环节及技术复杂工程加强检查。

⑥ 检查施工单位的工程自检工作，数据是否齐全，填写是否正确，并对施工单位质量评定自检工作作出综合评价。

⑦ 对施工单位的检验测试仪器、设备、度量衡定期检验，不定期地进行抽验，保证度量资料的准确。

⑧ 监督施工单位对各类土木和混凝土试件按规定进行检查和抽查。

⑨ 监督施工单位认真处理施工中发生的一般质量事故，并认真做好监理记录。

⑩ 对大、重大质量事故以及其他紧急情况，应及时报告业主。

2）施工阶段的进度控制

① 监督施工单位严格按施工合同规定的工期组织施工。

② 对控制工期的重点工程，审查施工单位提出的保证进度的具体措施，如发生延误，应及时分析原因，采取对策。

③ 建立工程进度台账，核对工程形象进度，按月、季向业主报告施工计划执行情况、工程进度及存在的问题。

3）施工阶段的投资控制

① 审查施工单位申报的月、季度计量报表，认真核对其工程数量，不超计、不漏计，严格按合同规定进行计量支付签证。

② 保证支付签证的各项工程质量合格、数量准确。

③ 建立计量支付签证台账，定期与施工单位核对清算。

④ 按业主授权和施工合同的规定审核变更设计。

（7）施工验收阶段建设监理工作的主要内容

1）督促、检查施工单位及时整理竣工文件和验收资料，受理单位工程竣工验收报告，提出监理意见。

2）根据施工单位的竣工报告，提出工程质量检验报告。

3）组织工程预验收，参加业主组织的竣工验收。

（8）建设监理合同管理工作的主要内容

1）拟定本建设工程合同体系及合同管理制度，包括合同草案的拟定、会签、协商、修改、审批、签署、保管等工作制度及流程。

2）协助业主拟定工程的各类合同条款，并参与各类合同的商谈。

3）合同执行情况的分析和跟踪管理。

4）协助业主处理与工程有关的索赔事宜及合同争议事宜。

（9）委托的其他服务　监理单位及其监理工程师受业主委托，还可承担以下几方面的服务：

1）协助业主准备工程条件，办理供水、供电、供气、电信线路等申请或签订协议。

2）协助业主制定产品营销方案。

3）为业主培训技术人员。

4. 监理工作目标

建设工程监理目标是指监理单位所承担的建设工程的监理控制预期达到的目标。通常以建设工程的投资、进度、质量三大目标的控制值来表示。

1）投资控制目标：以________年预算为基价，静态投资为________万元（或合同价为

________万元）。

2）工期控制目标：________个月或自________年________月________日至________年________月________日。

3）质量控制目标：建设工程质量合格及业主的其他要求。

5. 监理工作依据

1）工程建设方面的法律、法规。

2）政府批准的工程建设文件。

3）建设工程监理合同。

4）其他建设工程合同。

6. 项目监理机构的组织形式

项目监理机构的组织形式应根据建设工程监理要求选择。项目监理机构可用组织结构图表示。

7. 项目监理机构的人员配备计划

项目监理机构的人员配备应根据建设工程监理的进程合理安排，见表7-1。

表7-1 项目监理机构的人员配备计划表

时间	3月	4月	5月	……	12月
专业监理工程师	8	9	10	……	6
监理员	24	26	30	……	20
文秘人员	3	4	4	……	4

8. 项目监理机构的人员岗位职责（详见附录案例中“八”）

9. 监理工作程序

监理工作程序比较简单明了的表达方式是监理工作流程图。一般可对不同的监理工作内容分别制定监理工作程序：

1）分包单位资质审查基本程序，如图7-1所示。

2）工程延期管理基本程序，如图7-2所示。

3）工程暂停及复工管理的基本程序，如图7-3所示。

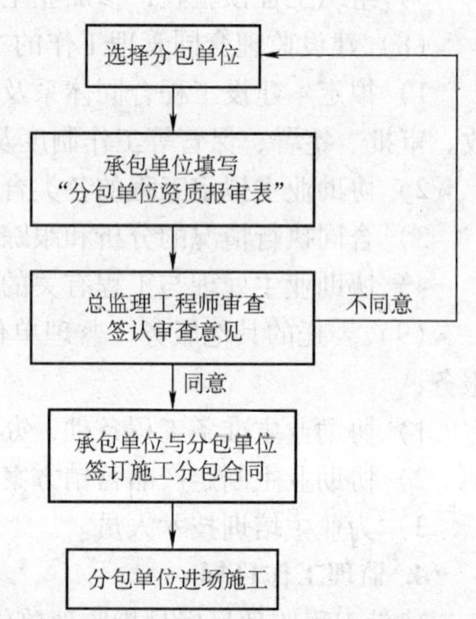

图7-1 分包单位资质审查基本程序

10. 监理工作方法及措施

建设工程监理控制目标的方法与措施应重点围绕投资控制、进度控制、质量控制这三大控制任务展开。

（1）投资目标控制方法与措施

1）投资目标分解

① 按建设工程的投资费用组成分解。

②按年度、季度分解。

③按建设工程实施阶段分解。

④按建设工程组成分解。

2）投资使用计划。投资使用计划可列表编制（见表7-2）。

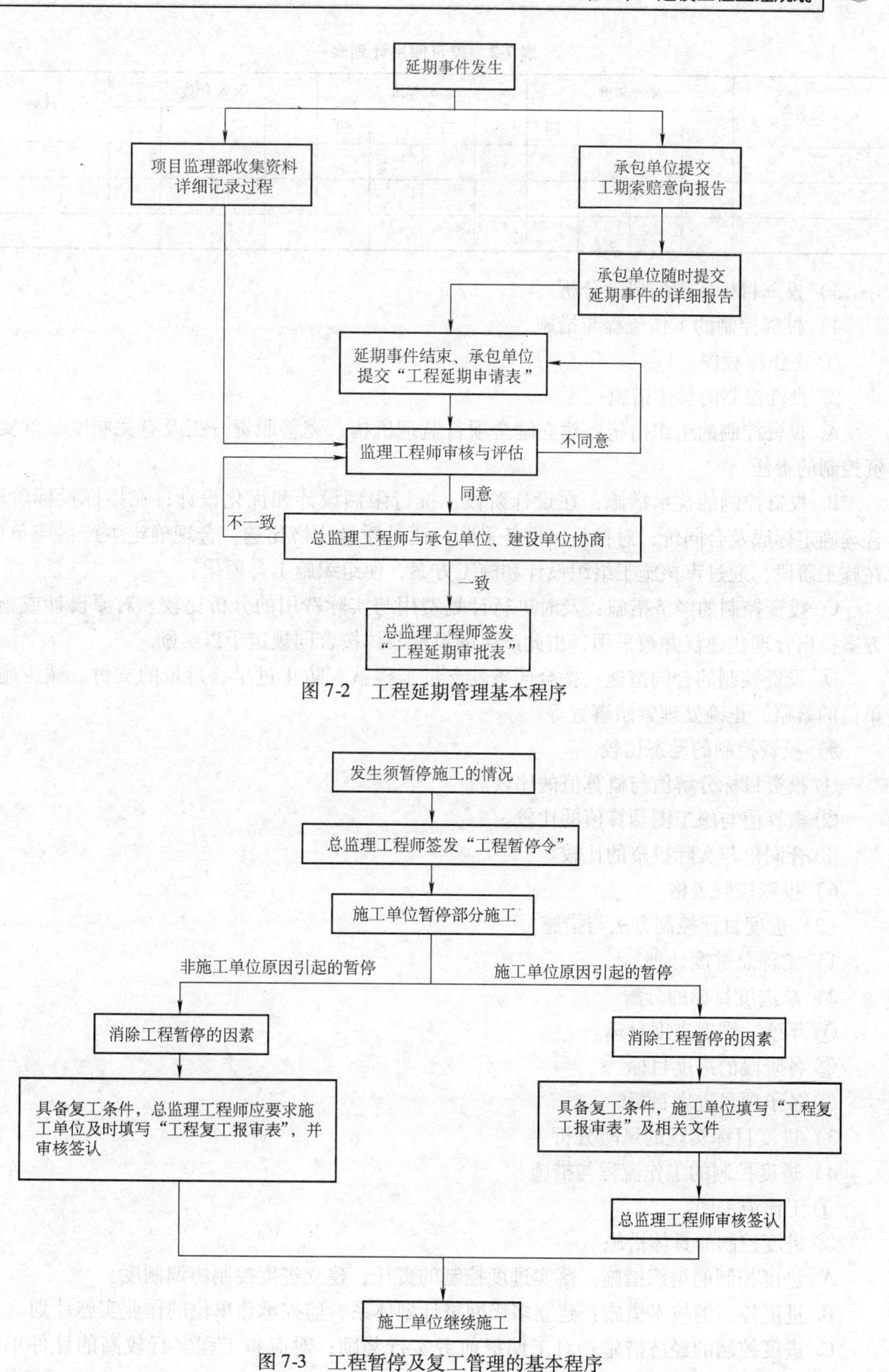

图7-2　工程延期管理基本程序

图7-3　工程暂停及复工管理的基本程序

表 7-2 投资使用计划表

工程名称	××年度				××年度				××年度				总额
	一	二	三	四	一	二	三	四	一	二	三	四	

3）投资目标实现的风险分析。

4）投资控制的工作流程与措施

① 工作流程图。

② 投资控制的具体措施：

A. 投资控制的组织措施：建立健全项目监理机构，完善职责分工及有关制度，落实投资控制的责任。

B. 投资控制的技术措施：在设计阶段，推行限额设计和优化设计；在招标投标阶段，合理确定标底及合同价；对材料、设备采购，通过质量价格比选，合理确定生产供应单位；在施工阶段，通过审核施工组织设计和施工方案，使组织施工合理化。

C. 投资控制的经济措施：及时进行计划费用与实际费用的分析比较。对原设计或施工方案提出合理化建议并被采用，由此产生的投资节约按合同规定予以奖励。

D. 投资控制的合同措施：按合同条款支付工程款，防止过早、过量的支付。减少施工单位的索赔，正确处理索赔事宜等。

5）投资控制的动态比较

① 投资目标分解值与概算值的比较。

② 概算值与施工图预算值的比较。

③ 合同价与实际投资的比较。

6）投资控制表格

（2）进度目标控制方法与措施

1）工程总进度计划。

2）总进度目标的分解

① 年度、季度进度目标。

② 各阶段的进度目标。

③ 各子项目进度目标。

3）进度目标实现的风险分析。

4）进度控制的工作流程与措施

① 工作流程图。

② 进度控制的具体措施。

A. 进度控制的组织措施：落实进度控制的责任，建立进度控制协调制度。

B. 进度控制的技术措施：建立多级网络计划体系，监控承建单位的作业实施计划。

C. 进度控制的经济措施：对工期提前者实行奖励；对应急工程实行较高的计件单价；确保资金的及时供应等。

D. 进度控制的合同措施：按合同要求及时协调有关各方的进度，以确保建设工程的形象进度。

5）进度控制的动态比较

① 进度目标分解值与进度实际值的比较。

② 进度目标值的预测分析。

6）进度控制表格

（3）质量目标控制方法与措施

1）质量控制目标的描述

① 设计质量控制目标。

② 材料质量控制目标。

③ 设备质量控制目标。

④ 土建施工质量控制目标。

⑤ 设备安装质量控制目标。

⑥ 其他说明。

2）质量目标实现的风险分析。

3）质量控制的工作流程与措施

① 工作流程图。

② 质量控制的具体措施。

A. 质量控制的组织措施：建立健全项目监理机构，完善职责分工，制定有关质量监督制度，落实质量控制责任。

B. 质量控制的技术措施：协助完善质量保证体系；严格事前、事中和事后的质量检查监督。

C. 质量控制的经济措施及合同措施：严格质检和验收，不符合合同规定质量要求的拒付工程款；达到业主特定质量目标要求的，按合同支付质量补偿金或奖金。

4）质量目标状况的动态分析。

5）质量控制表格。

（4）合同管理的方法与措施

1）合同结构。可以以合同结构图的形式表示。

2）合同目录一览表（见表7-3）。

3）合同管理的工作流程与措施。

① 工作流程图。

② 合同管理的具体措施。

表7-3　合同目录一览表

序号	合同编号	合同名称	承包商	合同价	合同工期	质量要求

4）合同执行状况的动态分析。

5）合同争议调解与索赔处理程序。

6）合同管理表格。

（5）信息管理的方法与措施

1）信息分类表（见表7-4）。

表7-4 信息分类表

序号	信息类别	信息名称	信息管理要求	责任人

2）机构内部信息流程图（如图7-4所示）。

3）信息管理的工作流程与措施

① 工作流程图。

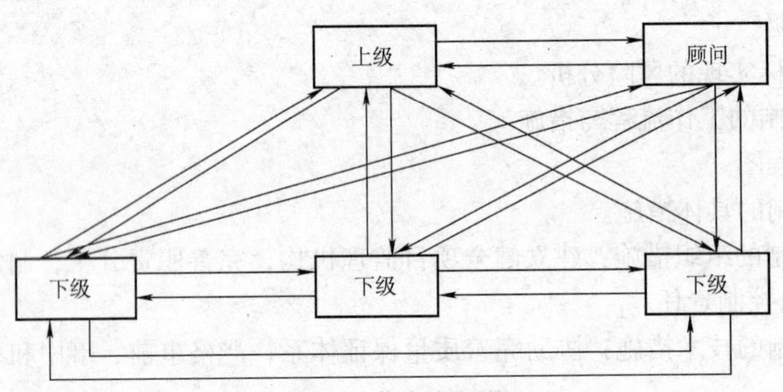

图7-4 信息流程图

② 信息管理的具体措施。

4）信息管理表格。

（6）组织协调的方法与措施

1）与建设工程有关的单位

① 建设工程系统内的单位：主要有业主、设计单位、施工单位、材料和设备供应单位、资金提供单位等。

② 建设工程系统外的单位：主要有政府建设行政主管机构、政府其他有关部门、工程毗邻单位、社会团体等。

2）协调分析

① 建设工程系统内的单位协调重点分析。

② 建设工程系统外的单位协调重点分析。

3）协调工作程序

① 投资控制协调程序。

② 进度控制协调程序。

③ 质量控制协调程序。

④ 其他方面工作协调程序。

4）协调工作表格。

11. 监理工作制度

（1）施工招标阶段

1）招标准备工作有关制度。

2）编制招标文件有关制度。

3）标底编制及审核制度。

4）合同条件拟定及审核制度。

5）组织招标实务有关制度等。

（2）施工阶段

1）设计文件、图样审查制度。

2）施工图样会审及设计交底制度。

3）施工组织设计审核制度。

4）工程开工申请审批制度。

5）工程材料，半成品质量检验制度。

6）隐蔽工程分项（部）工程质量验收制度。

7）单位工程、单项工程总监验收制度。

8）设计变更处理制度。

9）工程质量事故处理制度。

10）施工进度监督及报告制度。

11）监理报告制度。

12）工程竣工验收制度。

13）监理日志和会议制度。

（3）项目监理机构内部工作制度

1）监理组织工作会议制度。

2）对外行文审批制度。

3）监理工作日志制度。

4）监理周报、月报制度。

5）技术，经济资料及档案管理制度。

6）监理费用预算制度。

12. 监理设施

业主提供满足监理工作需要的如下设施：

1）办公设施。

2）交通设施。

3）通信设施。

4）生活设施。

根据建设工程类别、规模、技术复杂程度，建设工程所在地的环境条件，按委托监理合同的约定，配备满足监理工作需要的常规检测设备和工具（见表7-5）。

表 7-5 常规检测设备和工具

序号	仪器设备名称	型号	数量	使用时间	备注
1					
2					
3					
4					
5					
6					

7.3.2 建设工程监理规划的审核

建设工程监理规划在编写完成后需要进行审核并经批准。监理单位的技术主管部门是内部审核单位，其负责人应当签认。监理规划审核的内容主要包括以下几个方面：

1. 监理范围、工作内容及监理目标的审核

依据监理招标文件和委托监理合同，看其是否理解了业主对该工程的建设意图，监理范围、监理工作内容是否包括了全部委托的工作任务，监理目标是否与合同要求和建设意图相一致。

2. 项目监理机构结构的审核

（1）组织机构　在组织形式、管理模式等方面是否合理，是否结合了工程实施的具体特点，是否能够与业主的组织关系和承包方的组织关系相协调等。

（2）人员配备　人员配备方案应从以下几个方面审查：

1）派驻监理人员的专业满足程度。应根据工程特点和委托监理任务的工作范围审查，不仅要考虑专业监理工程师如土建监理工程师、机械监理工程师等能否满足开展监理工作的需要，而且还要看其专业监理人员是否覆盖了工程实施过程中的各种专业要求，以及高、中级职称和年龄结构的组成。

2）人员数量的满足程度。主要审核从事监理工作人员在数量和结构上的合理性。按照我国已完成监理工作的工程资料统计测算，在施工阶段，大中型建设工程每年完成100万元人民币的工程量所需监理人员为0.6～1人，专业监理工程师、一般监理人员和行政文秘人员的结构比例为0.2:0.6:0.2。专业类别较多的工程的监理人员数量应适当增加。

3）专业人员不足时采取的措施是否恰当。大中型建设工程由于技术复杂、涉及的专业面宽，当监理单位的技术人员不足以满足全部监理工作要求时，对拟临时聘用的监理人员的综合素质应认真审核。

4）派驻现场人员计划表。对于大中型建设工程，不同阶段对监理人员人数和专业等方面的要求不同，应对各阶段所派驻现场监理人员的专业、数量计划是否与建设工程的进度计划相适应进行审核。还应平衡正在其他工程上执行监理业务的人员，是否能按照预定计划进入本工程参加监理工作。

3. 工作计划审核

在工程进展中各个阶段的工作实施计划是否合理、可行，审查其在每个阶段中如何控制建设工程目标以及组织协调的方法。

4. 投资、进度、质量控制方法和措施的审核

对三大目标的控制方法和措施应重点审查，看其如何应用组织、技术、经济、合同措施保证目标的实现，方法是否科学、合理、有效。

小　　结

监理规划的编制应针对项目的实际情况，明确项目监理机构的工作目标，确定具体的监理工作制度、程序、方法和措施，并应具有可操作性。监理实施细则是根据监理规划，由专业监理工程师编写，并经总监理工程师批准，针对工程项目中某一方面监理工作的操作性文件。

工程建设监理规划的作用：指导监理单位的项目监理组织全面开展监理工作；是工程建设主管机构对监理单位实施监督管理的重要依据；是业主确认监理单位是否全面、认真履行工程建设监理合同的主要依据；是监理单位重要的存档资料。

工程建设规划的内容包括工程项目概况；监理工作范围；监理工作内容；监理工作目标；监理工作依据；项目监理机构的组织形式；项目监理机构的人员配备计划；项目监理机构的人员岗位职责；监理工作程序；监理工作方法及措施；监理工作制度；监理实施。

思 考 题

7-1　简述建设工程监理大纲、监理规划、监理实施细则三者之间的关系。

7-2　建设工程监理规划有何作用？

7-3　编写建设工程监理规划应注意哪些问题？

7-4　建设工程监理规划编写的依据是什么？

7-5　建设工程监理规一般包括哪些主要内容？

7-6　监理工作中一般需要制定哪些工作制度？

第8章　国外工程项目管理

学习目标

了解国际上与我国建设工程监理制度有关的一些情况，主要涉及建设项目管理、工程咨询和建设工程组织管理的新型模式。目的在于了解国际上建设工程管理发展的方向和趋势，以便对我国的建设工程监理制度有更准确的认识，从而使我国的建设工程监理制度更好地适应新形势。

8.1　建设项目管理

建设项目管理（Construction Project Management）在我国亦称为工程项目管理。从广义上讲，任何时候、任何建设工程都需要相应的管理活动，无论是古埃及的金字塔、古罗马的竞技场，还是中国的长城、故宫，都存在相应的建设项目管理活动。但是，我们通常所说的建设项目管理是指以现代建设项目管理理论为指导的建设项目管理活动。

8.1.1　建设项目管理的发展过程

第二次世界大战以前，在工程建设领域占绝对主导地位的是传统的建设工程组织管理模式，即设计—招标—建造模式（Design—Bid—Build）。采用这种模式时，业主与建筑师或工程师（房屋建筑工程适用建筑师，其他土木工程适用工程师）签订专业服务合同。建筑师或工程师不仅负责提供设计文件，而且负责组织施工招标工作来选择总包商，还要在施工阶段对施工单位的施工活动进行监督并对工程结算报告进行审核和签署。

第二次世界大战以后，世界上大多数国家的建设规模和发展速度都达到了历史上的最高水平，并出现了一大批大型和特大型建设工程，其技术和管理的难度大幅度提高，对工程建设管理者水平和能力的要求亦相应地提高。在这种新形势下，传统的建设工程组织管理模式已不能满足业主对建设工程目标进行全面控制和对建设工程实施进行全过程控制的新需求，其固有的缺陷日益突出，主要表现在：相对于质量控制而言，对投资和进度的控制以及合同管理较为薄弱，效果较差；难以发现设计本身的错误或缺陷，常常因为设计方面的原因而导致投资增加和工期拖延。正是在这样的背景下，一种不承担建设工程的具体设计任务、专门为业主提供建设项目管理服务的咨询公司应运而生了，并且迅速发展壮大，成为工程建设领域一个新的专业化方向。

建设项目管理专业化的形成和发展在工程建设领域专业化发展史上具有里程碑意义。因为在此之前，工程建设领域专业化的发展都表现为技术方面的专业化：首先是由设计、施工一体化发展到设计与施工分离，形成设计专业化和施工专业化；设计专业化的进一步发展导致建筑设计与结构设计的分离，形成建筑设计专业化和结构设计专业化，以后又逐渐形成各种工程设备设计的专业化；施工专业化的发展形成了各种施工对象专业化、施工阶段专业化和施工工种专业化。建设项目管理专业化的形成符合建设项目一次性的特点，符合工程建设活动的客观规律，取得了非常显著的经济效果，从而显示出强大的生命力。

建设项目管理专业化发展的初期仅局限在施工阶段，即由建筑师或工程师为业主提供设计服务，而由建设项目管理公司为业主提供施工招标服务以及施工阶段的监督和管理服务。应用这种方式虽然能在施工阶段发现设计的一些错误或缺陷，但是有时对投资和进度造成的损失已无法挽回，因而对设计的控制和建设工程总目标的控制的效果不甚理想。因此，建设项目管理的服务范围又逐渐扩大到建设工程实施的全过程，加强了对设计的控制，充分体现了早期控制的思想，取得了更好的控制效果。建设项目管理的进一步发展是将服务范围扩大到工程建设的全过程，即既包括实施阶段又包括决策阶段，最大限度地发挥了全过程控制和早期控制的作用。

需要说明的是，虽然专业化的建设项目管理公司得到了迅速发展，其占建筑咨询服务市场的比例也日益扩大，但至今并未完全取代传统模式中的建筑师或工程师。当前，无论是在国内建设工程中，还是在国际工程中，传统的建设工程组织管理模式仍然得到广泛的应用。这一方面是因为传统模式中建筑师或工程师在设计方面的作用和优势是专业化建设项目管理人员所无法取代的，另一方面则是因为传统模式中的建筑师或工程师也在不断提高他们在投资控制、进度控制和合同管理方面的水平和能力，实际上也是以现代建设项目管理理论为指导为业主提供更全面、效果更好的服务。在一个确定的建设工程上，究竟是采用专业化的建设项目管理还是传统模式，完全取决于业主的选择。

8.1.2 建设项目管理的类型

1. 按管理主体分

参与工程建设的各方都有自己的项目管理任务。除了专业化的建设项目管理公司外，参与工程建设的各方主要是指业主，设计单位，施工单位以及材料、设备供应单位。按管理主体分，建设项目管理就可以分为业主方的项目管理，设计单位的项目管理，施工单位的项目管理以及材料、设备供应单位的项目管理。其中，在大多数情况下，业主没有能力自己实施建设项目管理，需要委托专业化的建设项目管理公司为其服务；另外，除了特大型建设工程的设备系统之外，在大多数情况下，材料、设备供应单位的项目管理比较简单，主要表现在按时、按质、按量供货，一般不作专门研究。就设计单位和施工单位两者比较而言，施工单位的项目管理所涉及的问题要复杂得多，对项目管理人员的要求亦高得多，因而也是建设项目管理理论研究和实践的重要方面。

2. 按服务对象分

专业化建设项目管理公司的出现是适应业主新需求的产物，但是，在其发展过程中，并不仅仅局限于为业主提供项目管理服务，也可能为设计单位和施工单位提供项目管理服务。因此，按专业化建设项目管理公司的服务对象分，建设项目管理可以分为为业主服务的项目管理、为设计单位服务的项目管理和为施工单位服务的项目管理。其中，为业主服务的项目管理最为普遍，所涉及的问题最多，也最复杂，需要系统运用建设项目管理的基本理论。为设计单位服务的项目管理主要是为设计总包单位服务。这是因为发达国家的设计单位通常规模较小、专业性较强，对于房屋建筑来说，往往是由建筑师事务所担任设计总包单位，由结构、工程设备等专业设计事务所担任设计分包单位。如果面对一项大型、复杂的建设工程，作为设计总包单位的某建筑师事务所可能感到难以胜任设计阶段的项目管理工作，这时就需要委托专业化的建设项目管理公司为其服务。从国际上建设项目管理的实践来看，这种情况很少见。至于为施工单位服务的项目管理，应用虽然较为普遍，但服务范围却较为狭窄。通常施工单位都具有自行实施项目管理的水平和能力，因而一般没有必要委托专业化建设项目管理公司为其提供全过程、全方位的项目管理服务。但是，即使是具有相当高的项目管理水平和能力的大型施工单位，当遇到复杂的工程合同争议和索赔问题时，也可能需要委托专业化建设项目管理公司为其提供相应的服务。在国际工程承包中，由于合同争议和索赔的处理涉及适用法律（往往不是施工单位所在国法律）的问题，因而这种情况较为常见。

3. 按服务阶段分

这种划分主要是从专业化建设项目管理公司为业主服务的角度考虑的。根据为业主服务的时间范围，建设项目管理可分为施工阶段的项目管理、实施阶段全过程的项目管理和工程建设全过程的项目管理。其中，实施阶段全过程的项目管理和工程建设全过程的项目管理则更能体现建设项目管理基本理论的指导作用，对建设工程目标控制的效果亦更为突出。因此，这两种全过程项目管理所占的比例越来越大，成为专业化建设项目管理公司主要的服务领域。

8.1.3 建设项目管理理论体系的发展

建设项目管理是一门较为年轻的学科，从其形成到现在只有四十多年的历史，目前仍然在继续发展。因此，这里只能概要性地描述一下建设项目管理理论体系的发展轨迹，突出其主要内容的形成和发展过程，而不涉及具体的内容、方法和观点。

建设项目管理的基本理论体系形成于20世纪50年代末、60年代初。它是以当时已经比较成熟的组织论（也称“组织学”）、控制论和管理学作为理论基础，结合建设工程和建筑市场的特点而形成的一门新兴学科。当时，建设项目管理学的主要内容有：建设项目管理的组织、投资控制（或成本控制）、进度控制、质量控制、合同管理。建设项目管理理论体系的形成过程与建设项目管理专业化的形成过程大致是同步的，两者是相互促进的，真正体现了理论指导实践、实践又反作用于理论，使理论进一步发展和提高的客观规律。

20世纪70年代，随着计算机技术的发展，计算机辅助管理的重要性日益显露出来，因而计算机辅助建设项目管理或信息管理（注意：计算机辅助建设项目管理与信息管理是两个不同范畴的问题）成为建设项目管理学的新内容。在这期间，原有的内容也在进一步发展，例如，有关组织的内容扩大到工作流程的组织和信息流程的组织，合同管理中深化了索赔内容，进度控制方面开始出现商品化软件等。而且，随着网络计划技术理论和方法的发展，开始出现进度控制方面的专著。

20世纪80年代，建设项目管理学在宽度和深度两方面都有重大的发展。在宽度方面，组织协调和建设工程风险管理成为了建设项目管理学的重要内容。在深度方面，投资控制方面出现一些新的理念，如全面投资控制（Total Cost Control）、投资控制的费用（Cost of Cost Control）等；进度控制方面出现多平面（又称多阶）网络理论和方法；合同管理和索赔方面的研究日益深入，出现许多专著等。

20世纪90年代和21世纪初，建设项目管理学主要是在深度方面发展。例如，投资控制方面的偏差分析形成系统的理论和方法，质量控制方面由经典的质量管理方法向ISO 9000

和ISO14000系列发展，建设工程风险管理方面的研究越来越受到重视，在组织协调方面出现沟通管理（Communication Management）的理念和方法等。这一时期，建设项目管理学的各个主要内容都出现了众多的专著，产生了大批研究成果。而且，这一时期也是与建设项目管理有关的商品化软件的大发展期，尤其在进度控制和投资控制方面出现了不少功能强大、比较成熟和完善的商品化软件，其在建设项目管理实践中得到广泛运用，提高了建设项目管理实际工作的效率和水平。

应当特别提到的是，美国项目管理学会（PMI）对总结项目管理（注意：并不局限于建设项目管理）的理论和扩展项目管理的应用领域发挥了重要作用。PMI编制的《项目管理知识体系指南》（A Guide to the Project Management Body of Knowledge，简称PMBOK）被许多国家在不同专业领域进行项目管理培训时广泛采用。在PMBOK2000版中，把项目管理的知识领域归纳为九个方面，即项目整体（或集成）管理、项目范围管理、项目进度（或时间）管理、项目费用管理、项目质量管理、项目人力资源管理、项目沟通管理、项目风险管理和项目采购管理（含合同管理）。

8.1.4 美国项目管理专业人员资格认证（PMP）

PMP（Project Management Professional）是指项目管理专业人员资格认证。它是由美国项目管理学会（PMI）发起的，目的是为了给项目管理专业人员提供统一的行业标准，使之掌握科学化的项目管理知识，以提高项目管理专业的工作水平。

1. PMI对项目经理职业道德、技能方面的要求

1）具备较高的个人和职业道德标准，对自己的行为承担责任。

2）只有通过培训、获得任职资格，才能从事项目管理。

3）在专业和业务方面，对雇主和客户诚实。

4）向最新专业技能看齐，不断发展自身的继续教育。

5）遵守所在国家的法律。

6）具备相应的领导才能，能够最大限度地提高生产率并最大限度地缩减成本。

7）应用当今先进的项目管理工具和技术，以保证达到项目计划规定的质量、费用和进度等控制目标。

8）为项目团队成员提供适当的工作条件和机会，公平待人。

9）乐于接受他人的批评，善于提出诚恳的意见，并能正确地评价他人的贡献。

10）帮助团队成员、同行和同事提高专业知识。

11）对雇主和客户没有被正式公开的业务和技术工艺信息应予以保密。

12）告知雇主、客户可能会发生的利益冲突。

13）不得直接或间接对有业务关系的雇主和客户行贿、受贿。

14）真实地报告项目质量、费用和进度。

2. PMP知识结构

1）掌握项目生命周期：项目启动、项目计划、项目执行、项目控制、项目竣工。

2）具有以下九个方面的基本能力：整体（或集成）管理、范围管理、进度（或时间）管理、费用管理、质量管理、资源管理、沟通管理、风险管理、采购管理。

3. 报考条件与要求

PMP 认证申请者必须满足以下类别之一规定的教育背景和专业经历：

1）第一类：申请者需具有学士学位或同等的大学学历或以上者。申请者需至少连续 3 年以上，具有 4500h 的项目管理经历，且仅在申请日之前 6 年之内的经历有效。需要提交的文件：一份详细描述工作经历和教育背景的最新简历（需提供所有雇主和学校的名称及详细地址）；一份学士学位或同等大学学历证书或复印件；能说明至少 3 年以上，4500h 的经历审查表。

2）第二类：申请者不具备学士学位或同等大学学历或以上者。申请者需至少连续 5 年以上，具有 7500h 的项目管理经历，且仅在申请日之前 8 年之内的经历有效。所需提交文件：一份详细描述工作经历和教育背景的最新简历（需提供所有雇主和学校的名称及详细地址）；能说明至少 5 年以上，7500h 的经历审查表。

4. 考试形式和内容

在我国举办的 PMP 考试为中英文对照形式，共 200 道单项选择题，考试时间为 4.5h。考试的内容涉及 PMBOK 中的知识内容，包括项目管理的五个过程和九个知识领域，其中，项目启动占全卷的 4%；项目计划占 37%；项目执行占 24%；项目控制占 28%；项目竣工占 7%。

8.2 工程咨询

8.2.1 工程咨询概述

1. 工程咨询的概念

到目前为止，工程咨询在国际上还没有一个统一的、规范化的定义。尽管如此，综合各种关于工程咨询的表述，可将工程咨询定义为：所谓工程咨询，是指适应现代经济发展和社会进步的需要，集中专家群体或个人的智慧和经验，运用现代科学技术和工程技术以及经济、管理、法律等方面的知识，为建设工程决策和管理提供的智力服务。

需要说明的是，如果某项工作的任务主要是采用常规的技术且属于设备密集型的工作，那么该项工作就不应列为咨询服务，在国际上通常将其列为劳务服务。例如，卫星测绘、地质钻探、计算机服务等就属于这类劳务服务。

2. 工程咨询的作用

工程咨询是智力服务，是知识的转让，可有针对性地向客户提供可供选择的方案、计划或有参考价值的数据、调查结果、预测分析等，亦可实际参与工程实施过程的管理，其作用可归纳为以下几个方面：

（1）为决策者提供科学合理的建议　工程咨询本身通常并不决策，但它可以弥补决策者职责与能力之间的差距。根据决策者的委托，咨询者利用自己的知识、经验和已掌握的调查资料，为决策者提供科学合理的一种或多种可供选择的建议或方案，从而减少决策失误。这里的决策者既可以是各级政府机构，也可以是企业领导或具体建设工程的业主。

（2）保证工程的顺利实施　由于建设工程具有一次性的特点，而且其实施过程中有众多复杂的管理工作，业主通常没有能力自行管理。工程咨询公司和人员则在这方面具有专业化的知识和经验，由他们负责工程实施过程的管理，可以及时发现和处理所出现的问题，大大地提高工程实施过程管理的效率和效果，从而保证工程的顺利实施。

（3）为客户提供信息和先进技术　工程咨询机构往往集中了一定数量的专家、学者，拥有大量的信息、知识、经验和先进技术，可以随时根据客户需要提供信息和技术服务，弥补客户在科技和信息方面的不足。从全社会来说，这对于促进科学技术和情报信息的交流和转移，更好地发挥科学技术作为生产力的作用，都起到十分积极的作用。

（4）发挥准仲裁人的作用　由于相互利益关系的不同和认识水平的不同，在建设工程实施过程中，业主与建设工程的其他参与方之间，尤其是与承包商之间，往往会产生合同争议，需要第三方来合理解决所出现的争议。工程咨询机构是独立的法人，不受其他机构的约束和控制，只对自己咨询活动的结果负责，因而可以公正、客观地为客户提供解决争议的方案和建议。而且，由于工程咨询公司所具备的知识、经验、社会声誉及其所处的第三方地位，因而其所提出的方案和建议易于为争议双方所接受。

（5）促进国际间工程领域的交流和合作　随着全球经济一体化的发展，境外投资的数额和比例越来越大，相应地，境外工程咨询（往往又称为国际工程咨询）业务亦越来越多。在这些业务中，工程咨询公司和人员往往表现出他们自己在工程咨询和管理方面的理念和方法以及所掌握的工程技术和建设工程组织管理的新型模式，这对促进国际间在工程领域技术、经济、管理和法律等方面的交流和合作无疑起到了十分积极的作用，有利于加强各国工程咨询界的相互了解和沟通。另外，虽然目前在国际工程咨询市场中发达国家工程咨询公司占绝对的主导地位，但他们境外工程咨询业务的拓展在客观上也是有利于提高发展中国家工程咨询水平的。

3. 工程咨询的发展趋势

工程咨询是近代工业化的产物，于19世纪初首先出现在建筑业。

工程咨询从出现开始就是相对于工程承包而存在的，即工程咨询公司和人员不从事建设工程实际的建造和维修活动。工程咨询与工程承包的业务界限很清楚，即工程咨询公司不从事工程承包活动，而工程承包公司则不从事工程咨询活动。这种状况一直持续到20世纪60年代而没有发生本质的变化。

20世纪70年代以来，尤其是80年代以来，建设工程日趋大型化和复杂化，工程咨询和工程承包业务日趋国际化。与此同时，建设工程组织管理模式不断发展，出现了CM模式、项目总承包模式、EPC模式等新型模式；建设工程投融资方式也在不断发展，出现了BOT、PFI（Private Finance Initiative）、TOT、BT等方式。国际工程市场的这些变化使得工程咨询和工程承包业务也相应地发生变化，两者之间的界限不再像过去那样严格分开，开始出现相互渗透、相互融合的新趋势。从工程咨询方面来看，这一趋势的具体表现主要是以下两种情况：一是工程咨询公司与工程承包公司相结合，组成大的集团企业或采用临时联合方式，承接交钥匙工程（或项目总承包工程）；二是工程咨询公司与国际大财团或金融机构紧密联系，通过项目融资取得项目的咨询业务。

从工程咨询本身的发展情况来看，总的趋势是向全过程服务和全方位服务方向发展。其中，全过程服务分为实施阶段全过程服务和工程建设全过程服务两种情况，这与本章第一节建设项目管理所述内容是一致的，此不赘述。至于全方位服务，则比建设项目管理中对建设项目目标的全方位控制的内涵宽得多。除了对建设项目三大目标的控制之外，全方位服务还可能包括决策支持、项目策划、项目融资或筹资、项目规划和设计、重要工程设备和材料的国际采购等。当然，真正能提供上述所有内容全方位服务的工程咨询公司是不多见的。但是，如果某工程咨询公司除了能提供常规的建设项目管理服务之外，还能提供其他一个或几个方面的服务，亦可归入全方位服务之列。

此外，还有一个不容忽视的趋势是以工程咨询为纽带，带动本国工程设备、材料和劳务的出口。这种情况通常是在全过程服务和全方位服务条件下才会发生。由于业主最先选定了工程咨询公司（一般是国际著名的有实力的工程咨询公司），出于对该工程咨询公司的信任，在不损害业主利益的前提下，业主会乐意接受该工程咨询公司所推荐的其所在国的工程设备、材料和劳务。

8.2.2 咨询工程师

1. 咨询工程师的概念

咨询工程师（Consulting Engineer）是以从事工程咨询业务为职业的工程技术人员和其他专业（如经济、管理）人员的统称。

国际上对咨询工程师的理解与我国习惯上的理解有很大不同。按国际上的理解，我国的建筑师、结构工程师、各种专业设备工程师、监理工程师、造价工程师、从事工程招标业务的专业人员等都属于咨询工程师；甚至从事工程咨询业务有关工作（如处理索赔时可能需要审查承包商的财务账簿和财务记录）的审计师、会计师也属于咨询工程师之列。因此，不要把咨询工程师理解为“从事咨询工作的工程师”。因此，1990 年国际咨询工程师联合会（FIDIC）在其出版的《业主/咨询工程师标准服务协议书条件》（简称“白皮书”）中已用“Consultant”取代了“Consulting Engineer”。Consultant 一词可译为咨询人员或咨询专家，但我国对“白皮书”的翻译仍按原习惯译为“咨询工程师”。

另外，需要说明的是，由于绝大多数咨询工程师都是以公司的形式开展工作，所以，咨询工程师一词在很多场合也用于指工程咨询公司。例如，从“白皮书”的名称来看，业主显然不是与咨询工程师个人而是与工程咨询公司签订合同；从工程咨询合同（如“白皮书”）的具体条款来看，也有类似情况。因此，在阅读有关工程咨询的外文资料时，要注意鉴别咨询工程师一词的确切含义，应当说在大多数情况下不会产生歧义，但有时可能需要仔细琢磨才能准确把握其含义。

2. 咨询工程师的素质

工程咨询是科学性、综合性、系统性、实践性均很强的职业。作为从事这一职业的主体，咨询工程师应具备以下素质才能胜任这一职业：

（1）知识面宽　建设工程自身的复杂程度及其不同的环境和背景，工程咨询公司服务内容的广泛性，要求咨询工程师具有较宽的知识面。除了掌握建设工程的专业技术知识之外，还应熟悉与工程建设有关的经济、管理、金融和法律等方面的知识，对工程建设的管理过程有深入的了解，并熟悉项目融资、设备采购、招标咨询的具体运作和有关规定。

在工程技术方面，咨询工程师不仅要掌握建设工程的专业应用技术，而且要有较深的理论基础，并了解当前最新技术水平和发展趋势；不仅要掌握建设工程的一般设计原则和方法，还要掌握优化设计、可靠性设计、功能—成本设计等系统设计方法；不仅要熟悉工程设计各方面的技术要点和难点，还要熟悉主要的施工技术和方法，能充分考虑设计与施工的结合，从而保证顺利地建成工程。

（2）精通业务 工程咨询公司的业务范围很宽，作为咨询工程师个人来说，不可能从事本公司所有业务范围内的工作。但是，每个咨询工程师都应有自己比较擅长的一个或多个业务领域，成为该领域的专家。对精通业务的要求，首先意味着要具有实际动手能力。工程咨询业务的许多工作都需要实际操作，如工程设计、项目财务评价、技术经济分析等，不仅要会做，而且要做得对、做得好、做得快。其次，要具有丰富的工程实践经验。只有通过不断的实践经验积累，才能提高业务水平和熟练程度，才能总结经验，找出规律，指导今后的工程咨询工作。此外，在当今社会，计算机应用和外语已成为必要的工作技能，作为咨询工程师也应在这两方面具备一定的水平和能力。

（3）协调、管理能力强 工程咨询业务中有些工作并不是咨询工程师自己直接去做，而是组织、管理其他人员去做；不仅涉及与本公司各方面人员的协同工作，而且经常与客户、建设工程参与各方、政府部门、金融机构等发生联系，处理各种面临的问题。在这方面，需要的不是专业技术和理论知识，而是组织、协调和管理的能力。这表明，咨询工程师不仅要是技术方面的专家，而且要成为组织、管理方面的专家。

（4）责任心强 咨询工程师的责任心首先表现在职业责任感和敬业精神，要通过自己的实际行动来维护个人、本公司、本职业的尊严和名誉；同时，咨询工程师还负有社会责任，即应在维护国家和社会公众利益的前提下为客户提供服务。

责任心并不是空洞、抽象的，它可以在实际的咨询工作中得到充分的体现。工程咨询业务往往由多个咨询工程师协同完成，每个咨询工程师独立完成其中某一部分工作。这时，咨询工程师的责任心就显得尤为重要。因为每个咨询工程师的工作成果都与其他咨询工程师的工作有密切联系，任何一个环节的错误或延误都会给该项咨询业务带来严重后果。因此，每个咨询工程师都必须确保按时、按质地完成预定工作，并对自己的工作成果负责。

（5）不断进取，勇于开拓 当今世界，科学技术日新月异，新思想、新理论、新技术、新产品、新方法等层出不穷，对工程咨询不断地提出新的挑战。如果咨询工程师不能以积极的姿态面对这些挑战，终将被时代所淘汰。因此，咨询工程师必须及时更新知识，了解、熟悉乃至掌握与工程咨询相关领域的新进展；同时，要勇于开拓新的工程咨询领域（包括业务领域和地区领域），以适应客户的新需求，顺应工程咨询市场发展的趋势。

3. 咨询工程师的职业道德

国际上许多国家（尤其是发达国家）的工程咨询业已相当发达，相应地制定了各自的行业规范和职业道德规范，以指导和规范咨询工程师的职业行为。这些众多的咨询行业规范和职业道德规范虽然各不相同，但基本上是大同小异，其中在国际上最具普遍意义和权威性的是 FIDIC 道德准则，其内容在本书第 2 章已经作了介绍，此处不再重复。

咨询工程师的职业道德规范或准则虽然不是法律，但是对咨询工程师的行为却具有相当大的约束力。不少国家的工程咨询行业协会都明确规定，一旦咨询工程师的行为违背了职业道德规范或准则，就将终身不得再从事该职业。

8.2.3 工程咨询公司的服务对象和内容

工程咨询公司的业务范围很广泛，其服务对象可以是业主、承包商、国际金融机构和贷款银行，工程咨询公司也可以与承包商联合投标承包工程。工程咨询公司的服务对象不同，相应的具体服务内容也有所不同。

1. 为业主服务

为业主服务是工程咨询公司最基本、最广泛的业务。这里所说的业主包括各级政府（此时不是以管理者身份出现）、企业和个人。工程咨询公司为业主服务既可以是全过程服务（包括实施阶段全过程和工程建设全过程），也可以是阶段性服务。

工程建设全过程服务的内容包括可行性研究（投资机会研究、初步可行性研究、详细可行性研究）、工程设计（概念设计、基本设计、详细设计）、工程招标（编制招标文件、评标、合同谈判）、材料设备采购、施工管理（监理）、生产准备、调试验收、后评价等一系列工作。在全过程服务的条件下，咨询工程师不仅是作为业主的受雇人开展工作，而且也代表了业主的部分职责。

所谓阶段性服务，就是工程咨询公司仅承担上述工程建设全过程服务中某一阶段的服务工作。一般来说，除了生产准备和调试验收之外，其余各阶段工作业主都可能单独委托工程咨询公司来完成。阶段性服务又分为两种不同的情况：一种是业主已经委托某工程咨询公司进行全过程服务，但同时又委托其他工程咨询公司对其中某一或某些阶段的工作成果进行审查、评价，例如，对可行性研究报告、设计文件都可以采取这种方式；另一种是业主分别委托多个工程咨询公司完成不同阶段的工作，在这种情况下，业主仍然可能将某一阶段工作委托某一工程咨询公司完成，再委托另一工程咨询公司审查、评价其工作成果；业主还可能将某一阶段工作（如施工监理）分别委托多个工程咨询公司来完成。

工程咨询公司为业主服务既可以是全方位服务，也可以是某一方面的服务，例如，仅仅提供决策支持服务、仅仅承担施工质量监理、仅仅从事工程投资控制等。

2. 为承包商服务

工程咨询公司为承包商服务主要有以下几种情况：

（1）为承包商提供合同咨询和索赔服务　如果承包商对建设工程的某种组织管理模式不了解，如 CM 模式、EPC 模式，或对招标文件中所选择的合同条件体系很陌生，如从未接触过 AIA 合同条件和 JCT 合同条件，就需要工程咨询公司为其提供合同咨询，以便了解和把握该模式或该合同条件的特点、要点以及需要注意的问题，从而避免或减少合同风险，提高自己合同管理的水平。另外，当承包商对合同所规定的适用法律不熟悉甚至根本不了解，或发生了重大、特殊的索赔事件而承包商自己又缺乏相应的索赔经验时，承包商都可能委托工程咨询公司为其提供索赔服务。

（2）为承包商提供技术咨询服务　当承包商遇到施工技术难题，或工业项目中工艺系统设计和生产流程设计方面的问题时，工程咨询公司可以为其提供相应的技术咨询服务。在这种情况下，工程咨询公司的服务对象大多是技术实力不太强的中小承包商。

（3）为承包商提供工程设计服务　在这种情况下，工程咨询公司实质上是承包商的设计分包商，其具体表现又有两种方式。一种是工程咨询公司仅承担详细设计（相当于我国的施工图设计）工作。在国际工程招标时，在不少情况下仅达到基本设计（相当于我国的扩初设计），承包商不仅要完成施工任务，而且要完成详细设计。如果承包商不具备完成详细设计的能力，就需要委托工程咨询公司来完成。需要说明的是，这种情况在国际上仍然属于施工承包，而不属于项目总承包。另一种是工程咨询公司承担全部或绝大部分设计工作。

其前提是承包商以项目总承包或交钥匙方式承包工程，且承包商没有能力自己完成工程设计。这时，工程咨询公司通常在投标阶段完成到概念设计或基本设计，中标后再进一步深化设计。此外，还要协助承包商编制成本估算、投标估价、编制设备安装计划、参与设备的检验和验收、参与系统调试和试生产等。

3. 为贷款方服务

这里所说的贷款方包括一般的贷款银行、国际金融机构（如世界银行、亚洲开发银行等）和国际援助机构（如联合国开发计划署、粮农组织等）。

工程咨询公司为贷款方服务的常见形式有两种。一是对申请贷款的项目进行评估。工程咨询公司的评估侧重于项目的工艺方案、系统设计的可靠性和投资估算的准确性，并核算项目的财务评价指标并进行敏感性分析，最终提出客观、公正的评估报告。由于申请贷款项目通常都已完成了可行性研究，因此工程咨询公司的工作主要是对该项目的可行性研究报告进行审查、复核和评估。二是对已接受贷款的项目的执行情况进行检查和监督。国际金融或援助机构为了了解已接受贷款的项目是否按照有关的贷款规定执行，确保工程和设备在国际招标过程中的公开性和公正性，保证贷款资金的合理使用、按项目实施的实际进度拨付，并能对贷款项目的实施进行必要的干预和控制，就需要委托工程咨询公司为其服务，对已接受贷款的项目的执行情况进行检查和监督，提出阶段性工作报告，以及时、准确地掌握贷款项目的动态，从而能作出正确的决策（如停贷、缓贷）。

4. 联合承包工程

在国际上，一些大型工程咨询公司往往与设备制造商和土木工程承包商组成联合体，参与项目总承包或交钥匙工程的投标，中标后共同完成项目建设的全部任务。在少数情况下，工程咨询公司甚至可以作为总承包商，承担项目的主要责任和风险，而承包商则成为分包商。工程咨询公司还可能参与BOT项目，甚至作为这类项目的发起人和策划公司。

虽然联合承包工程的风险相对较大，但可以给工程咨询公司带来更多的利润，而且在有些项目上可以更好地发挥工程咨询公司在技术、信息、管理等方面的优势。如前所述，采用多种形式参与联合承包工程，已成为国际上大型工程咨询公司拓展业务的一个趋势。

8.3　建设工程组织管理的新型模式

随着社会技术经济水平的发展，建设工程业主的需求也在不断地变化和发展，总的趋势是希望简化自身的管理工作，得到更全面、更高效的服务，更好地实现建设工程预定的目标。与此相适应，建设工程组织管理模式也在不断地发展，国际上出现了许多新型模式。本节介绍CM模式、EPC模式、Partnering模式和Project Controlling模式。需要说明的是，如果从形成时间和与传统模式相对应的角度考虑，项目总承包（国际上称为设计+施工或交钥匙模式）也可称为新型模式。只是由于这种模式在国际上应用已较为普遍，故本书将其归在“基本模式”之列。而本节所介绍的四种新型模式，除CM模式形成时间较早之外（20世纪60年代），其余模式形成时间均较迟（20世纪80年代以后），且至今在国际上应用尚不普遍。尽管如此，由于这些新型模式反映了业主需求和建筑市场的发展趋势，而且均难以用简单的词汇直接译成中文，因而有必要了解其基本概念和有关情况。

8.3.1 CM 模式

1. CM 模式的产生背景和概念

1968 年，汤姆森（Charles B. Thomson）等人受美国建筑基金会的委托，在美国纽约州立大学研究关于如何加快设计和施工速度以及如何改进控制方法的报告中，通过对许多大建筑公司的调查，在综合各方面经验的基础上，提出了快速路径法（Fast – Track Method，国内也有将其译为"快速轨道法"），又称为阶段施工法（Phased Construction Method）。这种方法的基本特征是将设计工作分为若干阶段（如基础工程、上部结构工程、装修工程、安装工程）完成，每一阶段设计工作完成后，就组织相应工程内容的施工招标，确定施工单位后即开始相应工程内容的施工。与此同时，下一阶段设计工作继续进行，完成后再组织相应的施工招标，确定相应的施工单位……其建设实施过程如图 8-1 所示。

由图 8-1 可以看出，采用快速路径法可以将设计工作和施工招标工作与施工搭接起来，整个建设周期是第一阶段设计工作和第一次施工招标工作所需要的时间与整个工程施工所需要的时间之和。与传统模式相比，快速路径法可以缩短建设周期。从理论上讲，其缩短的时间应为传统模式条件下设计工作和施工招标工作所需时间与快速路径法条件下第一阶段设计工作和第一次施工招标工作所需时间之差。对于大型、复杂的建设工程来说，这一时间差额很长，甚至可能超过 1 年。但实际上，与传统模式相比，快速路径法大大地增加了施工阶段组织协调和目标控制的难度，例如，设计变更增多，施工现场多个施工单位同时分别施工导致工效降低等。这表明，在采用快速路径法时，如果管理不当，就可能适得其反。因此，迫切需要采用一种与快速路径法相适应的新的组织管理模式，而 CM 模式就是在这样的背景下应运而生的。

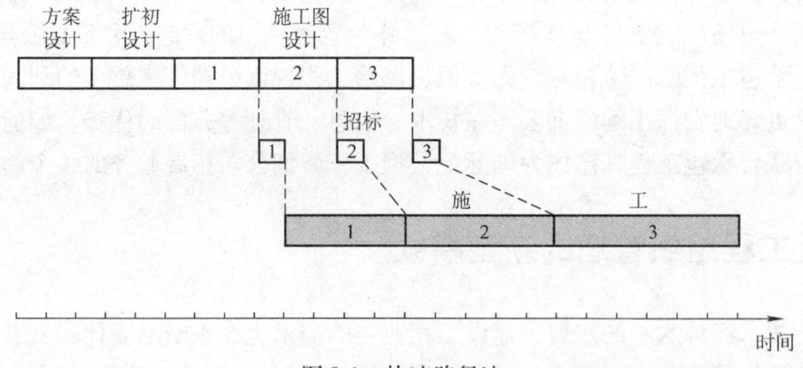

图 8-1 快速路径法

所谓 CM 模式，就是在采用快速路径法时，从建设工程的开始阶段就雇用具有施工经验的 CM 单位（或 CM 经理）参与到建设工程实施过程中来，以便为设计人员提供施工方面的建议且负责管理施工过程。这种安排的目的是将建设工程的实施作为一个完整的过程来对待，并同时考虑设计和施工的因素，力求使建设工程在尽可能短的时间内、以尽可能经济的费用和满足要求的质量建成并投入使用。

尤其要注意的是，不要将 CM 模式与快速路径法混为一谈。因为快速路径法只是改进了传统模式条件下建设工程的实施顺序，不仅可在 CM 模式中使用，也可在其他模式中使用，如平行承发包模式、项目总承包模式（此时设计与施工的搭接是在项目总承包商内部完成的，且不存在施工与招标的搭接）。而 CM 模式则是以使用 CM 单位为特征的建设工程组织管理模式，具有独特的合同关系和组织形式。

美国建筑师学会（AIA）和美国总承包商联合会（AGC）于20世纪90年代初共同制定了 CM 标准合同条件。但是，FIDIC 等合同条件体系至今尚没有 CM 标准合同条件。

2. CM 模式的类型

CM 模式分为代理型 CM 模式和非代理型 CM 模式两种类型。

（1）代理型 CM 模式（CM/Agency）　这种模式又称为纯粹的 CM 模式。采用代理型 CM 模式时，CM 单位是业主的咨询单位，业主与 CM 单位签订咨询服务合同，CM 合同价就是 CM 费，其表现形式可以是百分率（以今后陆续确定的工程费用总额为基数）或固定数额的费用；业主分别与多个施工单位签订所有的工程施工合同。其合同关系和协调管理关系如图8-2所示。图中 C 表示施工单位，S 表示材料设备供应单位。需要说明的是，CM 单位对设计单位没有指令权，只能向设计单位提出一些合理化建议，因而 CM 单位与设计单位之间是协调关系。这一点同样适用于非代理型 CM 模式。这也是 CM 模式与全过程建设项目管理的重要区别。

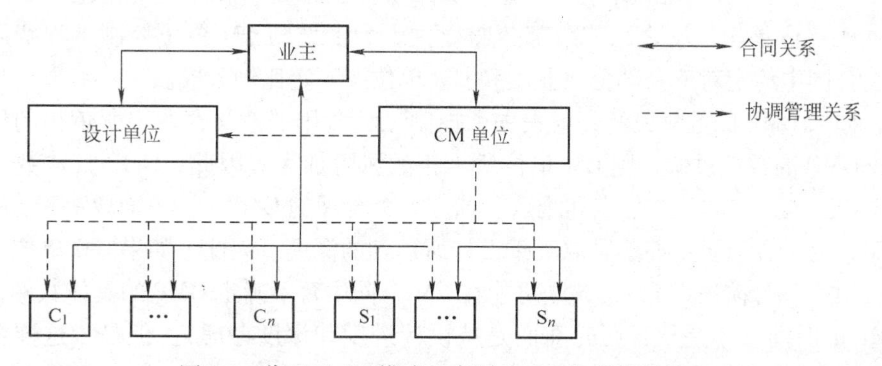

图8-2　代理型 CM 模式的合同关系和协调管理关系

代理型 CM 标准合同条件被 AIA 定为“B801/CMa”，同时被 AGC 定为“AGC510”。代理型 CM 模式中的 CM 单位通常是由具有较丰富的施工经验的专业 CM 单位或咨询单位担任。

（2）非代理型 CM 模式（CM/Non - Agency）　这种模式又称为风险型 CM 模式（At—Risk CM），在英国则称为管理承包（Management Contracting）。据英国有关文献介绍，这种模式早在英国20世纪50年代即已出现。采用非代理型 CM 模式时，业主一般不与施工单位签订工程施工合同，但也可能在某些情况下，对某些专业性很强的工程内容和工程专用材料、设备，业主与少数施工单位和材料、设备供应单位签订合同。业主与 CM 单位所签订的合同既包括 CM 服务的内容，也包括工程施工承包的内容；而 CM 单位则与施工单位和材料、设备供应单位签订合同。其合同关系和协调管理关系如图8-3所示。

在图8-3中，CM 单位与施工单位之间似乎是总分包关系，但实际上却与总分包模式有本质的不同。其根本区别主要表现在：一是虽然 CM 单位与各个分包商直接签订合同，但 CM 单位对各分包商的资格预审、招标、议标和签约都要对业主公开并必须经过业主的确认才有效；二是由于 CM 单位介入工程时间较早（一般在设计阶段介入）且不承担设计任务，所以 CM 单位并不向业主直接报出具体数额的价格，而是报 CM 费，至于工程本身的费用则是今后 CM 单位与各分包商、供应商的合同价之和。也就是说，CM 合同价由以上两部分组

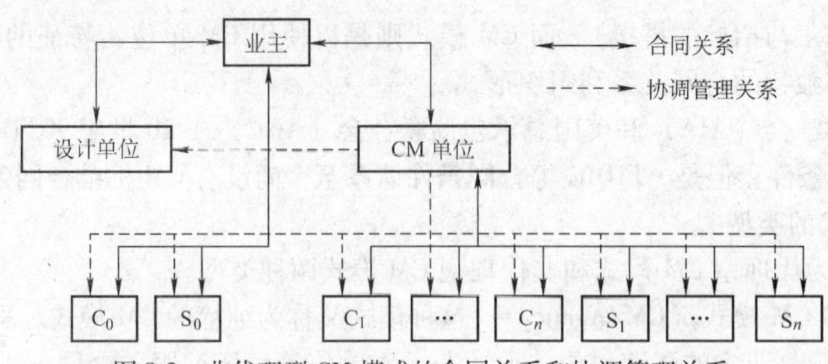

图 8-3　非代理型 CM 模式的合同关系和协调管理关系

成，但在签订 CM 合同时，该合同价尚不是一个确定的具体数据，而主要是确定计价原则和方式，本质上属于成本加酬金合同的一种特殊形式。

由此可见，在采用非代理型 CM 模式时，业主对工程费用不能直接控制，因而在这方面存在很大的风险。为了促使 CM 单位加强费用控制工作，业主往往要求在 CM 合同中预先确定一个具体数额的保证最大价格（Guaranteed Maximum Price，简称 GMP，包括总的工程费用和 CM 费）。而且，合同条款中通常规定，如果实际工程费用加 CM 费超过了 GMP，则超出部分由 CM 单位承担；反之，节余部分归业主。为了鼓励 CM 单位控制工程费用的积极性，也可在合同中约定对节余部分由业主和 CM 单位按一定比例分成。

因此，如果 GMP 的数额过高，就失去了控制工程费用的意义，业主所承担的风险就增大；反之，GMP 的数额过低，则 CM 单位所承担的风险加大。因此，GMP 具体数额的确定就成为 CM 合同谈判中的一个焦点和难点。确定一个合理的 GMP，一方面取决于 CM 单位的水平和经验，另一方面更主要的是取决于设计所达到的深度。因此，如果 CM 单位介入时间较早（如在方案设计阶段即介入），则可能在 CM 合同中暂不确定 GMP 的具体数额，而是规定确定 GMP 的时间（不是从日历时间而是从设计进度和深度考虑）。但是，这样会大大增加 GMP 谈判的难度和复杂性。

非代理型 CM 标准合同条件被 AIA 定为“A121/CMc”，同时被 AGC 定为“AGC565”。非代理型 CM 模式中的 CM 单位通常是由从过去的总承包商演化而来的专业 CM 单位或总承包商担任。

3. CM 模式的适用情况

从 CM 模式的特点来看，CM 模式主要适用于以下工程：

（1）设计变更可能性较大的建设工程　某些建设工程，即使采用传统模式（等全部设计图样完成后再进行施工招标），在施工过程中仍然会有较多的设计变更（不包括因设计本身缺陷引起的变更）。在这种情况下，传统模式利于投资控制的优点体现不出来，而 CM 模式则能充分发挥其缩短建设周期的优点。

（2）时间因素最为重要的建设工程　尽管建设工程的投资、进度、质量三者是一个目标系统，三大目标之间存在对立统一的关系。但是，某些建设工程的进度目标可能是第一位的，如生产某些急于占领市场的产品的建设工程。如果采用传统模式组织实施，建设周期太长，虽然总投资可能较低，但可能因此而失去市场，导致投资效益降低乃至很差。

（3）因总的范围和规模不确定而无法准确定价的建设工程　这种情况表明业主的前期项目策划工作做得不好，如果等到建设工程总的范围和规模确定后再组织实施，持续时间太长。因此，可采取确定一部分工程内容即进行相应的施工招标，从而选定施工单位开始施工。但是，由于建设工程总体策划存在缺陷，因而CM模式应用的局部效果可能较好，而总体效果可能不理想。

以上都是从建设工程本身的情况说明CM模式的适用情况。而不论哪一种情况，应用CM模式都需要有具备丰富施工经验的高水平的CM单位，这可以说是应用CM模式的关键和前提条件。

8.3.2 EPC模式

1. EPC模式的特征

与建设工程组织管理的其他模式相比，EPC模式有以下几方面基本特征：

（1）承包商承担大部分风险　一般认为，在传统模式条件下，业主与承包商的风险分担大致是对等的。而在EPC模式条件下，由于承包商的承包范围包括设计，因而很自然地要承担设计风险。此外，在其他模式中均由业主承担的“一个有经验的承包商不可预见且无法合理防范的自然力的作用”的风险，在EPC模式中也由承包商承担。这是一类较为常见的风险，一旦发生，一般都会引起费用增加和工期延误。在其他模式中，承包商对此所享有的索赔权在EPC模式中不复存在。这无疑大大增加了承包商在工程实施过程中的风险。

另外，在EPC标准合同条件中还有一些条款也加大了承包商的风险。例如，EPC合同条件第4.10款“现场数据”规定：“承包商应负责核查和解释（业主提供的）此类数据。业主对此类数据的准确性、充分性和完整性不承担任何责任……”而在其他模式中，通常是强调承包商自己对此类资料的解释负责，并不完全排除业主的责任。又如，EPC合同条件第4.12款“不可预见的困难”规定：“①承包商被认为已取得了可能对投标文件或工程产生影响或作用的有关风险、意外事故和其他情况的全部必要的资料；②在签订合同时，承包商应已经预见到了为圆满完成工程今后发生的一切困难和费用；③不能因任何没有预见的困难和费用而进行合同价格的调整”。而在其他模式中，通常没有上述②、③的规定，如果发生此类情况，承包商可以得到费用和工期方面的补偿。

（2）业主或业主代表管理工程实施　在EPC模式条件下，业主不聘请“工程师”（即我国的监理工程师）来管理工程，而是自己或委派业主代表来管理工程。EPC合同条件第三条规定：“如果委派业主代表来管理，业主代表应是业主的全权代表。如果业主想更换业主代表，只需提前14d通知承包商，不需征得承包商的同意。”而在其他模式中，如果业主想更换工程师，不仅提前通知承包商的时间大大增加（如FIDIC施工合同条件规定为42d），且需得到承包商的同意。

由于承包商已承担了工程建设的大部分风险，所以，与其他模式条件下工程师管理工程的情况相比，EPC模式条件下业主或业主代表管理工程则显得较为宽松，不太具体和深入。例如，对承包商所应提交的文件仅仅是“审阅”，而在其他模式则是“审阅和批准”；对工程材料、工程设备的质量管理，虽然也有施工期间检验的规定，但重点是在竣工检验，必要时还可能作竣工后检验（排除了承包商不在场作竣工后检验的可能性）。

需要说明的是，虽然FIDIC在编制EPC合同条件时，其基本出发点是业主参与工程管理工作很少，对大部分施工图样不需要经过业主审批，但在实践中，业主或业主代表参与工程管理的深度并不统一。通常，如果业主自己管理工程，其参与程度不可能太深。但是，如果委派业主代表则不同，在有的实际工程中，业主委派某个建设项目管理公司作为其代表，从而对建设工程的实施从设计、采购到施工进行全面的严格管理。

2. 总价合同

总价合同并不是EPC模式独有的，但是，与其他模式条件下的总价合同相比，EPC合同更接近于固定总价合同（若法规变化仍允许调整合同价格）。通常，在国际工程承包中，固定总价合同仅用于规模小、工期短的工程。而EPC模式所适用的工程一般规模均较大、工期较长，且具有相当的技术复杂性。因此，在这类工程上采用接近固定的总价合同，也就称得上是特征了。另外，在EPC通用合同条件第13.8款“费用变化引起的调整”中，没有其他模式合同条件中规定的调价公式，而只是在专用条件中提到。这表明，在EPC模式条件下，业主允许承包商因费用变化而调价的情况是不多见的。而如果考虑到前述第4.12款“不可预见的困难”的有关规定，则业主根本不可能接受在专用条件中规定调价公式。这一点也是EPC模式与同样是采用总价合同的D+B模式的重要区别。

3. EPC模式的适用条件

由于EPC模式具有上述特征，因而应用这种模式需具备以下条件：

1）由于承包商承担了工程建设的大部分风险，因此，在招标阶段，业主应给予投标人充分的资料和时间，以使投标人能够仔细审核“业主的要求”（这是EPC模式条件下业主招标文件的重要内容），从而详细地了解该文件规定的工程目的、范围、设计标准和其他技术要求，在此基础上进行工程前期的规划设计、风险分析和评价以及估价等工作，向业主提交一份技术先进可靠、价格和工期合理的投标书。

另外，从工程本身的情况来看，所包含的地下隐蔽工作不能太多，承包商在投标前无法进行勘察的工作区域也不能太大。否则，承包商就无法判定具体的工程量，这就增加了承包商的风险。若在报价中以估计的方法增加适当的风险费，难以保证报价的准确性和合理性，最终要么损害业主的利益，要么损害承包商的利益。

2）虽然业主或业主代表有权监督承包商的工作，但不能过分地干预承包商的工作，也不要审批大多数的施工图样。既然合同规定由承包商负责全部设计，并承担全部责任，只要其设计和所完成的工程符合“合同中预期的工程之目的”（EPC合同条件第4.1款“承包商的一般义务”），就应认为承包商履行了合同中的义务。这样做有利于简化管理工作程序，保证工程按预定的时间建成。而从质量控制的角度考虑，应突出对承包商过去业绩的审查，尤其是在其他采用EPC模式的工程上的业绩，并注重对承包商投标书中技术文件的审查以及质量保证体系的审查。

3）由于采用总价合同，因而工程的期中支付款（interim payment）应由业主直接按照合同规定支付，而不是像其他模式那样先由工程师审查工程量和承包商的结算报告，再决定和签发支付证书。在EPC模式中，期中支付可以按月度支付，也可以按阶段（我国所称的形象进度或里程碑事件）支付；在合同中可以规定每次支付款的具体数额，也可以规定每次支付款占合同价的百分率。

如果业主在招标时不满足上述条件或不愿接受其中某一条件，则该建设工程就不能采用EPC模式和EPC标准合同文件。在这种情况下，FIDIC建议采用工程设备和设计——建造合同条件即新黄皮书。

8.3.3 Partnering 模式

1. Partnering 模式的特征

Partnering 模式的特征主要表现在以下几方面：

（1）出于自愿 在 Partnering 模式中，参与 Partnering 模式的有关各方必须是完全自愿，而非出于任何原因的强迫。Partnering 模式的参与各方要充分认识到，这种模式的出发点是实现建设工程的共同目标以使参与各方都能获益。只有在认识上统一，才能在行动上采取合作和信任的态度，才能愿意共同分担风险和有关费用，共同解决问题和争议。在有的案例中，招标文件中写明该工程将采取 Partnering 模式，这时施工单位的参与就可能是出于非自愿。

（2）高层管理的参与 Partnering 模式的实施需要突破传统的观念和传统的组织界限，因而建设工程参与各方高层管理者的参与以及在高层管理者之间达成共识，对这种模式的顺利实施是非常重要的。由于这种模式要由参与各方共同组成工作小组，要分担风险、共享资源，甚至是公司的重要信息资源，因此高层管理者的认同、支持和决策是关键因素。

（3）Partnering 协议不是法律意义上的合同 Partnering 协议与工程合同是两个完全不同的文件。在工程合同签订后，建设工程参与各方经过讨论协商后才会签署 Partnering 协议。该协议并不改变参与各方在有关合同规定范围内的权利和义务关系，参与各方对有关合同规定的内容仍然要切实履行。Partnering 协议主要确定了参与各方在建设工程上的共同目标、任务分工和行为规范，是工作小组的纲领性文件。该协议的内容也不是一成不变的，当有新的参与者加入时，或某些参与者对协议的某些内容有意见时，都可以召开会议经过讨论对协议内容进行修改。

（4）信息的开放性 Partnering 模式强调资源共享，信息作为一种重要的资源对于参与各方必须公开。同时，参与各方要保持及时、经常和开诚布公的沟通，在相互信任的基础上，要保证工程的设计资料、投资、进度、质量等信息能被参与各方及时、便利地获取。这不仅能保证建设工程目标得到有效的控制，而且能减少许多重复性的工作，降低成本。

为简明起见，将 Partnering 模式与建设工程组织管理的其他模式（主要指基本模式和 CM 模式）的比较用表格形式汇总于表 8-1。

表 8-1 Partnering 模式与其他模式的比较

	其他模式	Partnering 模式
目标	业主与施工单位均有三大目标，但除了质量方面双方目标一致外，在费用和进度方面目标可能矛盾	将建筑工程参与各方的目标融为一个整体，考虑业主和参与各方利益的同时要满足甚至超越业主的预定目标，着眼于不断的提高和改进
期限	合同规定的期限	可以实一个建设工程的一次性合作，也可以是多个建设工程的长期合作
信任性	信任是建立在对完成建设工程能力的基础上，因而每个建筑工程均需组织招标（包括资格预审）	信任是建立在共同的目标、不隐瞒任何事实以及相互承诺的基础上，长期合作则不再招标
回报	根据建设工程完成情况的好坏，施工单位有时可能得到一定的奖金（如提前工期奖、优质工程奖）或再接到新的工程	认为建设工程产生的结果很自然地已被彼此共享，各自都实现了自身的价值；有时可能对建筑工程实施过程中产生的额外收益进行分配

（续）

	其他模式	Partnering 模式
合同	传统的具有法律效力的合同	传统的具有法律效力的合同加非合同性的 Partnering 协议
相互关系	强调各方的权利、义务和利益，在微观利益上相互对立	强调共同的目标和利益，强调合作精神，共同解决问题
争议与索赔	次数多、数额大，常常导致仲裁或诉讼	较少出现甚至完全避免

2. Partnering 模式的要素

所谓 Partnering 模式的要素，是指保证这种模式成功运作所不可缺少的重要组成元素。Partnering 模式的要素可归纳为以下几点：

（1）长期协议　虽然 Partnering 模式目前也经常被运用于单个建设工程，但从各国的实践情况来看，在多个建设工程上持续运用 Partnering 模式可以取得更好的效果，因而 Partnering 模式是发展的方向。通过与业主达成长期协议、进行长期合作，施工单位能够更加准确地了解业主的需求；同时能保证施工单位不断地获取工程实施任务，从而使施工单位可以将主要精力放在工程的具体实施上，充分发挥其积极性和创造性。这既对工程的投资、进度、质量控制有利，同时也降低了施工单位的经营成本。而业主一般只有通过与某一施工单位的成功合作才会与其达成长期协议，这样不仅可以使业主避免了在选择施工单位方面的风险，而且还可以大大地降低“交易成本”，缩短建设周期，取得更好的投资效益。

（2）共享　共享的含义是指建设工程参与各方的资源共享、工程实施产生的效益共享；同时，参与各方共同分担工程的风险和采用 Partnering 模式所产生的相应费用。在这里，资源和效益都是广义的。资源既有有形的资源，如人力、机械设备等，也有无形的资源，如信息、知识等；效益同样既有有形的效益，如费用降低、质量提高等，也有无形的效益，如避免争议和诉讼的产生、工作积极性提高、施工单位社会信誉提高等。其中，尤其要强调信息共享。在 Partnering 模式中，信息应在参与各方之间及时、准确而有效地传递、转换，才能保证及时处理和解决已经出现的争议和问题，提高整个建设工程组织的工作效率。为此，需将传统的信息传递模式转变为基于电子信息网络的现代传递模式，如图 8-4 所示。

（3）信任　相互信任是确定建设工程参与各方共同目标和建立良好合作关系的前提，是 Partnering 模式的基础和关键。只有对参与各方的目标和风险进行分析和沟通，并建立良好的关系，彼此才能更好地理解；只有相互理解才能产生信任，而只有相互信任才能产生整体性的效果。Partnering 模式所达成的长期协议本身就是相互信任的结果，其中每一方的承诺都是基于对其他参与方的信任。有了信任才能将建设工程组织管理其他模式中常见的参与各方之间相互对立的关系转化为相互合作

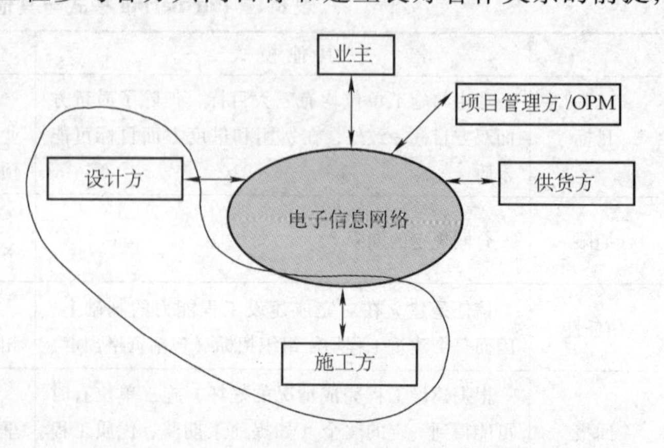

图 8-4　基于电子信息网络的信息传递模式

的关系，才可能实现参与各方的资源和效益共享。因此，在采用Partnering模式时，在建设工程实施的各个管理层次上，包括参与各方的高层管理者、具体建设工程的主要管理人员和基层工作人员之间，都需要建立信任关系，并使之不断强化。由此可见，Partnering模式实质上是建设工程组织管理的一种全新的理念。

（4）共同的目标　在一个确定的建设工程上，参与各方都有各自不同的目标和利益，在某些方面甚至还有矛盾和冲突。尽管如此，在建设工程的实施过程中，参与各方之间还是有许多共同利益的。例如，通过设计方、施工方和业主方的配合，可以降低工程的风险，对参与各方均有利；还可以提高工程的使用功能和使用价值，不仅提高了业主的投资效益，而且也提高了设计单位和施工单位的社会声誉等。因此，采用Partnering模式要使参与各方认识到，只有建设工程实施结果本身是成功的，才能实现他们各自的目标和利益，从而取得双赢和多赢的结果。因此，需要通过分析、讨论、协调、沟通，针对特定的建设工程确定参与各方共同的目标，在充分考虑参与各方利益的基础上努力实现这些共同的目标。

（5）合作　合作意味着建设工程参与各方都要有合作精神，并在相互之间建立良好的合作关系。但这只是基本原则，要做到这一点，还需要有组织保证。Partnering模式需要突破传统的组织界限，建立一个由建设工程参与各方人员共同组成的工作小组。同时，要明确各方的职责，建立相互之间的信息流程和指令关系，并建立一套规范的操作程序。该小组围绕共同的目标展开工作，在工作过程中鼓励创新、合作的精神，对所遇到的问题要以合作的态度公开交流、协商解决，力求寻找一个使参与各方均满意或均能接受的解决方案。建设工程参与各方之间这种良好的合作关系创造出和谐、愉快的工作氛围，不仅可以减少争议和矛盾的产生，而且可以及时作出决策，提高工作效率，有利于共同目标的实现。

3. Partnering模式的适用情况

Partnering模式总是与建设工程组织管理模式中的某一种模式结合使用的，较为常见的情况是与总分包模式、项目总承包模式、CM模式结合使用。这表明，Partnering模式并不能作为一种独立存在的模式。从Partnering模式的实践情况来看，并不存在什么适用范围的限制。但是，Partnering模式的特点决定了它特别适用于以下几种类型的建设工程：

（1）业主长期有投资活动的建设工程　比较典型的有大型房地产开发项目、商业连锁建设工程、代表政府进行基础设施建设投资的业主的建设工程等。由于长期有连续的建设工程作保证，业主与施工单位等工程参与各方的长期合作就有了基础，有利于增加业主与建设工程参与各方之间的了解和信任，从而可以签订长期的Partnering协议，取得比在单个建设工程上运用Partnering模式更好的效果。

（2）不宜采用公开招标或邀请招标的建设工程　例如，军事工程、涉及国家安全或机密的工程、工期特别紧迫的工程等。在这些建设工程上，相对而言，投资一般不是主要目标，业主与施工单位较易形成共同的目标和良好的合作关系。而且，虽然没有连续的建设工程，但良好的合作关系可以保持下去，在今后新的建设工程上仍然可以再度合作。这表明，即使对于短期内一个确定的建设工程，也可以签订具有长期效力的协议（包括在新的建设工程上套用原来的Partnering协议）。

（3）复杂的不确定因素较多的建设工程　如果建设工程的组成、技术、参与单位复杂，尤其是技术复杂、施工的不确定因素多，在采用一般模式时，往往会产生较多的合同争议和索赔，容易导致业主和施工单位产生对立情绪，相互之间的关系紧张，影响整个建设工程目标的实现，其结果可能是两败俱伤。在这类建设工程上采用 Partnering 模式，可以充分发挥其优点，能协调参与各方之间的关系，有效避免和减少合同争议，避免仲裁或诉讼，较好地解决索赔问题，从而更好地实现建设工程参与各方共同的目标。

（4）国际金融组织贷款的建设工程　按贷款机构的要求，这类建设工程一般应采用国际公开招标（或称国际竞争性招标），常常有外国承包商参与，合同争议和索赔经常发生而且数额较大。另一方面，一些国际著名的承包商往往有 Partnering 模式的实践经验，至少对这种模式有所了解。因此，在这类建设工程上采用 Partnering 模式容易为外国承包商所接受并较为顺利地运作，从而可以有效地防范和处理合同争议和索赔，避免仲裁或诉讼，较好地控制建设工程的目标。当然，在这类建设工程上，一般是针对特定的建设工程签订 Partnering 协议，而不是签订长期的 Partnering 协议。

8.3.4 Project Controlling 模式

1. Project Controlling 模式的概念

Project Controlling 模式于 20 世纪 90 年代中期在德国首次出现并形成相应的理论。Peter Greiner 博士首次提出了 Project Controlling 模式，并将其成功地应用于德国统一后的铁路改造和慕尼黑新国际机场等大型建设工程。我国也在 20 世纪 90 年代后期由同济大学工程管理研究所将该模式应用于厦门国际会展中心。经过近年来的理论研究和实践探索，Project Controlling 模式逐渐被建筑工程界所认识和接受，其应用范围也在逐渐扩大。

Project Controlling 模式是适应大型建设工程业主高层管理人员决策需要而产生的。在大型建设工程的实施中，即使业主委托了建设项目管理咨询单位进行全过程、全方位的项目管理，但重大问题仍需业主自己决策。例如，当进度目标与投资目标发生矛盾时或质量目标与投资目标发生矛盾时，要作出正确的决策对业主来说是相当困难的。另一方面，某些大型和特大型建设工程（如我国的长江三峡工程、德国的统一铁路改造工程等）往往由多个颇具规模和复杂性的单项工程和单位工程组成，业主通常是委托多个各具专业优势的建设项目管理咨询单位分别对不同的单项工程和单位工程进行项目管理，而不可能仅仅委托一家建设项目管理咨询单位对整个建设工程进行全面的项目管理。在这种情况下，如果不同的单项工程之间出现矛盾，业主是很难作出正确的决策。若要作出正确的决策，必须具备一定的前提：首先，要有准确、详细的信息，使业主对工程实施情况有一个正确、清晰而全面的了解；其次，要对工程实施情况和有关矛盾及其原因有正确、客观的分析（包括偏差分析）；再次，要有多个经过技术经济分析和比较的决策方案供业主选择。而常规的建设项目管理往往难以满足业主决策的这些要求。

Project Controlling 模式是工程咨询和信息技术相结合的产物。Project Controlling 方通常由两类人员组成：一类是具有丰富的建设项目管理理论知识和实践经验的人员，另一类是掌握最新信息技术且有很强的实际工作能力的人员。他们不仅能科学地分析和处理建设工程实施过程中产生的各种信息，而且能组织开发适应特定业主要求的建设工程信息系统，从而可以大大地提高信息处理的效率和效果，为业主管理人员提供更好的决策支持。

Project Controlling 模式的出现反映了建设项目管理专业化发展的一种新的趋势，即专业分工的细化。建设项目管理咨询服务既可以是全过程、全方位的服务，也可以仅仅是某一阶段（如设计阶段或施工阶段）的服务或仅仅是某一方面（如质量控制或投资控制）的服务；

既可以是建设工程实施过程中的实务性服务（如我国建设工程监理中所称的“旁站监理”）或综合管理服务，也可以仅仅是为业主提供决策支持服务。这样，不仅可以更好地适应业主的不同要求，而且有利于建设项目管理咨询单位发挥各自的特长和优势，有利于在建设项目管理咨询服务市场形成有序竞争的局面。

2. Project Controlling 模式的类型

根据建设工程的特点和业主方组织结构的具体情况，Project Controlling 模式可以分为单平面 Project Controlling 和多平面 Project Controlling 两种类型。

（1）单平面 Project Controlling 模式　当业主方只有一个管理平面（指独立的功能齐全的管理机构）时，一般只设置一个 Pro－Project Controlling 机构，称为单平面 Project Controlling 模式，其组织结构如图 8-5 所示。

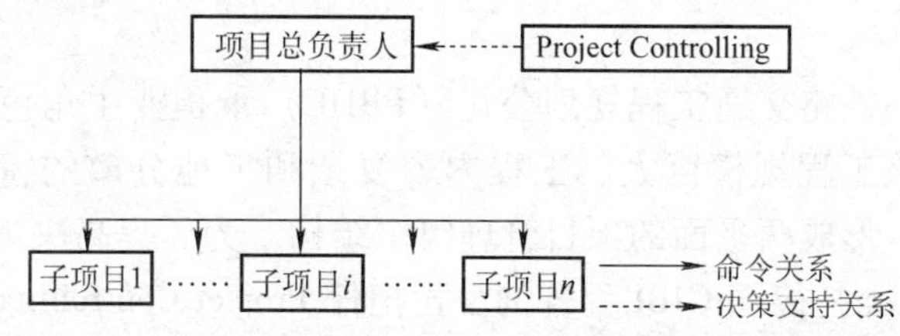

图 8-5　单平面 Project Controlling 模式的组织结构

单平面 Project Controlling 模式的组织关系简单，Project Controlling 方的任务明确，仅向项目总负责人（泛指与项目总负责人所对应的管理机构）提供决策支持服务。为此，Project Controlling 方首先要协调和确定整个项目的信息组织，并确定项目总负责人对信息的需求；在项目实施过程中，收集、分析和处理信息，并把信息处理结果提供给项目总负责人，以使其掌握项目总体进展情况和趋势，并作出正确的决策。

（2）多平面 Project Controlling 模式　当项目规模大到业主方必须设置多个管理平面时，Project Controlling 方可以设置多个平面与之对应，这就是多平面 Project Controlling 模式，如图 8-6 所示。

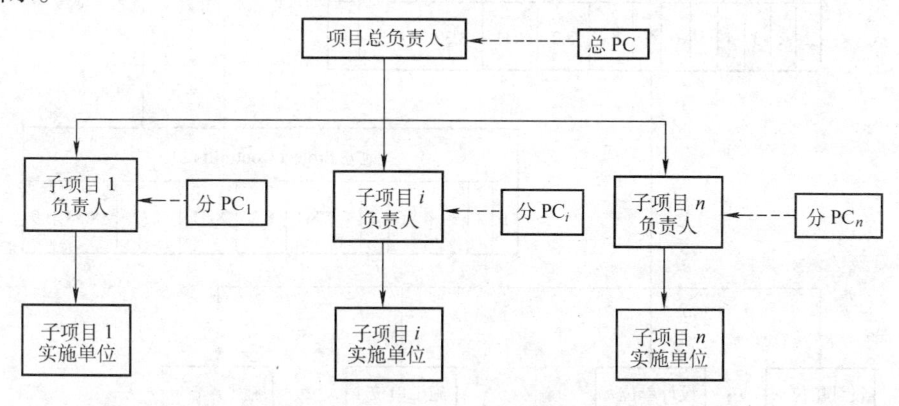

图 8-6　多平面 Project Controlling 模式的组织结构

多平面 Project Controlling 模式的组织关系较为复杂，Project Controlling 方的组织需要采用集中控制和分散控制相结合的形式，即针对业主项目总负责人（或总管理平面）设置总 Project Controlling 机构，同时针对业主各子项目负责人（或子项目管理平面）设置相应的分 Project Controlling 机构。这表明，Project Controlling 方的组织结构与业主方项目管理的组织结构有明显的一致性和对应关系。在多平面 Project Controlling 模式中，总 Project Controlling 机构对外服务于业主项目总负责人，对内则确定整个项目的信息规则，指导、规范并检查分 Project Controlling 机构的工作，同时还承担了信息集中处理者的角色；而分 Project Controlling 机构则服务于业主各子项目负责人，且必须按照总 Project Controlling 机构所确定的信息规则进行信息处理。

在此，以德国统一铁路改造工程为例说明多平面 Project Controlling 模式的具体应用。

德国统一铁路改造工程总投资高达 360 亿马克，工程内容包括铁轨的铺设、车站的新建和改建、公路和铁路桥的架设、隧道的贯通以及电气设施的建设和安装等。该工程的子项目分布在数千公里的铁路线上，且工地分散，最多时有 60 多个不同的子项目同时在进行设计、施工，而且 80% 的施工项目必须在不影响铁路正常运输的前提下进行施工，即采用边运行、边施工的建设方式。

该工程由德国统一铁路交通工程规划公司（PBDE）承担业主角色，负责整个工程的统一管理和控制。鉴于该工程规模巨大、工程内容复杂和工地分散的特点，PBDE 设置了 12 个地方项目管理中心，形成两平面的项目管理组织结构。为了提高决策水平和对整个工程建设的控制效果，PBDE 委托德国 GIBI 程咨询公司担任 Project Controlling 方。针对业主方的项目管理组织结构，GIB 程咨询公司设置了中央和地方两级 Project Controlling 机构，分别与业主方的项目管理组织机构相对应，如图 8-7 所示。GIB 工程咨询公司利用所建立的 GRANID 信息处理系统，进行该工程战略策划、投资、进度、合同付款和资源等方面的信息处理；根据处理结果进行分析和协调，在必要时还提出一些建议；最终形成一系列的书面报告，满足了 PBDE 不同领导层项目管理工作的需要。

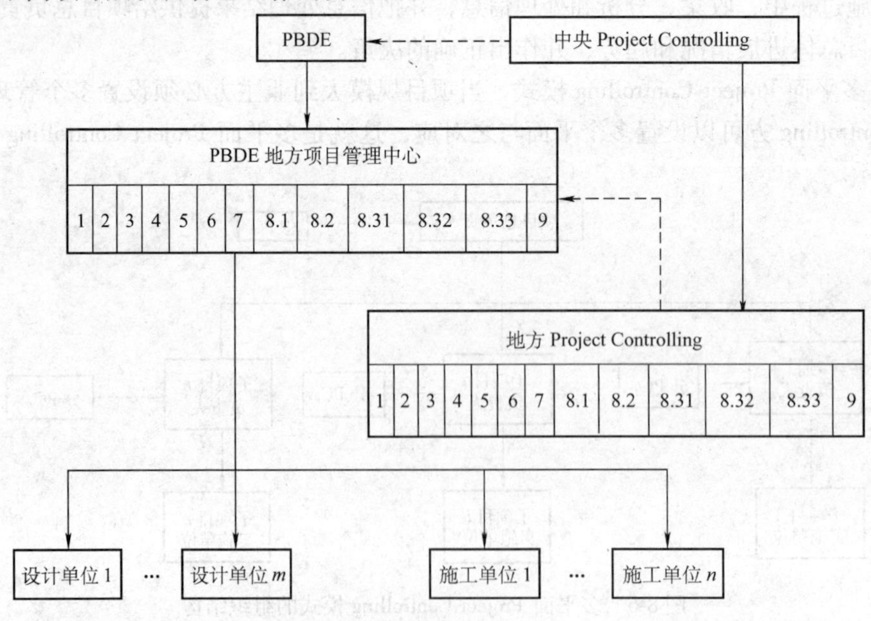

图 8-7 德国统一铁路改造工程多平面 Project Controlling 模式组织结构

3. Project Controlling 与建设项目管理的比较

由于 Project Controlling 是由建设项目管理发展而来，是建设项目管理的一个新的专业化方向，因此，Project Controlling 与建设项目管理具有一些相同点，主要表现在：一是工作属性相同，即都属于工程咨询服务；二是控制目标相同，即都是控制项目的投资、进度和质量三大目标；三是控制原理相同，即都是采用动态控制、主动控制与被动控制相结合并尽可能采用主动控制。

Project Controlling与建设项目管理的不同之处主要表现在以下几方面：

（1）两者的服务对象不尽相同　建设项目管理咨询单位既可以为业主服务，也可以为设计单位和施工单位服务，但是在大多数情况下都是为业主服务，且设计单位和施工单位都要自己实施相应的建设项目管理；而Project Controlling咨询单位只为业主服务，不存在为设计单位和施工单位服务的Project Controlling，也没有设计单位和施工单位自己的Project Controlling。

（2）两者的地位不同　在同是为业主服务的前提下，建设项目管理咨询单位是在业主或业主代表的直接领导下，具体负责项目建设过程的管理工作，业主或业主代表可在合同规定的范围内向建设项目管理咨询单位在该项目上的具体工作人员下达指令；而Project Controlling咨询单位直接向业主的决策层负责，相当于业主决策层的智囊，为其提供决策支持，业主不向Project Controlling咨询单位在该项目上的具体工作人员下达指令。

（3）两者的服务时间不尽相同　建设项目管理咨询单位可以为业主仅提供施工阶段的服务，也可以为业主提供实施阶段全过程乃至工程建设全过程的服务，其中以实施阶段全过程服务在国际上最为普遍；而Project Controlling咨询单位一般不仅为业主提供施工阶段的服务，还要为业主提供实施阶段全过程和工程建设全过程的服务，甚至还可能提供项目策划阶段的服务。

（4）两者的工作内容不同　建设项目管理咨询单位围绕项目目标控制有许多具体工作，例如，设计和施工文件的审查，分部分项工程乃至工序的质量检查和验收，各施工单位施工进度的协调，工程结算和索赔报告的审查与签署等；而Project Controlling咨询单位不参与项目具体的实施过程和管理工作，其核心工作是信息处理，即收集信息、分析信息、出有关的书面报告。可以说，建设项目管理咨询单位侧重于负责组织和管理项目物质流的活动，而Project Controlling咨询单位只负责组织和管理项目信息流的活动。

（5）两者的权力不同　由于建设项目管理咨询单位具体负责项目建设过程的管理工作，直接面对设计单位、施工单位以及材料和设备供应单位，因而对这些单位具有相应的权力，如下达开工令、暂停施工令、工程变更令等指令权，对已实施工程的验收权，对工程结算和索赔报告的审核与签署权，对分包商的审批权等；而Project Controlling咨询单位不直接面对这些单位，对这些单位没有任何指令权和其他管理方面的权力。

4. 应用Project Controlling模式需注意的问题

在应用Project Controlling模式时需注意以下几个认识上和实践中的问题：

（1）Project Controlling模式一般适用于大型和特大型建设工程　因为在这些工程中，即使委托多个项目管理咨询单位分别进行全过程、全方位的项目管理，业主仍然有数量众多、内容复杂的项目管理工作，往往涉及重大问题的决策，此时业主没有把握作出正确的决策，而一般的项目管理咨询单位也不能提供这方面的服务，因而业主迫切需要高水平的Project Controlling咨询单位为其提供决策支持服务。而对于中小型建设工程来说，常规的建设项目管理服务已经能够满足业主的需求，不必采用Project Controlling模式。

（2）Project Controlling模式不能作为一种独立存在的模式　在这一点上，Project Controlling模式与Partnering模式有共同之处。但是，Project Controlling模式与Partnering模式在这一点上仍然有明显的区别。由于Project Controlling模式一般适用于大型和特大型建设工程，而在这些建设工程中往往同时采用多种不同的组织管理模式，这表明，Project Controlling模式往往是与建设工程组织管理模式中的多种模式同时并存，且对其他模式没有任何“选择性”和“排他性”。另外，在采用Project Controlling模式时，仅在业主与Project Controlling咨询单位之间签订有关协议，该协议不涉及建设工程的其他参与方。

（3）Project Controlling模式不能取代建设项目管理　Project Controlling与建设项目管理所提供的服务都是业主所需要的，在同一个建设工程上，两者是同时并存的，不存在相互替代、孰优孰劣的问题，也不存在领导与被领导的关系。实际上，应用Project Controlling模式能否取得预期的效果，在很大程度上取决于业主是否得到高水平的建设项目管理服务。因此，在特定的建设工程上，建设项目管理咨询单位的水平越高，业主自己项目管理的工作就越少，面对的决策压力就越小，从而使Project Controlling咨询单位的工作较为简单，效果就较好。尤其要注意的是，不能因为有了Project Controlling咨询单位的信息处理工作，而淡化或弱化了建设项目管理咨询单位常规的信息管理工作。

（4）Project Controlling咨询单位需要建设工程参与各方的配合　Project Controlling咨询单位的工作与建设工程参与各方有非常密切的联系。信息是Project Controlling咨询单位的工作对象和基础，而建设工程的各种有关信息都来源于参与各方；另一方面，为了能向业主决策层提供有效的、高水平的决策支持，必须保证信息的及时性、准确性和全面性。由此可见，如果没有建设工程参与各方的积极配合，Project Controlling模式就难以取得预期的效果。需要特别强调的是，在这一点上，所谓建设工程参与各方也包括建设项目管理咨询单位（或我国的工程监理单位）。而且，由于建设项目管理咨询单位直接面对建设工程的其他参与方，因而其与Project Controlling咨询单位的配合显得尤为重要。

小　结

建设项目管理是指以现代建设项目管理理论为指导的建设项目管理活动。

建设项目管理可以分为为业主服务的项目管理、为设计单位服务的项目管理和为施工单位服务的项目管理；可分为施工阶段的项目管理、实施阶段全过程的项目管理和工程建设全过程的项目管理。

建立PMP的目的是为了给项目管理专业人员提供统一的行业标准，使之掌握科学化的项目管理知识，以提高项目管理专业的工作水平。

工程咨询是指适应现代经济发展和社会进步的需要，集中专家群体或个人的智慧和经验，运用现代科学技术和工程技术以及经济、管理、法律等方面的知识，为建设工程决策和管理提供的智力服务。工程咨询是智力服务，是知识的转让，可有针对性地向客户提供可供选择的方案、计划或有参考价值的数据、调查结果、预测分析等，亦可实际参与工程实施过程的管理。工程咨询是科学性、综合性、系统性、实践性均很强的职业。作为从事这一职业的主体，咨询工程师应具备知识面宽、精通业务、协调与管理能力强、责任心强不断进取、勇于开拓的精神。

建设工程组织管理CM模式是以使用CM单位为特征的建设工程组织管理模式，具有独特的合同关系和组织形式。CM 模式分为代理型 CM 模式和非代理型 CM 模式两种类型。CM 模式的适用于设计变更可能性较大、时间因素最为重要、无法准确定价的建设工程。

EPC 模式适用于承包商承担了工程建设的大部分风险、采用总价合同的建设工程。

Partnering 模式具有出于自愿、高层管理的参与、信息的开放性等特征。其要素是指保证这种模式成功运作所不可缺少的重要组成元素，归纳为长期协议、共享、信任、共同的目标合作。这种模式适用于业主长期有投资活动、不宜采用公开招标或邀请招标、复杂的不确定因素较多、国际金融组织贷款的建设工程。

Project Controlling 模式是适应大型建设工程业主高层管理人员决策需要而产生的。可以分为单平面 Project Controlling 和多平面 Project Controlling 两种类型。

思 考 题

8-1 简述建设项目管理的类型。

8-2 咨询工程师应具备哪些素质？

8-3 简述工程咨询公司的服务对象和内容。

8-4 简述 CM 模型的类型和适用情况。

8-5 简述 EPC 模式的特征和适用条件。

8-6 简述 Partnering 模式的特征、要素和适用情况。

8-7 简述 Project Controlling 模式的类型和应用中需注意的问题。

8-8 简述 Project Controlling 模式与建设项目管理的区别。

第9章 建设工程信息文档管理

学习目标

了解工程信息与文档资料的概念；掌握工程信息与文档的分类及其收集、整理的方法；能根据本章所学知识，结合案例，进行信息文档管理的实际操作。

9.1 建设工程信息管理概述

9.1.1 信息及其特征

1. 信息的定义

当前世界已进入信息时代，而信息的种类成千上万，信息的定义也有数百种之多。结合监理工作，我们认为：信息是对数据的解释，并反映了事物的客观状态和规律。

从广义上讲，数据包括文字、数值、语言、图表、图像等表达形式。数据有原始数据和加工整理以后的数据之分。无论是原始数据还是加工整理以后的数据，经人们解释并赋予一定的意义后，才能成为信息。这就说明，数据与信息既有联系又有区别，信息虽然用数据表现（信息的载体是数据），但并非任何数据都是信息。

2. 信息的特征

信息是监理工作的依据，了解其特征，有助于深刻理解信息含义和充分利用信息资源，更好地为决策服务。信息特征概括起来有以下几点：

（1）真实性　信息是反映事物或现象客观状态和规律的数据，其中真实和准确是信息的基本特征。缺乏真实性的信息由于不能依据它们做出正确的决策，故不能成为信息。

（2）系统性　信息随着时间在不断地变化与扩充，但仍应该是来源于有机整体的一部分，脱离整体、孤立存在的信息是没有用处的。在监理工作中，投资控制信息、进度控制信息、质量控制信息、安全控制信息构成一个有机的整体，监理信息应属于这个系统之中。

（3）时效性　事物在不断地变化，信息也随之变化着。过时的信息是不可以用来作为决策依据的。监理工作也是如此，国家政策、规范标准在调整，监理制度在不断完善与改进，这就意味着不断会有新的信息出现和旧的信息被淘汰。信息的时效性是信息很重要的特征之一。

（4）不完全性　客观上讲，由于人的感观以及各种测试手段的局限性，导致对信息资源的开发和识别难以做到全面。人的主观因素也会影响对信息的收集、转换和利用，往往会造成所收集信息不够完全。为提高决策质量，应尽量多让经验丰富的人员来从事信息管理工作，或者提高从业者的业务素质，这样可减少信息不完全性的一面。

9.1.2 监理信息及其分类

1. 监理信息

监理信息是在建设工程监理过程中发生的、反映建设工程状态和规律的信息。监理信息具有一般信息的特征，同时也有其本身的特点：

（1）来源广、信息量大 建设工程监理是以监理工程师为中心，项目监理机构自然成为监理信息中心。监理信息来自两个方面；一是项目监理机构内部进行目标控制和管理而产生的信息；二是在实施监理的过程中，从项目监理机构外流入的计息。由于建设工程的长期性和复杂性，涉及单位众多，从而信息来源广，信息量大。

（2）动态性强 工程建设的过程是一个动态过程，监理工程师实施的控制也是动态控制，因而大量的监理信息都是动态的，这就需要及时地收集信息、利用信息，才能做出正确的决策。

（3）形式多样

2. 监理信息的分类

不同的监理范畴，需要的信息不同，将监理信息归类划分，有利于满足不同监理工作的信息需求，使信息管理更加有效。

（1）按建设监理控制目标划分 建设工程监理的目的是对工程进行有效的控制，按控制目标可将监理信息划分如下：

1）投资控制信息，是指与投资控制有关的各种信息。投资标准方面有工程造价、物价指数、工程量计算规则等。工程项目计划投资方面有工程项目投资估算、设计概算、合同价等。工程项目进行中产生的实际投资信息有施工阶段的支付账单、工程变更费用、运杂费、违约金、工程索赔费用等。

2）质量控制信息，是指与质量控制有关的信息。有关法规标准信息有国家质量标准、质量法规、质量管理体系、工程项目建设标准等。计划工程质量有关的信息有工程项目的合同标准、材料设备的合同质量、质量控制的工作措施等。项目进展中产生的质量信息有工程质量检查、验收记录、材料的质量抽样检查、设备的质量检验等。还有工程参建方的资质及特殊工种人员资质等。

3）进度控制信息，是指与进度控制有关的信息。与工程计划进度有关的信息有工程项目进度计划、进度控制制度等。在项目进展中产生的进度信息有进度记录、工程款支付情况、环境气候条件、项目参加人员、物资与设备情况。另外，还有上述信息在加工后产生的信息，如工程实际进度控制的风险分析、进度目标分解信息、实际进度与计划进度对比分析、实际进度与合同进度对比分析、实际进度统计分析、进度变化预测信息等。

4）安全生产控制信息，是指与安全生产控制有关的信息。法律法规方面有国家法律、法规、条例等。制度措施有安全生产管理体系、安全生产保证措施等。项目进展中产生的信息有安全生产检查、巡视记录、安全隐患记录等；另外还有文明施工及环境保护有关信息。

5）合同管理信息，如国家法律、法规；勘测设计合同、工程建设承包合同、分包合同、监理合同、物资供应合同、运输合同等；工程变更、工程索赔、违约事项等。

（2）按照建设工程不同阶段分类

1）项目建设前期的信息。项目建设前期的信息包括可行性研究报告、设计任务书、勘察文件、设计文件、招投标等方面的信息。

2）工程施工过程中的信息。由于建筑工程具有施工周期长、参建单位多的特点，所以施工过程中的信息量最大。其中有来自于业主方面的指示、意见和看法，下达的某些指令；有来自于承包商方面的信息，如向有关方面发出的各种文件，向监理工程师报送的各种文件、报告等；有来自于设计方面的信息，如设计合同、施工图样、工程变更等：有来自于监理方面的信息，如监理单位发出的各种通知、指令，工程验收信息。项目监理内部也会产生许多信息，有直接从施工现场获得有关投资、质量、进度、安全和合同管理方面的信息，有经过分析整理后对各种问题的处理意见等；还有来自其他部门如建筑行政管理部门、地方政府、环保部门、交通部门等部门的信息。

3）工程竣工阶段的信息。在工程竣工阶段，需要大量的竣工验收资料，这些信息一部分是在整个施工过程中长期积累形成的，一部分是在竣工验收期间，根据积累的资料整理分析而形成的。

(3) 其他的一些分类方法

1）按照信息范围的不同，把建设监理信息分为精细的信息和摘要的信息两类。

2）按照信息时间的不同，把建设监理信息分为历史性的信息和预测性的信息两类。

3）按照监理阶段的不同，把建设监理信息分为计划的、作业的、核算的及报告的信息。在监理工作开始时，要有计划的信息；在监理过程中，要有作业的和核算的信息；在某一工程项目的监理工作结束时，要有报告的信息。

4）按照对信息的期待性不同，把建设监理信息分为预知的和突发的信息两类。

5）按照信息的性质不同，把建设监理信息划分为生产信息、技术信息、经济信息和资源信息。

6）按照信息的稳定程度划分固定信息和流动信息等。

9.1.3 监理信息的形式

信息是对数据的解释，这种解释方法的表现形式多种多样，一般有文字、数字、表格、图形、图像和声音等。

1. 文字数据

文字数据形式是监理信息的一种常见形式。文件是最常见的有用信息。监理中通常规定以书面形式进行交流，即使是口头指令，也要在一定时间内形成书面文字，这就会形成大量的文件。这些文件包括国家、地区、部门行业、国际组织颁布的有关建设工程的法律法规文件，如合同法、政府建设监理主管部门下发的条例、通知和规定、行业主管部门下发的通知和规定等；还包括国际、国家和行业等制定的标准规范、如合同标准文本、设计及施工规范、材料标准、图形符号标准、产品分类及编码标准等。具体到每一个工程项目，还包括合同及招投标文件下工程承包（分包）单位的情况资料、会议纪要、监理月报、监理总结、洽商及变更资料、监理通知、隐蔽及验收记录资料等。

2. 数字数据

数字数据也是监理信息常见的一种表现形式。在建设工程中，监理工作的科学性要求“用数字说话”，为了准确地说明各种工程情况，必然有大量数字数据产生，各种计算成果和试验检测数据反映了工程项目的质量、投资和进度等情况。用数据表现的信息常见的有设备与材料价备，工程量计算规则、价格指数，工期、劳动、机械台班的施工定额；地区地质数据、项目类型及专业和主材投资的单价指标、材料的配合比数据等。具体到每个工程项目还包括材料台账、设备台账，材料、设备检验数据，工程进度数据，进度工程量签证及付款签证数据，专业图样数据，质量评定数据，施工人力和机械数据等。

3. 报表

各种报表是监理信息的另一种表现形式，建设工程各方常用这种直观的形式传播信息。承包商需要提供反映建设工程状况的多种报表。这些报表有开工申请单、施工技术方案报审表、进场原材料报验单、进场设备报验单、测量放线报验单、分包申请单、合同外工程单价申报表、计日工单价申报表、合同工程月计量申报表、额外工程月计量申报表、人工与材料价格调整申报表、付款申请表、索赔申请书、索赔损失计算清单、延长工期申报表、复工申请、事故报告单、工程验收申请单、竣工报验单等。监理组织内部常采用规范化的表格来作为有效控制的手段，这类报表有工程开工令、工程清单支付月报表、暂定金额支付月报表人应扣款月报表、工程变更通知、额外增加工程通知单、工程暂停指令、复工指令、现场指令、工程验收证书、工程验收记录、竣工证书等。监理工程师向业主反映工程情况也常用报表的形式来传递工程信息，这类报表有工程质量月报表、项目月支付总表、工程进度月报表、进度计划与实际完成报表、施工计划与实际完成情况表、监理月报表、工程状况报告表等。

4. 图形、图像和声音

监理信息的形式还有图形、图像和声音等。这些信息包括工程项目立面、平面及功能布置图形、项目位置及项目所在区域环境实际图形或图像等；对每一个项目，还包括隐蔽部位、设备安装部位、预留预埋部位图形、管线系统、质量问题和工程进度形象图像；在施工中还有设计变更图等。图形、图像信息还包括工程录像（光盘）、照片等，这些信息直观、形象地反映了工程情况，特别是能有效地反映隐蔽工程的情况。声音信息主要包括会议录音、电话录音以及其他的讲话录音等。

以上只是监理信息的一些常见形式，而且监理信息往往是这些形式的组合。随着科技的发展，还会出现更多更好的形式。了解监理信息的各种形式及其特点，对收集、整理信息很有帮助。

9.1.4 监理信息的作用

监理工程师在工作中会生产、使用和处理大量的信息。信息是监理工作的成果，也是监理工程师进行决策的依据。

1. 监理信息是监理工程师进行目标控制的基础

建设工程监理的目标控制，即是按计划的投资、质量和进度来完成工程项目建设，监理信息贯穿在目标控制的各个环节之中，在建设监理目标控制内部各要素之间、系统和环境之间都靠信息进行联系。在建筑工程的生产过程中，监理工程师要依据所反馈的投资、质量、进度、安全信息与计划信息进行对比，看是否发生偏离，如发生偏离，即采取相应措施予以纠正，直至达到建设目标。纠正的措施就是依靠信息。

2. 监理信息是监理工程师进行科学决策的依据

建设工程中有许多问题需要决策，决策的正确与否直接影响着项目建设总目标的实现及监理企业、监理工程师的信誉。做出一项决策需要考虑各种因素，其中最重要的因素之一就是信息，如要做出是否需要进行进度计划调整的决策，就需要收集计划进度信息与工程实际的进度信息。监理工程师在整个工程的监理过程中，都必须充分地收集信息、加工整理信息，才能作出科学、合理的监理决策。

3. 监理信息是监理工程师进行组织协调的纽带

工程项目的建设是一个复杂和庞大的系统，参建单位多、周期长、影响因素多，需要进行大量的协调工作，监理组织内部也要进行大量的协调工作，这都要依靠大量的信息。

协调一般包括人际关系的协调、组织关系的协调和资源需求关系的协调。人际关系的协调，需要了解协调对象的特点、性格方面的信息，需要了解岗位职责和目标的信息，需要了解其工作成效的信息，通过谈心、谈话等方式进行沟通与协调；组织关系的协调，需要了解组织机构设置、目标职责的信息，需要开工作例会、专题会议来沟通信息，在全面掌握信息的基础上及时消除工作中的矛盾和冲突；资源需求关系的协调，需要掌握人员、材料、设备、能源动力等资源方面的计划情况、储备情况以及现场使用情况等信息，以此来协调建筑工程的生产，保证工程进展顺利。

9.2 建设工程信息管理的手段

9.2.1 监理信息的收集

1. 收集监理信息的作用

在建设工程中，每时每刻都产生着大量的信息。但是，要得到有价值的信息，只靠自发产生的信息是远远不够的，还必须根据需要进行有目的、有组织、有计划的收集，才能提高信息质量，充分发挥信息的作用。

收集信息是运用信息的前提。各种信息一经产生，就必然会受到传输条件、人们的思想意识及各种利益关系的影响，所以，信息有真假、虚实、有用无用之分。监理工程师要取得有用的信息，必须通过各种渠道，采取各种方法收集信息，然后经过加工、筛选，从中选择出对进行决策有利的信息。没有足够的信息作依据，决策就会产生失误。

收集信息是进行信息处理的基础。信息处理是对已经取得的原始信息进行分类、筛选、分析、加工、评定、编码、存储、检索、传递的全过程。不经收集、没有进行处理的对象，信息收集工作的好坏，直接决定着信息加工处理质量的高低。在一般情况下，如果收集到的信息时效性强、真实度高、价值大、全面系统，再经加工处理质量就更高，反之则低。

2. 收集监理信息的基本原则

（1）要主动及时　监理工程师要取得对工程控制的主动权，就必须积极主动地收集信息，善于及时发现、及时取得、及时加工各类工程信息。只有工作主动，获得信息才会及时，监理工作的特点和监理信息的特点都决定了收集信息要主动及时。监理是一个动态控制的过程，实时信息量大、时效性强；建设工程又具有投资大、工期长、项目分散、管理部门多、参与建设的单位多等特点，如果不能及时得到工程中大量发生的、变化极大的数据，不能及时把不同的数据传递于需要相关数据的不同单位、部门，势必会影响各部门的工作，影响监理工程师作出正确的判断，影响监理的质量。

（2）要全面系统　监理信息贯穿在工程项目建设的各个阶段及全部过程，各类监理信息和每一条信息，都是监理内容的反映或表现。所以，收集监理信息不能挂一漏万，以点代面，把局部当成整体，或者不考虑事物之间的联系，同时，建设工程不是杂乱无章的，而是有着内在的联系。因此，收集信息不仅要注意全面性，而且还要注意系统性和连续性，全面系统就是要求收集到的信息具有完整性，以防决策失误。

（3）要真实可靠　收集信息的目的在于对工程项目进行有效的控制。由于建设工程中人们的经济利益关系，以及建设工程的复杂性，信息在传输会发生失真现象等主客观原因，难免产生不能真实反映建设工程实际情况的假信息。因此，必须严肃认真地进行收集工作，要将收集到的信息进行严格核实、检测、筛选，去伪存真。

（4）要重点选择　收集信息要全面系统和完整，必须要有针对性，坚持重点收集的原则。针对性首先是指有明确的目的性或目标，其次是指有明确的信息源和信息内容，还要做到适用，即所取信息符合监理工程的需要，能够应用并产生好的监理效果。所谓重点选择，就是根据监理工作的实际需要，根据监理的不同层次、不同部门、不同阶段对信息需求的侧重点，从大量的信息中选择使用价值大的主要信息。如业主委托施工阶段监理，则以施工阶段为重点进行收集。

3. 监理信息收集的基本方法

监理工程师主要通过各种方式的记录来收集监理信息，这些记录统称为监理记录，它是与工程项目建设监理相关的各种记录中资料的集合。通常可分为以下几类：

（1）现场记录　现场监理人员必须每天利用特定的表式或以日志的形式记录工地上所发生的事情。所有记录应始终保存在工地办公室内，供监理工程师及其他监理人员查阅。这类记录在每月由专业监理工程师整理书面资料上报监理工程师办公室。监理人员在现场上遇到工程施工中不得不采取紧急措施而对承包商所发出的书面指令，应尽快通报上一级监理组织，以征得其确认或修改指令。

现场记录通常记录以下内容：

1）现场监理人员对所监理工程范围内的机械、劳力的配备和使用情况作详细记录。如承包人的现场人员和设备的配备是否同计划所列的一致；工程质量和进度是否因某些职员或某种设备不足而受到影响，受到影响的程度如何；是否缺乏专业施工人员或专业施工设备，承包商有无替代方案；承包商施工机械完好率和使用率是否令人满意；维修车间及设施情况如何，是否存储有足够的备件等。

2）记录气候及水文情况。如记录每天的最高、最低气温，降雨和降雪量，风力，河流水位；记录有预报的雨、雪、台风及洪水到来之前对永久性或临时性工程所采取的保护措施；记录气候、水文的变化影响施工及造成损失的细节，如停工时间、救灾的措施和财产的损失等。

3）记录承包商每天工作范围，完成工程数量，以及开始和完成工作的时间；记录出现的技术问题，采取了怎样的措施进行处理，效果如何，能否达到技术规范的要求等。

4）对工程施工中每步工序完成后的情况作简单的描述，如此工序是否已被认可；对缺陷的补救措施或变更情况等作详细的记录。监理人员在现场对隐蔽工程应特别注意记录。

5）记录现场材料供应和储备情况。如每一批材料的到达时间、来源、数量、质量、存储方式和材料的抽样检查情况等。

6）对于一些必须在现场进行的试验，现场监理人员进行记录并分类保存。

（2）会议记录　由监理人员所主持的会议应由专人记录，并且要形成纪要，由与会者签字确认，这些记录将成为今后解决问题的重要依据。会议纪要应包括以下内容：会议地点及时间；出席者姓名、职务以及他们所代表的单位；会议中发言者的姓名及主要内容；形成的决议；决议由何人及何时执行等；未解决的问题及其原因。

（3）计量与支付记录　包括所有计量及付款资料。应清楚地记录哪些工程进行过计量，哪些工程没有进行计量，哪些工程已经进行了支付，已同意或确定的费率和价格变更等。

（4）试验记录　除正常的试验报告外，试验室应由专人每天以日志形式记录试验室工作情况，包括对承包商的试验监督，数据分析等。记录内容包括：

1）工作内容的简单叙述。如做了哪些试验，监督承包商做了哪些试验，结果如何等。

2）承包人试验人员配备情况。试验人员配备与承包商计划所列是否一致，数量和素质是否满足工作需要，增减或更换试验人员的建议。

3）对承包商试验仪器、设备配备、使用和调动情况记录，需增加新设备的建议。

4）监理试验室与承包商试验室所做同一试验，其结果有无重大差异，原因如何。

5）工程照片和录像。以下情况，可辅以工程照片和录像进行记录。

① 科学试验：重大试验，如桩的承载试验，板、梁的试验以及科学研究试验等；新工艺、新材料的原形及为新工艺、新材料的采用所做的试验等。

② 工程质量：能体现高水平的建筑物的总体或分部，能体现出建筑物的宏伟、精致、美观等特色的部位；工程质量较差的项目，指令承包商返工或需补强的工程的前后对比；体现不同施工阶段的建筑物照片；不合格原材料的现场和清除出现场的照片。

③ 能证明或反映未来会引起索赔或工程延期的特征照片或录像；向上级反映即将引起影响工程进展的照片。

④ 工程试验、实验室设备情况。

⑤ 隐藏工程，被覆盖前构造物的基础工程；重要项目钢筋绑扎、管道渗开的典型照片；混凝土桩的桩头开花及桩顶混凝土的表面特征情况。

⑥ 用工程事故处理现场及处理事故的状况；工程事故及处理和补强工艺，能证实保证了工程质量的照片。

⑦ 监理工作：重要工序的旁站监督和验收；看现场监理工作实况；参与的工地会议及参与承包商的业务讨论会；班前、工后会议；被承包商采纳的建议，证明确有经济效益及提高了施工质量的实物。

拍照时要采用专门登记本，并在其上标明序号、拍摄时间、拍摄内容、拍摄人员等。

9.2.2　监理信息的加工整理

1. 监理信息加工的作用和原则

监理信息的加工整理是对收集来的大量原始信息，进行筛选、分类、排序、压缩、分析、比较、计算等的过程。首先，通过加工，将信息分类，使之标准化、系统化。收集来的信息，往往是原始的、零乱的和孤立的，信息资料的形式也可能不同，只有经过加工，使之成为标准的、系统的信息资料，才能进入使用、存储，以及提供检索和传递。

其次，经过收集的资料，真实程度、准确程度都比较低，甚至还混有一些错误，经过对它们进行分析、比较、鉴别，乃至计算、校正，使获得的信息准确、真实。另外，原始状态的信息，一般不便于使用和存储、检索、传递，经加工后，可以使信息浓缩，以便于进行以上操作。还有，信息在加工过程中，通过对信息的综合、分解、整理、增补，可以得到更多有价值的新信息。

信息加工整理要本着标准化、系统化、准确性、时间性和适用性等原则进行。为了方便信息用户的使用和交换，应当遵守已制定的标准，使来源不同和形态多样的信息标准化。要按监理信息的分类，系统、有序地加工整理，符合信息管理系统的需要；要对收集的监理息进行校正、辨别，使之准确、真实地反映建设工程状况；要及时处理各种信息，特别是对那些时效性强的信息；要使加工后的监理信息，符合实际监理工作的需要。

2. 监理信息加工整理的成果——各种监理报告

监理工程师对信息进行加工整理，形成各种资料，如各种来往信函、来往文件、各种指令、会议纪要、备忘录或协议和各种工作报告等。工作报告是最主要的加工整理成果，这些报告如下所述：

（1）现场监理日报表　它是现场监理人员根据每天的现场记录加工整理而成的报告。其主要包括如下内容：当天的施工内容；当天参加施工的人员（工种、数量、施工单位等）；当天施工用的机械的名称和数量等；当天发现的施工质量问题；当天的施工进度和计划进度的比较，若发生进度拖延，应说明原因；当天天气综合评语；其他说明及应注意的事项等。

（2）现场监理工程师周报　它是现场监理工程师根据监理日报加工整理而成的报告，每周向项目总监理工程师汇报一周内所有发生的重大事件。

（3）监理工程师月报　它是集中反映工程实况和监理工作的重要文件。监理工程师月报一般由项目总监理工程师组织编写，每月一次上报业主。大型项目的监理月报，往往由各合同段或子项目的总监理工程师代表组织编写，上报总监理工程师审阅后报业主。监理月报一般包括以下内容：

1）工程进度。描述工程进度情况，工程形象进度和累计完成的比率。若拖延了计划，应分析其原因以及这种原因是否已经消除，就此问题承包商、监理人员所采取的补救措施等。

2）工程质量。用具体的测试数据评价工程质量，如实反映工程质量的好坏，并分析原因。承包商和监理人员对质量较差项目的改进意见，如有责令承包商返工的项目，应说明其规模、原因以及返工后的质量情况。

3）计量支付。监理月报应表示出本期支付、累计支付以及必要的分项工程的支付情况，形象地表达支付比例，实际支付与工程进度对照情况等；承包商是否因流动资金短缺而影响了工程进度，并分析造成资金短缺的原因（如是否未及时办理支付等）；有无延迟支票、价格调整等问题，说明其原因及由此而产生的增加费用。

4）安全生产管理。

5）质量事故。质量事故发生的时间、地点、项目、原因、损失估计（经济损失、时间损失、人员伤亡情况）等；事故发生后采取了哪些补救措施；在今后工作中如何避免类似事故发生的有效措施；关于事故的发生，影响的单项或整体工程的进度情况。

6）工程变更。对每次工程变更应说明：引起变更设计的原因，批准机关，变更项目的规模，工程量增减数量，投资增减的估计等；是否因此变更影响了工程进展，承包商是否就此已提出或准备提出延期和索赔。

7）合同纠纷。合同纠纷情况及产生的原因；监理人员进行调解的措施；监理人员在解决纠纷中的体会；业主或承包商有无要求进一步处理的意向。

8）监理工作动态。描述本月的主要监理活动，如工地会议、现场重大监理活动、延期和索赔的处理、上级下达的有关工作的进展情况、监理工作中的困难等。

9.2.3 监理管理信息系统简介

在工程建设过程中，时刻都在产生信息数据，而且其数量是相当大的，需要对其迅速收集、整理与使用。传统的处理方法是依靠监理工程师的经验，对问题进行分析与处理。面对当今复杂、庞大的工程，传统的方法就显得不足，难免会给工程建设带来损失。而计算机技术的发展，给信息管理提供了一个高效率的平台，监理管理信息系统开发，使信息处理变得快捷。

监理工程师的主要工作是控制建设工程的投资、进度、质量和安全，进行建设工程合同管理，协调有关单位间的工作关系。监理管理信息系统的构成应当与这些主要的工作相对应。另外，每个工程项目都有大量的公文信函，作为一个信息系统，也应对这些内容进行辅助管理。因此。监理管理信息系统一般由投资控制子系统、进度控制子系统、质量控制子系统、安全生产管理子系统、合同管理子系统、文档管理子系统和组织协调子系统构成。各子系统的功能如下：

1. 投资控制子系统

投资控制子系统应包括项目投资概算、预算、标底、合同价、结算、决算以及成本控制。投资控制子系统的功能应该有：

1）项目概算、预算、标底的编制和调整。

2）项目概算、预算的对比分析。

3）标底与概算、预算的对比分析。

4）合同价与概算、预算、标底的对比分析。

5）实际投资与概算、预算、合同价的动态比较。

6）项目决算与概算、预算、合同价的对比分析。

7）项目投资变化趋势预测。

8）项目投资的各项数据查询。

9）提供各项投资报表。

2. 进度控制子系统

进度控制子系统的功能包括：

1）原始数据的录入、修改、查询。

2）网络计划编制与调整。

3）工程实际进度的统计分析。

4）实际进度与计划进度的动态比较。

5）工程进度变化趋势的预测分析。

6）工程进度各类数据查询。

7）提供各种工程进度报表。

8）绘制网络图和横道图。

9）各种工程进度报表。

3. 质量控制子系统

质量控制子系统的功能包括：

1）设计质量控制相关文件。

2）施工质量控制相关文件。

3）材料质量控制相关资料。

4）设备质量控制相关资料。

5）工程事故的处理资料。

6）质量监理活动档案资料。

4. 安全生产管理子系统

安全生产管理子系统的功能包括：

1）安全生产管理法律、法规。

2）安全生产保证措施。

3）安全生产检查及隐患记录。

4）文明施工、环保相关资料。

5）安全事故的处理资料。

6）安全教育、培训有关资料。

5. 合同管理子系统

合同管理子系统的功能包括：

1）合同结构模式的提供和选用。

2）合同文件、资料登录、修改、删除、查询和统计。

3）合同执行情况的跟踪及处理过程和管理。

4）为投资控制、进度控制、质量控制、安全控制提供有关数据。

5）涉外合同的外汇折算。

6）国家有关法律、法规、通用合同文本的查询。

6. 文档管理子系统

文档管理子系统功能应包括：

1）公文的编辑、处理。

2）公文的登录、查询与统计。

3）文件排版、打印。

4）有关标准、决定、指示、通告、通知、会议纪要的存档、查询。

5）来往信件、前期文件处理。

7. 组织协调子系统

组织协调子系统功能应包括：

1）工程建设相关单位查询。

2）协调记录。

9.3 建设工程监理文档资料管理

9.3.1 工程项目文件组成

在工程项目的监理工作中，会涉及并产生大量的信息与档案资料。这些信息或档案资料中，有些是监理工作的依据，如招投标文件、合同文件、业主针对该项目制定的有关工作制度或规定、监理规划与监理、监理细则、旁站方案；有些是监理工作中形成的文件，表明了工程项目的建设情况，也是今后工作所要查阅的，如监理工程师通知、专项监理工作报告、会议纪要、施工方案审查意见等；有些则是反映工程质量的文件，是今后监理验收或工程项目验收的依据。因此监理人员在监理工作中应对这些文件资料进行管理。

监理工作中档案资料的管理包括两大方面：一方面是对施工单位的资料管理工作进行监督，要求施工人员及时记录、收集并存档需要保存的资料与档案；另一方面是监理机构本身应该进行的资料与档案管理工作。工程项目档案资料的整理见《建设工程文件归档整理规范》（GB/T 50328—2001）。

9.3.2 建设工程文档资料管理

对与建设工程有关的重要活动、记载建设工程主要过程和现状、具有保存价值的各种载体的文件，均应收集齐全，整理立卷后归档。

1. 归档文件的质量要求

1）归档的工程文件应为原件。工程文件的内容必须齐全、系统、完整、准确，与工程实际相符。

2）工程文件的内容及其深度必须符合国家有关工程勘察、设计、施工、监理等方面的技术规范、标准和规程。

3）工程文件应采用耐久性强的书写材料，如碳素墨水、蓝黑墨水，不得使用易褪色的书写材料，如红色墨水、纯蓝墨水、圆珠笔、复写纸、铅笔等。

4）工程文件应字迹清楚，图样清晰，图表整洁，签字盖章手续完备。

5）工程文件中文字材料幅面尺寸规格宜为A4幅面（297mm×210mm），图样宜采用国家标准图幅。

6）工程文件的纸张应采用能够长期保存的韧力大、耐久性强的纸张。图样一般采用蓝晒图，竣工图应是新蓝图。计算机出图必须清晰，不得使用计算机出图的复印件。

7）所有竣工图均应加盖竣工图章

① 竣工图章的基本内容应包括："竣工图"字样、施工单位、编制人、审核人、技术负责人、编制日期、监理单位、现场监理、总监理工程师。

② 竣工图章尺寸为宽×高=50mm×80mm。

③ 竣工图章应使用不易褪色的红印泥，应盖在图标栏上方空白处。

8）利用施工图改绘竣工图，必须标明变更修改依据，凡施工图结构、工艺、平面布置等有重大改变，或变更部分超过图面1/3的应当重新绘制竣工图。不同幅面的工程图样应按《技术制图复制图的折叠方法》（GB 106010.3—1989）统一折叠成A4幅面（297mm×

210mm)，图标栏露在外面。

2. 工程文件的立卷

(1) 立卷原则　立卷应遵循工程文件的自然形成规律，保持卷内文件的有机联系，便于档案的保管和利用。一个建设工程由多个单位工程组成时，工程文件应按单位工程组卷。

(2) 立卷方法

1) 工程文件可按建设程序划分为工程准备阶段的文件、监理文件、施工文件、竣工图、竣工验收文件5部分。

2) 工程准备阶段文件可按建设程序、专业、形成单位等组卷。

3) 监理文件可按单位工程、分部工程、专业、阶段等组卷。

4) 施工文件可按单位工程、分部工程、专业、阶段等组卷。

5) 竣工图可按单位工程、专业等组卷。

6) 竣工验收文件可按单位工程、专业等组卷。

(3) 立卷要求

1) 案卷不宜过厚，一般不超过40mm。

2) 案卷内不应有重份文件；不同载体的文件一般应分别组卷。

(4) 卷内文件的排列

1) 文字材料按事项、专业顺序排列。同一事项的请示与批复、同一文件的印本与定稿、主件与附件不能分开，并按批复在前、请示在后，印本在前、定稿在后，主件在前、附件在后的顺序排列。

2) 图样按专业排列，同专业图样按图号顺序排列。

3) 既有文字材料又有图样的案卷，文字材料排前，图样排后。

(5) 案卷的编目

1) 编制卷内文件页号应符合下列规定：

① 卷内文件均按有书写内容的页面编号，每卷单独编号，页号从“1”开始。

② 页号编写位置：单面书写的文件在右下角；双面书写的文件，正面在右下角，背面在左下角；折叠后的图样一律在右下角。

③ 成套图样或印刷成册的科技文件材料，自成一卷的，原目录可代替卷内目录，不必重新编写页码。

④ 案卷封面、卷内目录、卷内备考表不编写页号。

2) 卷内目录的编制应符合下列规定：

① 卷内目录的式样见表10-1，尺寸参见规范。

表10-1　卷内目录

序号	文件编号	责任者	文件题目	目录	页次	备注

② 序号：以一份文件为单位，用阿拉伯数字从“1”依次标注。

③ 责任者：填写文件直接形成单位和个人。有多个责任者时，选择两个主要责任者，其余用“等”代替。

④ 文件编号：填写工程文件原有的文号或图号。

⑤ 文件题名：填写文件标题的全称。

⑥ 日期：填写文件形成的日期。

⑦ 页次：填写文件在卷内所排的起始页号，最后一份文件页号。

⑧ 卷内目录排列在卷内文件首页之前。卷内目录、卷内备考表、案卷内封面应采用70g以上白色书写纸制作，幅面统一采用A4幅面（297mm×210mm）。

（6）工程档案的验收与移交　列入城建档案馆（室）档案接收范围的工程，建设单位在组织工程竣工验收前，应提请城建档案管理机构对工程档案进行预验收。建设单位未取得城建档案管理机构出具的认可文件，不得组织工程竣工验收。城建档案管理部门在进行工程档案预验收时，重点验收以下内容：

1）工程档案的齐全、系统、完整。

2）工程档案的内容真实、准确地反映建设工程活动和工程实际状况。

3）工程档案的整理、立卷符合本规范的规定。

4）竣工图绘制方法、图式及规格等符合专业技术要求，图面整洁，盖有竣工图章。

5）文件的形成、来源符合实际，要求单位或个人签章的文件，其签章手续完备。

6）文件材质、幅面、书写、绘图、用墨等符合要求。

（7）工程档案的保存

1）文件保管期限分为永久、长期、短期三种期限。永久是指工程档案需永久保存。长期是指工程档案的保存期限等于该工程的使用寿命。短期是指工程档案保存20年以下。

2）同一案卷内有不同保管期限的文件，该案卷保管期限应从长。

3）密级分为绝密、机密、秘密三种。同一案卷内有不同密级的文件，应以高密级为本卷密级。

9.3.3 施工阶段监理文件管理

1. 监理资料

除了上述验收时需要向业主或城建档案馆移交的监理资料外，施工阶段监理所涉及并应该进行管理的资料应包括下列内容：

1）施工合同文件及委托监理合同。

2）勘察设计文件。

3）监理规划。

4）监理实施细则。

5）分包单位资格报审表。

6）设计交底与图样会审会议纪要。

7）施工组织设计（方案）报审表。

8）工程开工/复工报审表及工程暂停令。

9）测量核验资料。

10）工程进度计划。

11）工程材料、构配件、设备的质量证明文件。
12）检查试验资料。
13）工程变更资料。
14）隐蔽工程验收资料。
15）工程计量单和工程款支付证书。
16）监理工程师通知单。
17）监理工作联系单。
18）报验申请表。
19）会议纪要。
20）来往函件。
21）监理日记。
22）监理月报。
23）质量缺陷与事故的处理文件。
24）分部工程、单位工程等验收资料。
25）索赔文件资料。
26）竣工结算审核意见书。
27）工程项目施工阶段质量评估报告等专题报告。
28）监理工作总结。

2. 监理月报

监理月报应由总监理工程师组织编制，签认后报建设单位和本监理单位。监理月报报送时间由监理单位和建设单位协商确定。施工阶段的监理月报应包括以下内容：

1）本月工程概况。
2）本月工程形象进度。
3）工程进度。
① 本月实际完成情况与计划进度比较。
② 对进度完成情况及采取措施效果的分析。
4）工程质量
① 本月工程质量情况分析。
② 本月采取的工程质量措施及效果。
5）工程计量与工程款支付
① 工程量审核情况。
② 工程款审批情况及月支付情况。
③ 工程款支付情况分析。
④ 本月采取的措施及效果。
6）合同其他事项的处理情况
① 工程变更。
② 工程延期。
③ 费用索赔。
7）本月监理工作小结

① 对本月进度、质量、工程款支付等方面情况的综合评价。

② 本月监理工作情况。

③ 有关本工程的意见和建议。

④ 下月监理工作的重点。

3. 监理总结

在监理工作结束后，总监理工程师应编制监理工作总结。监理工作总结应包括以下内容：

1）工程概况。

2）监理组织机构、监理人员和投入监理的设施。

3）监理合同履行情况。

4）监理工作成效。

5）施工过程中出现的问题及其处理情况和建议。

6）工程照片（有必要时）。

4. 监理资料的整理

1）第一卷（合同）

① 合同文件，包括监理合同、施工承包合同、分包合同、施工招投标文件、各类订货合同。

② 与合同有关的其他事项，如工程延期报告、费用索赔报告与审批资料、合同争议、合同变更、违约报告处理。

③ 资质文件，如承包单位资质、分包单位资质、监理单位资质，建设单位项目建设审批文件、各单位参建人员资质、供货单位资质、见证取样试验等单位资质。

④ 建设单位对项目监理机构的授权书。

⑤ 其他来往信函。

2）第二卷（技术文件）

① 设计文件，如施工图、地质勘察报告、测量基础资料、设计审查文件。

② 设计变更，如设计交底记录、变更图、审图汇总资料、洽谈纪要。

③ 施工组织设计，如施工方案、进度计划、施工组织设计报审表。

3）第三卷（项目监理文件）

① 监理规划、监理大纲、监理细则。

② 监理月报。

③ 监理日志。

④ 会议纪要。

⑤ 监理总结。

⑥ 各类通知。

4）第四卷（工程项目实施过程文件）

① 进度控制文件。

② 质量控制文件。

③ 投资控制文件。

5）第五卷（竣工验收文件）

① 分部工程验收文件。
② 竣工预验收文件。
③ 质量评估报告。
④ 现场证物照片。
⑤ 监理业务手册。

小　　结

(1) 信息是对数据的解释，并反映了事物的客观状态和规律，具有真实性、系统性、时效性、不完全性的特征。

(2) 监理信息是在建设工程监理过程中发生的、反映建设工程状态和规律的信息，具有来源广、信息量大、动态性强、形式多样的特征。一般有文字、数字、表格、图形、图像和声音等。

(3) 监理信息的作用：监理信息是监理工程师进行目标控制的基础，是监理工程师进行科学决策的依据，是监理工程师进行组织协调的纽带。

(4) 监理信息的收集要坚持主动、及时、全面系统、真实可靠、重点选择的原则；收集的基本方法包括现场记录、会议记录、计量与支付记录和试验记录。

(5) 监理信息加工整理的成果包括现场监理日报表、现场监理工程师周报、监理工程师月报。

(6) 监理管理信息系统一般由文档管理子系统、合同管理子系统、组织协调子系统、投资控制子系统、质量控制子系统、进度控制子系统和安全生产管理子系统构成。

(7) 监理工作中档案资料的管理包括两大方面：一方面是对施工单位的资料管理工作进行监督，要求施工人员及时记录、收集并存档需要保存的资料与档案；另一方面是监理机构本身应该进行的资料与档案管理工作。

思 考 题

9-1　常见的监理信息有哪些？
9-2　监理信息的作用有哪些？
9-3　监理信息的收集方法有哪些？
9-4　为什么要进行信息加工整理？整理的成果有哪些？

附录　某工程监理规划案例

一、工程项目概况

1）工程名称：×××小区（二标、三标）水泥土搅拌桩。

2）工程建设地点：×××路。

3）建设单位（业主）：×××地产开发有限公司。

4）工程规模：建筑面积70000m^2，共12栋建筑，每一栋为5层砖混结构住宅。

5）结构特点：水泥土搅拌桩。

6）建筑安装工程施工单位：×××基础工程公司（二标）；×××建设工程总公司（三标）。

7）设计单位：×××建筑设计院。

二、监理工作范围

施工阶段全过程、全方位监理（全部施工图所涵盖的建筑安装施工过程监理）。

三、监理工作内容

施工过程全过程、全方位监理，含进度、质量、投资控制、合同管理、信息资料管理及组织协调。

具体内容为：

1. 施工准备阶段监理的工作内容

工程开工前期的监理准备工作内容是：根据工程项目特点，组建现场监理组织机构和人员进场计划；制订各级监理人员的岗位职责：组织监理人员学习施工图样、技术规范、监理工作程序；进行职业道德教育；编写监理工作规划和监实施细则；进行现场监理设施（办公、生活检测等）的准备；准备监理用图表；对承包商上报的施工组织总设计进行审查和批准；制订工作协调程序和准备第一次工地会议的内容；审核开工申请报告，签发开工令等。

2. 质量监理工作内容

1）审查认可施工单位的各项施工准备工作，协助建设单位下达开工通知书。

2）督促检查施工单位的施工管理制度和质量安全文明施工保证体系的建立、健全与实施。

3）组织审查施工单位提交的施工组织设计、施工技术方案（关键部位、工序的质量保证措施）和施工进度计划，并督促检查其实施。在施工过程中，应跟踪检查并分析建设、勘察、设计、施工、监测等单位提供的技术资料，及时发现工程的质量隐患，并督促施工单位加以整改。

4）组织召开设计交底会并整理出会议纪要，同时必须对有关的更改设计、施工技术措施等内容的必要性和合理性进行核定，重大更改应报建设单位审批。

5）根据工程进展情况，编制分阶段的监理细则和月度工作计划，并向建设单位呈报月度监理报告。

6）跟踪复核、验收施工单位的全部施工测量工作，及时分析监测单位信息资料，提出合理的施工措施。

7）监理人应采用自备的检测设备和计量器具进行现场复核、测试且所用的计量器具必须经计量检测单位检验，在有效期内使用。

8）审查施工使用的原材料、半成品、成品设备的质量，必要时对半成品及大型预制构件实施驻厂监理，进行独立平行抽查和复验。原材料和半成品抽检率不得低于规定的施工单位自检数的10%。未经监理工程师签字认可的建筑材料、建筑构配件和设备不得在工程上使用和安装，施工单位不得进行下一道工序的施工。

9）监督施工单位严格按设计图样和现行规范、规程、标准要求施工，控制工程质量。重要部位施工时必须实行不间断旁站监理。

10）抽查工程施工质量，对隐蔽工程进行复验签证；签证已完合格的工程量；参与工程质量、安全事故的分析及处理，检查计量器具的合格使用期及账物卡。

11）对施工单位安全生产、文明施工进行控制。

12）督促审查施工单位及时整理合同文件和规范所规定的有关施工技术档案资料，以及竣工资料的归档要求。

13）参加建设方组织召开的各类与工程有关的会议，做好会议记录，并整理会议纪要。

14）参加工程阶段验收及竣工初验，并督促整改，对工程的施工质量、安全、档案资料、文明施工提出评估意见，协助建设单位组织竣工验收。

15）工程结束后，提交两套工程监理竣工资料。

3. 进度监理的工作内容

1）审核工程施工总进度计划能否满足总工期要求，并提出合理的意见。

2）审查承包商施工管理组织机构、人员配备、资质、业务水平是否适应工程的需要，并提出意见。

3）根据承包商施工总进度计划的要求，督促业主所供应材料与设备及时订货进场。

4）督促承包商季度、月度施工计划的实施。

5）督促承包商按月提交施工计划完成情况报表，并对计划值与实际值进行分析比较。

6）根据工程实际情况，调整工程进度计划，确保工程总进度目标的实现。

7）承包商如修改计划，应向驻地总监理工程师申明原因，提出具体修改计划，经总监理工程师同意后方可变更。

8）参加承包商（或业主）定期召开的工程进度计划协调会议，听取工程问题汇报，对其中有关进度问题提出监理意见。

4. 费用监理的内容

1）健全组织体制，明确职能分工，编制各类投资控制程序与实施计划。

2）协助编制项目总投资切块、分解规划。

3）协助编制项目各阶段，各年、季、月资金使用计划。

4）按月进行工程计量，审核并签署承包商上报的月进度报表及付款凭证。

5）对承包商分阶段工程进度款价款结算单的复核工作。

6）控制设计变更对造价的影响。

7）参与合同的修改、补充工作，着重考虑合同对投资的影响。

8）协助做好工程款的动态管理，对施工方案的调整，对新工艺、新技术和新产品的使用进行技术经济分析和比较。

9）协助处理合同纠纷和索赔费用核定，协调业主与承包商之间的争议。

10）在施工过程中每月（季）进行投资计划值与实际值作比较，及时向业主提供投资数据及有关凭证。

5. 合同管理的内容

1）协助业主确定本工程项目的合同结构。

2）协助业主起草与本工程项目有关的各类合同，并参与各类合同的谈判。

3）加强合同分析工作。监理向有关各方索取合同副本，了解掌握合同内容，要经常对合同条款的执行情况进行分析，督促要求合同各方严格履行义务。

4）加强索赔管理。根据实际发生的事件，监理将遵循公正、科学的原则，按照相关的合同条款进行实事求是的评价和处理。为了防止索赔事件的发生，避免业主利益受损，监理要经常提醒业主保持自己发布有关技术、经济指令的准确性。

6. 安全监理主要内容

1）审查施工单位组织设计中的安全技术措施或者专项施工方案是否符合工程建设的强制性标准。

2）对施工单位的安全生产责任制、安全管理规章制度、安全操作规程的制定情况、安全生产保证体系进行检查审核，并督促其建立完善；对施工单位在施工过程中制定的各项安全技术措施进行检查、审核；对其具体的实施情况进行监理。

3）依照安全生产的法规、规定、标准及监理合同要求，督促协调施工单位从管理着手，全面地在施工中执行各种规范，对可能发生的事故采取预防措施，实施施工全过程的安全生产。及时制止和纠正各种违章作业，及时发现各种隐患、督促其整改。发现安全事故隐患要及时要求施工单位整改或暂时停止施工。施工单位拒不整改或者不停止施工的，及时向有关主管部门报告。

4）对施工单位施工机械设备的数量、性能、检修证及特种工种作业人员操作等进行审核、监督，确保机械正常运转，消除安全隐患。

5）审查施工总平面图是否合理，办公、宿舍、食堂等临时设施的设置及施工现场场地道路、排污、防水措施是否符合有关安全技术标准和文明施工的要求。

6）每周对施工现场的安全用电、动用明火、防护设施、消防器材的设置设备安装、防火、防事故措施的落实情况进行一次综合性的检查。每月书面向建设单位工程项目管理组反馈安全检查全监理情况，重大信息及时汇报。

7）检查施工单位特殊工种的上岗操作证。

8）督促、检查施工单位制定事故应急救援预案。

7. 文明施工监理主要内容

1）检查本工地的排水设施，督促封堵排水管道的申报手续，以及检查、督促对公用管线的保护措施和其他应急措施（包括防汛措施）的落实。

2）检查、督促施工单位保持施工沿线单位居民的出入口的道路的畅通、整洁，凡在施工道路的交叉路口要按规定设置交通标志牌，夜间设示警灯，防止事故发生。

3）检查、督促施工单位按规定落实各种材料及土方的堆放，做到整齐有序，不侵占人行道、车行道、消防通道。

4）检查、督促施工单位在施工中防止渣土洒落、泥浆废水流溢、粉尘飞扬，减少施工对市容环境和绿化的污染，严格控制噪声。

5）检查、督促施工单位按规定做到工地“五小”设施齐全，建立各项管理制度，落实卫生包干责任制，搞好施工区域和生活区域的环境卫生。

6）对检查中发现存在的问题，要以书面的形式通知施工单位，落实整改并及时向建设单位工程项目管理组反馈。

四、监理工作目标

贯彻公司“优质服务、持续改进、守法诚信、公正科学”的质量方针，为建设单位提供优质、高效的监理服务，力求实现投资、进度、质量三大控制目标，全面履行监理合同各项条款。

五、监理工作依据

施工监理的依据是国家工程建设的政策、法律、法规，政府批准的建设计划、规划、设计文件及依法订立的工程承包合同。

1）国家和有关主管部门制定的法律、法规、规定。

2）工程施工标准、规范、规程及有关技术法规。

3）政府主管部门批准的建设文件、规划、设计任务书。

4）业主与工程承包单位依法订立的工程承包合同。

5）业主与材料、设备供货单位签订的有关购货合同。

6）业主与监理单位依法订立的工程监理合同。

7）业主为工程建设与其他单位签订的合同。

8）工程实施过程中业主下达的工程变更文件，设计部门对设计问题的正式答复。

9）工程实施过程中的有关会议纪要、函件和其他文字记载，监理工程师批准的图样和发出的指令等。

六、项目监理机构的组织形式

根据本工程实际情况及监理工作要求，确定监理组织机构：

1）本工程设总监理工程师1人，总监理工程师代表1人。

2）根据各工程实际情况，随时进行人员调整。

七、项目监理机构的人员配备计划

项目监理机构的人员配备计划见表1。

表1 项目监理机构的人员配备计划

序号	姓名	职务	职称	专业	备注
1	×××	总监	高 工	土建	注册监理工程师
2	×××	总监代表	工程师	土建	××省注册
3	×××	监理工程师	工程师	土建	××省考试通过
4	×××	监理员	助 工	土建	××省监理员

总监可根据工程需要适时地补充、调整监理工作人员。

八、项目监理机构的人员岗位职责

1. 总监理工程师的岗位职责

1）确定项目监理机构人员的分工和岗位职责。

2）主持编写项目监理规划，审批项目监理实施细则，并负责管理项目监理机构的日常工作。

3）审查分包单位的资质，并提出审查意见。

4）检查和监督监理人员的工作，根据工程项目的进展情况可进行监理人员调配，对不称职的监理人员应调换其工作。

5）主持监理工作会议，签发项目监理机构的文件和指令。

6）审定承包单位提交的开工报告、施工组织设计、技术方案、进度计划。

7）审核签署承包单位的申请、支付证书和竣工结算。

8）审查和处理工程变更。

9）主持或参与工程质量事故的调查。

10）调解建设单位与承包单位的合同争议，处理索赔，审批工程延期。

11）组织编写并签发监理月报、监理工作阶段报告、专题报告和项目监理工作总结。

12）审核签认分部工程和单位工程的质量检验评定资料，审查承包单位的竣工申请，组织监理人员对待验收的工程项目进行质量检查，参与工程项目的竣工验收。

13）主持整理工程项目的监理资料。

2. 总监理工程师代表的岗位职责

1）负责总监理工程师指定或交办的监理工作。

2）按总监理工程师的授权，行使总监理工程师的部分职责和权力。

总监理工程师不得将下列工作委托于总监理工程师代表：

1）主持编写项目监理规划、审批项目监理实施细则。

2）签发工程开工/复工报审表、工程暂停令、工程款支付证书、工程竣工报验单。

3）审核签认竣工结算。

4）调解建设单位与承包单位的合同争议，处理索赔、审批工程延期。

5）根据工程项目的进展情况进行监理人员的调配，调换不称职的监理人员。

3. 专业监理工程师的岗位职责

1）负责编制本专业的监理实施细则。

2）负责本专业监理工作的具体实施。

3）组织、指导、检查和监督本专业监理员的工作，当人员需要调整时，向总监理工程师提出建议。

4）审查承包单位提交的涉及本专业的计划、方案、申请、变更，并向监理工程师提出报告。

5）负责本专业分项工程验收及隐蔽工程验收。

6）定期向总监理工程师提交本专业监理工作实施情况报告，对重大问题及时向总监理工程师汇报和请示。

7）根据本专业监理工作实施情况做好监理日记。

8）负责本专业监理资料的收集、汇总及整理，参与编写监理月报。

9）检查进场材料、设备、构配件的原始凭证、检测报告等质量证明文件及其质量情况，根据实际情况认为有必要时，对进场材料、设备、构配件进行平行检验，合格后予以签认。

10）负责本专业的工程计量工作，审核工程计量的数据的原始凭证。

4. 监理员的岗位职责

1）在专业监理工程师的指导下开展现场监理工作。

2）检查承包单位投入工程项目的人力、材料、主要设备及其使用、运行状况，并做好检查记录。

3）复核或从施工现场直接获取工程计量的有关数据，并签署原始凭证。

4）按设计图及有关标准，对承包单位的工艺过程或施工工序进行检查和记录，对加工制作及工序施工质量检查结果进行记录。

5）担任旁站工作，发现问题及时指出并向专业监理工程师报告。

6）做好监理日记和有关的监理记录。

5. 旁站监理人员的主要职责

1）检查施工企业现场质检人员到岗、特殊工种人员持证上岗及施工机械、建筑材料准备情况。

2）现场跟踪监督关键部位、关键工序的施工，执行施工方案以及建设强制性标准的情况。

3）检查现场建筑材料、建筑构配件、设备和商品混凝土的质量检验报告等，并可在现场监督施工企业进行检验或者委托具有资格的第三方进行复验。

4）做好旁站监理记录和监理日记，保存旁站监理原始资料。

九、监理工作方法及措施

1. 质量监理控制的方法

（1）质量控制的组织方法

1）监理工程师应督促承包商建立和健全质量认证体系。

2）进行质量职能分配，明确质量责任分工。

3）实施质量审核制度。

（2）质量控制的技术方法

1）审核设计图样及技术交底。

2）审批承包商的施工组织设计。

3）检查工序、部位的施工质量（巡视、旁站、抽验和验收）。

4）专家论证会。

5）质量验收和质量评定。

（3）质量控制的管理方法

1）开展全面质量管理活动。

2）建立质量信息的文字、报表、图像资料的管理办法。

3）质量信息的数理统计分析。

4）合同中质量信息的管理。

5）建立质量管理的奖惩制度。

2. 工程进度监理的方法

1）计划的贯彻可采取责任制、承包制等办法。

2）督促、检查及调度。检查分周期性检查与经常性检查，还可利用统计方法，开展统计检查。检查中发现的问题要及时处理，及时消除进度计划执行中的各种障碍和矛盾，协调各方面的工作。对灾害性气候等，要做好预报、预防，尽力减少可能造成的损害及对施工进度的影响。

3）计划的调整。其内容包括对计划中某个（某些）施工过程持续时间的缩短或延长；取消或增加某个（某些）施工过程；改变施工过程的搭接关系等。

3. 工程费用监理的方法

（1）组织方法

1）落实项目监理班子中的投资控制人员。

2）明确投资控制人员的任务分工、管理职能分工。

3）确定投资控制的工作流程。

（2）经济方法

1）编制投资切块、分解的规划和详细计划。

2）编制资金使用计划并控制其执行。

3）投资的动态控制。进行计划值与实际值的比较，提出控制报表。

4）付款审核。

（3）技术方法

1）挖掘节约投资的潜力（这些潜力分别在设计、施工、工艺、材料以及设备中）。

2）进行技术经济比较论证。

（4）合同方法

1）确定合同结构。

2）合同中有关投资条款的审核。

3）参与合同谈判。

4）处理合同执行的变更与索赔。

4. 合同管理的方法

1）明确工程概况和工程服务范围，检查招标文件、投标文件、监理合同的一致性和符合性。

2）分析各方的合同责任、权力（利）和义务，以及相互的网络关系。

3）分析工期目标的可行性、控制要求及其风险，拟定应采取的措施。

4）分析质量目标的可行性、控制要求及其风险，拟定应采取的措施。

5）分析费用目标的可行性、控制要求及其风险，拟定应采取的措施。

6）分析违约责任条款，明确违约事件的处理程序和责任单位划分。

5. 安全管理的方法

1）审查有关安全生产的文件。

2）审核进入施工现场各分包单位的安全资质和证明文件。

3）审核承包商提交的施工方案和施工组织设计中安全技术措施。

4）审核工地的安全组织体系和安全人员的配备。

5）审核承包商提交的关于工序交接检查以及分部分项工程安全检查报告。

6）审核并签署现场有关安全技术签证的文件。

7）现场监督与检查

① 日常现场跟踪监理；根据工程进展情况，安全管理人员对各工序安全情况进行跟踪监督、现场检查，验证施工人员是否按照安全技术防范措施和规程操作。

② 对主要结构、关键部位的安全状况，除进行日常跟踪检查外，视施工情况，必要时可做抽查和检测工作。

③ 对每道工序检查后，做好记录并给予确认。

8）如遇到下列情况，安全管理人员可下达“暂停施工指令”：

① 施工中出现安全异常，经提出后，施工单位未采取改进措施或改进措施不合乎要求时。

② 对已发生的工程事故未进行有效处理而继续作业时。

③ 安全措施未经自检而擅自使用时。

④ 擅自变更设计图样进行施工时。

⑤ 使用没有合格证明的材料或擅自替换、变更工程材料时。

⑥ 未经安全资质审查的分包单位的施工人员进入现场施工时。

6. 主要监理措施

为了有效地控制本标段工程项目的投资、质量和进度，使其更好地实现预期目标，我们采取三大监理措施，即组织措施、技术措施、经济合同措施。

（1）组织措施

1）按监理组织的责任分工，将目标分解到各分部分项工程，做到目标具体化，并分别落实到小组和个人，做到事事有人管。各专业组根据工程进展情况及时编制监理实施细则，报总监批准执行。

2）总监指定专人做好信息的收集、交流和处理工作。

3）建立健全例会制度、巡视检查制度及内部业务制度。

4）加强与业主、设计单位、承包商的联系，加强相互之间的配合。

5）总监积极做好目标控制的督查工作，发现问题及时采取补救措施。

（2）技术措施

1）加强与设计单位的沟通，在图样质量、施工技术、设备、材料送检等方面做好控制工作，重视图样会审和技术交底工作。

2）审核承包商的施工组织设计，采取先进的施工方案和施工机具，从而保证施工质量，加快施工进度。

3）针对工程的特点制定出有关质量的控制措施，特别要求承包商对工程的各工序、分部均应做出样板，把技术措施、验收标准、监理细则形象化，实行样板化、标准化管理，从而更有效地实施事前控制、事中控制和事后控制。

4）搞好工程的信息反馈，充分利用监测信息进行动态调整和优先控制，做好工程质量控制工作，从而保证监理目标的实现。

（3）经济合同管理措施

1）加强合同管理，避免造成各方之间的索赔，并督促合同双方严格按合同的要求履行各自的职责。

2）督促承包商建立健全质量保证体系、安全保证体系，并层层落实到实处。

3）加强施工各方的关系协调，定期召开工程例会，加强施工工序之间的管理，做到上道工序的问题不能拖至下道工序解决，彻底消除质量问题的隐患。

4）在招标选择承包商时，应从资质、社会信誉、履约能力等方面进行综合分析，向业主提出合理化建议。

5）采用标准化管理，即“形象”标准化管理、“现场”标准化管理、“文档”标准化管理，采用计算机辅助工作。

7. 质量控制措施

（1）一条原则　工程质量控制是整个监理工作的核心，监理工程师监督施工单位按合同、技术规范、设计图样要求施工是监理工作的原则。

（2）三个阶段

1）施工准备阶段：审查施工单位配备人力、材料、机械设备是否合理，审查施工单位拟定的施工方案，技术、质量保证措施，原材料的检验，混凝土的配合比是否合乎要求。

2）施工阶段：检查施工单位工艺是否按规范和经审批的方案进行施工，并对施工过程的原材料、半成品和成品进行抽查。

3）成品验收阶段：通过检测和验评该分项或分部已完工程是否达到规范要求的质量标准和误差允许范围。

（3）监理手段

1）检查：在施工过程中对重点的项目和部位实施检查，检查施工过程中材料及混合料与批准的是否符合；检查施工单位是否按批准的方案、技术规范施工。

2）测量：监理工程师对完成的工程的几何尺寸进行质量的验收，不符合要求的要进行整修，无法进行整修的要求返工。

3）试验：对各种材料，混合料配比，混凝土、砂浆等级等，监理人员可随机抽样试验，且施工单位要提供试验条件。

4）旁站：在建筑工程施工阶段监理中，对关键部位、关键工序的施工质量实施全过程现场跟班的监督活动。

5）指令性文件：施工单位和监理工程师的工作往来，必须以文字为准，监理工程师通过书面指令对施工单位进行质量控制，用以指出施工中发生或可能发生的质量问题，提请施工单位加以重视或修改。

（4）分项工程控制要点及主要控制手段

1）现场检查、旁站：指现场巡视、观察及量测等方式进行的检查监督。

2）量测：指用简单的手持式量尺、量具、量器（表）进行的检查监督。

3）测量：指借助于测量仪器、设备进行的检查。

水泥土搅拌桩工程的质量控制要点和控制手段见表2。

表2　水泥土搅拌桩工程的质量控制要点和控制手段

工程项目	质量控制要点	控 制 手 段
水泥土搅拌桩工程	位置（轴线及高度）	测量
	标高	测量
	单位时间喷粉量	现场检查
	钻机转速、提升速度	现场检查、量测

8. 进度控制措施

（1）进度控制的原则

1）根据业主和施工单位正式签订的工程总承包合同（以下简称“合同”）中所确定的工程工期作为进度控制的总目标。

2）施工单位依据“合同”工期总目标所编制的工程施工组织设计。

3）经监理项目负责人审核通过的施工单位编制的年、季、月实施计划。

（2）进度控制的措施

1）审查施工单位施工管理组织机构、人员配备、资质、业务水平是否适应工程的需要，并提出意见。

2）审核施工单位提出的工程项目总进度计划，并督促其执行。

3）审查施工单位年、季度的进度计划，并督促其执行。

4）要求施工单位每月25日报下月的月进度计划和本月的完成工程量报表，监理工程师审核月报进度计划和月工程量报表作为结算和付款依据。

5）监理工程师对进度计划和实际完成计划定期进行比较，找出影响进度的原因，并报总监理工程师，对客观原因造成进度拖期的应及时调整进度并备案。

9. 投资控制措施

（1）投资控制的原则

1）根据业主和施工单位正式签订的工程总承包合同（以下简称“合同”）中所确定的工程总价款，作为投资控制的总目标。

2）根据业主和施工单位正式签定的“合同”中所确定的工程款支付方式，审核拨付签认。

3）根据业主和施工单位正式签定的“合同”中所确定的工程款结算方式，进行竣工决算。

（2）投资控制的措施

1）严格执行工程计算量及工程变更程序。监理工程师审核变更，洽商是否符合施工验收规范及设计变更要求。无论来自哪一方的变更，均需监理工程师签发变更令。大的变更

（指原设计方案或增加投资）要报经业主批准。

2）做好与业主、设计、施工、材料供应、上级主管部门及其他有关单位的协作关系，为做好投资控制服务。

十、监理工作制度

（一）施工监理工作制度

1. 施工图样会审及设计交底

施工图样发给施工单位3～5d后，监理应会同业主组织设计和施工单位进行设计交底和图样会审。施工单位及工地监理工程师应在充分熟悉施工图的基础上，对图面上的一些错、漏、碰、缺及难以满足施工工艺要求的问题，向设计人员提出，并由设计人员当场做出解答，并形成会审纪要，经有关单位签认后，方可作为施工的依据。

2. 施工组织设计（方案）审核

监理机构在收到施工单位呈报的施工组织设计或施工方案及报审表后，总监应及时组织有关专业监理工程师进行审核，并签署审核意见。审核的主要内容有：

1）是否对保证工程质量制定了可靠的技术和组织措施。

2）是否有进度计划网络图，进度计划能否满足总进度计划要求，且切实可行。

3）是否编制了重点分部（项）工程的施工方案；针对当前的工程质量通病是否制定了有效的技术措施。

4）针对工程项目具体情况，是否制定了质量预控措施，有无健全的质保体系。

5）是否编制了有关工程的标准施工工艺流程图、施工平面布置图及安全防护施工、文明施工方案等。

3. 工程开工报告的审批

工地监理工程师应在总监的主持下，对施工单位呈交的“单位工程开工申请报告”进行逐项审查落实，并由总监理工程师签署审查意见，上报建设单位审批。

4. 工程材料、半成品、成品质量的监督与检查

1）施工单位在选定工程材料、半成品及成品的供应单位前，应向项目监理部提交“分包单位资格报审表”及相应的附件，经专业监理工程师及总监签认后，方可确定供货单位。

2）各种建筑材料的选用，施工单位须向项目监理部呈报“材料、设备进场使用报审表”，并附有材料出厂质量保证书及材料自检试验报告，经专业监理工程师审查或抽检合格后，方可进场使用。

5. 隐蔽工程、分项、分部工程质量检查验收

1）所有隐蔽工程隐蔽前，分项、分部工程完工后，施工单位均须在自检合格的基础上向项目监理部呈报“工序质量报验单”及相应的自检记录，对于分项、分部工程还需提交工程质量评定及质量保证资料。有关专业监理工程师应及时进行认真检查验收，对于分项、分部工程，应如实填写“实测项目检查记录表”、“外观项目评分表”和“质量保证资料检查记录表”，并签署检查结果及审查意见。

2）监理人员应认真履行本职工作，本着“守法诚信、公正科学、优质服务、持续改进”的监理质量方针，坚持经常到工地巡视检查。对违反操作规程、设计图样及有关技术规范的施工要及时制止。必要时应签发监理通知单要求施工单位限期整改，对整改不力可能给工程质量和安全带来隐患或可能对后续工序的质量及工期有影响的，应签发“监理工程师联系单”和“监理工程师通知单”，直到报业主同意由总监签发“工程暂停令”。

3）监理工程师在收到施工单位呈报“监理工程师通知回复单”后，应到工地进行认真复查，确认施工单位对“监理通知单”中要求整改的内容已全面整改或停工因素已全部消除后，由专业监理工程师或总监签字后，施工单位方可进行下道工序的施工或复工。

6. 单位工程验收

各单位工程或部分重要的分部工程完工后，有关施工队技术负责人应以质量保证资料，观感质量和实测实量成果等方面进行自检，并由总承包企业技术负责人组织验评，自检达到合同规定的质量标准后，向监理部呈报“工程竣工报验单”及相应的自检及验评资料，监理组织预验收后，编写工程质量评估报告，参加业主主持的竣工验收。

7. 工程变更费用的处理

施工单位在向监理提交“工程费用索赔报审表”时应附上相应的监理认可的“工程变更单”、“设计变更通知单”及其他工程量变更证明，由总监理工程师组织有关专业监理工程师进行认真审核，并签署意见，交业主审定。

8. 监理的工地会议制度

项目监理机构进驻现场后，与业主、承包商确定工地会议制度，以便监理人与承包商、业主沟通信息，下达指令，协调矛盾，传递和处理有关信息。对项目参建各方的工作进行协调、检查，并落实下阶段的任务。

工地会议召开前，总监应召集有关专业监理工程师做好会议的准备工作。会议应有一定的议程和主要内容。工地会议结束后，必须形成会议纪要，由会议参加各方代表签字确认并由总监签发给各有关方。会议纪要按文档管理制度进行登记归档，会议纪要应主要写明如下内容：

1）会议地点及时间。

2）出席者姓名、职务及他们代表的单位。

3）会议中讨论事项的主要内容。

4）议决事项。

5）议决事项由何人在何时执行。

初步考虑本项目工地会议分为第一次工地会议、工程例会、现场协调会及专题工程例会四种形式。

（1）第一次工地会议　会议在工程项目尚未全面展开，开工令下达之前召开，会议召开前，总监应确保做好下列准备工作：

1）明确工程有关各方的组织机构、人员及职责分工。

2）确定协商联络方式和渠道。

3）确定监理工作程序，如监理工作流程、监理例会周期和地点。

4）落实业主和驻地监理工程师双方的授权情况。

5）依据批准或将要批准的进度计划，明确承包商何时可以开始进行哪些工程施工，并明确承包商还应对哪些重要或复杂的分项工程补充详细的进度计划。

6）检查承包商的准备情况。

会议的主要内容有：

1）建设单位、承包单位和监理单位互相介绍各自驻现场的组织机构、人员及分工。

2）建设单位根据委托监理合同宣布对总监理工程师的授权。

3）建设单位介绍工程开工准备情况。

4）承包单位介绍施工准备情况。

5）建设单位和总监理工程师对施工准备情况提出意见和要求。

6）总监理工程师介绍监理规划的主要内容。

7）研究确定各方在施工过程中参加工地例会的主要人员，召开工地例会时间、地点及主要议题。

（2）工程例会　工程施工阶段每周一或周二视具体情况定期召开，也可视工程现场情况，由业主或总监做出决定及时召开。会议的主要议题如下：

1）检查上次例会议定事项的落实情况，分析未完事项原因。

2）检查分析工程项目进度计划完成情况，提出下一阶段进度目标，加强落实措施。

3）检查分析工程项目质量状况，针对存在的质量问题提出改进措施。

4）检查承包商投入人力设备情况。

5）检查工程量核定及工程款支付情况。

6）解决需要协调的有关事项。

7）其他有关事宜。

工程例会有项目监理成员、业主方代表、承包商代表、分包商代表，有时也可邀请设计方及其他有关方代表参加。工程例会由总监理工程师主持召开。

（3）现场协调会

1）现场协调会视工程进展需要临时召开，主要针对施工过程中的关键阶段（如竣工验收前的装饰、安装及调试）所出现的一些特殊情况。

2）会议主要内容包括：及时分析、通报工程施工进度情况；协调承包商不能解决的工程内外关系问题；检查上次的协调会结论执行情况；管理上改进的问题；现场有关的重大事宜等。

3）会议必须提出需要协调解决的问题，通过听取到会各方的意见，应提出明确的解决方法。

4）会议可有监理人员、承包商人员、业主代表、政府主管部门代表和市政配套单位代表参加。

5）会议通常由业主或总承包方主持召开，监理方受业主委托也可主持召开现场协调会。

（4）专题工程例会

1）可由业主或承包商提出建议，由总监视工程现场情况召开，也可由业主、承包商或总监决定就讨论某项技术或管理专题召开。

2）项目监理部成员就要讨论的有关方面按专题内容准备资料与文件，尤其是问题的背景材料要准备充分。

3）应对存在的问题进行分析和研究，并制订相应的预防和纠正措施。

4）会议可有监理成员、业主代表、承包商代表，还可邀请有关专家，政府职能部门管理人员和各配套单位管理人员参加。

5）所编写的专题工程例会纪要必要时可抄报项目建设当地建委、质监站。

9. 现场紧急情况的处理

现场紧急情况主要指以下三个方面：

1）施工人员严重违反操作规程、规范、质量标准或不按设计要求进行施工，如不立即令其停工整改，将会导致质量隐患或质量事故的发生。

2）施工人员严重违反安全操作规程施工，或在极不安全的环境下进行施工作业，如不立即制止并令其停工整改，将很可能导致人身伤亡或其他严重的安全质量事故。

3）未经监理工程师检查验收的隐蔽工程，擅自进行隐蔽的。

监理人员发现上述情况之一时，应立即口头通知停止施工作业，并及时向总监理工程师或总监代表汇报，总监理工程师或总监代表应立即向施工单位发布“停工通知单”令其停工整改，尽快消除影响质量和安全的因素，并应在发出停工令后24小时内向业主做出书面报告。

10. 工程质量问题（事故）的处理

1）施工过程中如发生工程质量问题或事故，施工单位应在24小时内向项目监理部呈交“工程质量问题（事故）报告单”，不得隐瞒不报，报告单应写明发生质量问题或事故的经过及原因的初步分析，事故的性质、造成的损失和人员伤亡情况以及拟定的补救措施和初步处理意见等。

2）监理在收到“质量事故报告单”后，应及时报告建设单位工地代表，并会同设计人员积极地协助施工单位进行现场调查，拟定事故处理方案。对于重大事故，应做到“三不放过”：即事故原因不清不放过；事故责任和群众没有受到教育不放过，没有防范措施不放过，并督促施工单位尽快提交“工程质量事故处理方案报审单”，经总监或总监代表审查签署意见后，上报建设单位，重大质量事故应报质监站。

11. 施工测量放样的复核

1）测量监理工程师负责监理合同范围内的工程设计交接桩工作，对所交基准线、控制点、水准点进行复核，并提出复核意见。

2）根据测量精度要求，复核施工单位已完成的三级放样以及复核后的加密桩和临时水准点，对使用时限较长的点、线等进行定期复核并做好记录。

3）复核施工过程中重要部位的施工放样，单位工程竣工后会同专业工程师按抽检频率要求进行实测实量。

4）汇总各项测量复核成果，以便随时查询，定期向总监理工程师汇报测量复核情况。

12. 工程计量与验工计价单的签证

1）施工单位应在每个月的25日前向项目监理机构递交“工程计量报审表”及相应的工程检验认可证明和“工程量完成统计表”。监理工程师应认真做好工程量的计量复核，防止扩大工程量或扩大工程计量，在计量没有问题的情况下，由总监理工程师签署工程款支付证书，并上报业主。

2）当出现由于设计变更或其他的原因而引起的工程量变化时，施工单位应于此部分工程完工后的三日内报请监理复核签证，逾期不报的监理将不予签证。此签证必须由总监理工程师签署，并加盖监理业务专用章。

（二）监理机构内部工作制度

1. 监理机构内部工作会议制度

每周一上午召开一次监理工作例会，由总监理工程师主持，全体现场监理人员参加。会议主要内容如下：

1）学习和贯彻政府有关建设监理政策法规。

2）总结上周的监理工作及施工质量情况。

3）讨论制定本周的监理工作计划及工作重点。

2. 对外行文审批制度

1）以项目监理部名义对外行文，应由总监理工程师签审，并加盖监理部业务专用章。

2）按监理现场用表的规定，由总监签发、专业监理工程师签署，并加盖业务专用章。

3）按规定应由总监理工程师一人签发的文书资料，总监理工程师应在综合考虑有关专业监理工程师的建议和意见后签发。

4）凡需要监理工程师和总监理工程师共同签署的文书资料，专业监理工程师应在做好具体细致的工作基础上，提出具体意见，由总监理工程师签发。

3. 监理日记、月报制度

（1）施工监理日记　各专业监理工程师每天应将当天完成的监理工作、发现的问题、处理的结果等如实填写监理日记；总监每天应全面了解监理工作情况，审阅监理日记。

（2）监理工作月报　当月的5日之前由总监理工程师向业主和提出上月的监理工作月报。监理工作月报的主要内容包括：

1）本月工程情况概要。

2）本月工程质量控制情况评析。

3）本月工程进度控制情况评析。

4）本月工程费用控制情况评析。

4. 值班制度

1）总监理工程师每日巡视检查现场不少于2次，深基坑施工进入关键时期不得离开现场。

2）专业监理工程师每日巡视检查现场不少于4次。

3）地下结构工程混凝土浇筑，主体结构混凝土浇筑实行24h巡视和旁站监理制度。

4）常规施工期间，现场监理人员夜间不少于1人。

5）节假日施工期间，确保监理人员出勤率在50%以上。

5. 技术、经济资料及档案管理制度

1）项目监理部的所有技术、经济资料均应分类存档。

2）设计图样、资料管理人员对业主、设计单位、施工单位及材料设备供应单位的来文、来图，做好编号登记、分类编目工作，以利管理和查阅；并办理借阅手续。

3）工地监理组对外的一切行文，均必须经资料管理员登记，并留一份编目存档。

4）内部监理人员需要查阅、使用有关文书资料，均必须经过资料管理人员，以免资料管理的混乱；外单位人员借阅监理文书资料，必须经总监同意，并办理借阅手续。

参考文献

[1] 苏振民．工程建设监理百问［M］．北京：中国建筑工业出版社，2001.

[2] 上官子昌，梁世连．民用建筑工程监理［M］．大连：东北财经大学出版社，2000.

[3] 李清立．工程建设监理案例分析［M］．北京：北方交通大学出版社，2001.

[4] 王军．建筑工程监理概论［M］．北京：机械工业出版社，2003.

[5] 肖维品．建设监理与工程控制［M］．北京：科学出版社，2001.

[6] 徐占发．建筑工程监理与案例［M］．北京：中国建材工业出版社，2004.

[7] 李清立．工程建设监理［M］．北京：北方交通大学出版社，2003.

[8] 简玉强，钱昆润．建设监理工程师手册［M］．北京：中国建筑工业出版社，1994.

[9] 中华人民共和国建设部．GB 50319—2000 建设工程监理规范［S］．北京：中国建筑工业出版社，2000.

[10] 巩天真，张泽平．建设工程监理概论［M］．北京：北京大学出版社，2006.